卓越工程师教育培养计算机类创新系列规划教材

Web 程序设计

主　编　王池社

副主编　马青霞　陆　悠

科 学 出 版 社

北　京

内 容 简 介

由于 Internet 技术的迅速发展，Web 应用和 Web 开发越来越普及，已成为主流的应用开发方式之一，本书结合教师多年的科研、教学和开发经验，在内容上由浅入深，注重理论与实际的结合，综合案例精练，许多案例来自真实的科研项目，有利于培养学生综合分析问题和解决实际问题的能力。

本书共 7 章，比较全面透彻地介绍包括 Internet 和万维网的起源与演变、客户端和服务器端编程所需的工具和技术、建立和维护 Web 站点必需的工具和技术，讲述如何运用最新 Web 技术开发独立于平台的站点，包括 HTML 5、JavaScript、JS 框架、ASP.NET、基于 Web 的数据库访问技术、ASP.NET MVC 等。

本书可作为大中专院校学生学习 Web 程序设计和 Web 编程技术的教材，也可作为广大自学者、软件开发人员和各类培训班的培训教材，同时可供软件开发人员参考使用。

图书在版编目（CIP）数据

Web 程序设计 / 王池社主编. —北京：科学出版社，2016.8
卓越工程师教育培养计算机类创新系列规划教材
ISBN 978-7-03-047229-8

Ⅰ. ①W… Ⅱ. ①王… Ⅲ. ①网页制作工具－程序设计－教材
Ⅳ. ①TP393.092

中国版本图书馆 CIP 数据核字（2016）第 012806 号

责任编辑：邹 杰 / 责任校对：桂伟利
责任印制：徐晓晨 / 封面设计：迷底书装

科 学 出 版 社 出版
北京东黄城根北街16号
邮政编码：100717
http: //www.sciencep.com
北京厚诚则铭印刷科技有限公司 印刷
科学出版社发行 各地新华书店经销
*
2016 年 8 月第 一 版 开本：787×1092 1/16
2021 年 8 月第三次印刷 印张：17
字数：403 000

定价：59.00 元

（如有印装质量问题，我社负责调换）

序

近年来，我国高等教育特别是计算机专业教育，正进行一系列与时俱进的大教学内容调整和教学方法改革，突出应用型人才培养目标，纷纷在计算机教育教学改革中强化实践教学，借助学以致用来培养学生实践能力和创新能力，不断地提升学生社会职业素养和就业竞争力。随着互联网的普及和应用加速，学习和掌握 Web 编程技术的期望越来越迫切，特别是对在校计算机专业大学生来说，Web 程序设计能力越来越成为现代计算机人才的一种必备能力。

针对当前高校计算机教育与就业岗位切合度不够，更多强调基础知识的传授，而忽视学生技能培养的诸多不足，教材编写团队结合多年从事 Web 编程教学所积累的经验和教学心得，并对市场上的 Web 编程教材进行调研，围绕如何加强学生实践能力的培养为编写突破口，科学设计教材内容和巧妙组织内容。

在教材中，充分考虑了 Web 编程技术人员的要求，将互联网编程中常用的技术融合到一起，让读者不仅能及时掌握 Web 程序设计基础知识，更为重要的是对实际项目编程中会用到的一些新技术进行了深入浅出的讲解，如 HTML 5、JavaScript、JS 框架、ASP.NET、基于 Web 的数据库访问技术、ASP.NET MVC 等，同时引入包括真实项目案例在内的许多实例，使得对技术的讲解不再枯燥，对学习 Web 编程的读者来说，具有重要的参考价值。

综上所述，编写实践强的教材很有意义也非常有必要，希望以后有更多的实际项目案例加入到这类实践教材中，编写出理论和实践有机结合的计算机类精品实践教材，培养出更多的优秀计算机编程人才。

南京信息工程大学教授、博士生导师

2016 年 4 月 20 日

前　言

为了适应高校应用型人才培养迅速发展的趋势，服务社会，促进就业，着力提高学生的学习能力、实践能力和创新能力，出版了本书。

本书由拥有丰富教学和科研经验的教授编写，充分考虑了读者的知识背景。比较全面透彻地介绍包括 Internet 和万维网的起源与演变、客户端和服务器端编程所需的工具和技术、建立和维护 Web 站点必需的工具和技术，讲述如何运用最新 Web 技术开发独立于平台的站点，包括 HTML 5、JavaScript、JS 框架、ASP.NET、基于 Web 的数据库访问技术、ASP.NET MVC 等。本书在内容上由浅入深，注重理论与实际的结合，综合案例精练，许多案例来自真实的科研项目，有利于培养学生综合分析问题和解决实际问题的能力，融知识性和实用性于一体。

本书的主要内容如下：

第 1 章主要介绍 Web 应用所涉及的基本概念、特点以及发展趋势，Web 应用程序的基本体系结构以及应用特性和 Web 应用开发所涉及的基本工具和平台。

第 2 章主要介绍 HTML 的概念、发展、应用、HTML 5 新特性和 HTML 5 新的表单处理等内容。

第 3 章主要介绍 JavaScript 的基本语法知识、常用核心对象、事件处理机制和 JSON 等相关技术。

第 4 章主要介绍 JS 框架在工程应用中的作用、主要类型，重点介绍 EasyUI 框架基本知识和使用。

第 5 章主要介绍 IIS 的安装与配置、创建 Web 应用程序、通过 IIS 发布 Web 应用程序以及 ASP.NET 常用内置对象的使用等内容。

第 6 章主要介绍数据库的基本概念，创建数据库及表的方法，数据库表的查询、增加、删除、修改的方法，掌握.NET 数据库操作的基础知识以及掌握通过 ADO.NET 访问数据库等相关内容。

第 7 章主要介绍 ASP.NET MVC 的工作原理、项目的创建、项目中路由的配置、强类型视图的使用和 HtmlHelper 的使用等相关内容。

本书由王池社、马青霞、陆悠、张妮、吴宏杰、任勇、李尤丰等编写。

由于编者水平有限，书中难免存在不足之处，恳请广大读者批评指正。

编　者

2015 年 11 月

目　录

第 1 章　Web 开发基础

本章知识要点

了解 Web 应用所涉及的基本概念、特点以及发展趋势；
掌握 Web 应用程序的基本体系结构以及应用特性；
了解 Web 应用开发所涉及的基本工具和平台；
了解 Web 应用开发所涉及的知识体系结构。

兴趣实践

了解 Web 应用开发的相关工具并进行安装，为后续章节学习提供基础。

探索思考

要学好 Web 应用开发这门课程，需要掌握哪些知识？根据知识体系结构思考个人的优势和不足在哪里，想一想这门课程应该如何进行学习才能确保质量和效率。

预习准备

请预先复习以前学过的 Windows 操作系统、SQL Server 数据库以及 C#语言的相关知识，特别是对 C#开发相关的内容需要着重进行预习。

1.1　Web 应用概述

进入 21 世纪以来，信息技术尤其是网络技术极大地改变了当今世界的生产和生活模式，从互联网、万维网到物联网、云计算，一个个新名词层出不穷，从简单的网页、多媒体浏览到电子商务、手机应用、社交软件，不断涌现的新业务逐渐地改变着人们的衣食住行，可以说，随着信息技术的飞速发展，人类社会进入了一个崭新的时代。

在这些对人类社会造成深刻影响的各种信息技术业务中，以互联网、Web 应用为代表的网络新业务占据着重要地位，尤其是 Web 应用，可以说，无论是从计算机终端到平板、手机的设备角度，还是从信息浏览、电子商务到游戏社交的应用角度，绝大多数的新兴业务都基于 Web 模式开发、部署并被人们使用。因此，如何深入学习和掌握 Web 应用开发的相关理论和技能，是摆在计算机专业学生以及爱好者面前的一项重要任务。

为了更好地展开对 Web 应用开发技能的学习，本节首先对与 Web 应用开发息息相关的两个基本概念——互联网与万维网进行简单说明。

1. 互联网

互联网(Internet)，又称网际网路，或被音译为因特网、英特网，是人们耳熟能详的一个名词，甚至人们常常将其视为现代信息技术及应用的代名词。但本质上互联网与网页浏览、电子商务等具体的 Web 应用并不相关，它仅仅是一个由分布于世界各个角落的网络互相串联而构成的一个庞大网络，通过一系列标准的约定和规范(人们称其为网络协议)，这些网络互相之间能够实现数据信息的正确传输。而这样的一个由全世界几十亿个设备通过网络协议互相连接之后形成的逻辑上单一巨大的国际网络即互联网。互联网实质上是一个物理网络，在其基础上人们开发和部署了包括通信、数据传输等在内的众多应用系统，其中最广泛的一个信息系统即 Web 应用所对应的万维网。

2. 万维网

万维网(World Wide Web)，又称 Web、WWW、W3。与互联网不同，万维网并非是一个物理网络，而是一个由许多互相逻辑连接(而非物理连接)的特定格式的数据内容(人们称之为超文本，即 HTML 网页)组成的一个信息系统，该系统中的内容(包括网页、图像、多媒体数据等众多类型)被分布存储在全世界范围内的各个服务器中，而人们可以使用接入互联网的终端设备(计算机、平板设备、手机等)上的软件(人们称之为浏览器，英文名为 Browser)来访问这些内容。在这个信息系统中，每个超文本文件(包括图像、多媒体数据等内容)被视为一个“资源”，所有资源都由一个全域唯一的“统一资源标识符”(URL)来标志，而用户在浏览器软件中通过单击链接(也包括直接输入)等方式输入 URL 标识，然后浏览器使用超文本传输协议(Hypertext Transfer Protocol，HTTP)向相应的服务器发送请求，一旦服务器收到请求，它同样使用 HTTP 将资源返回给浏览器，最后浏览器读取返回的资源(HTML 文件)，并将其解析为可视化的形式展示给用户，此时用户就能在浏览器中看到丰富多彩的网页内容了。值得注意的是，在这个访问过程中，浏览器发送请求以及服务器传输资源时，数据是通过互联网进行传递的。

由此可见，互联网并不等同于万维网，互联网是万维网的物理基础，也是其承载者，而万维网则是部署于互联网上也许最为重要的一个应用系统，是互联网所能提供的服务其中之一。而人们日常使用的各类新闻浏览、电子商务等林林总总的应用则是当今不断发扬壮大的万维网中的一个有机组成部分。

思考：有人说互联网、万维网、因特网都是一回事，仅仅是功能上有差别，你是否同意？

1.1.1 Web 应用的起源

见惯现在美轮美奂的 Web 应用的人们很难想象，世界上第一个 Web 网站是多么的简陋，甚至都没能完整地保留下来，人们只能通过 http://info.cern.ch 这一网址大致浏览其内容。图 1-1 所示即世界上第一个 Web 网站的大致内容。其实世界上第一个 Web 网站的地址是 http://info.cern.ch/hypertext/WWW/TheProject.html，其后该地址几经更改，最终变为 http://info.cern.ch 并一直沿用至今，现在这个网站只是第一个 Web 网站在 1992 年版本的副本，并在原有基础上有所更改。

Web 技术的创始人是英国计算机科学家蒂姆·约翰·伯纳斯-李(Timothy John Berners-Lee)爵士，在 1955 年 6 月 8 日出生于英格兰伦敦西南部。他的父母参与了世界上第一台商业计算机(曼彻斯特 I 型，Manchester Mark I)的建造，因此在家庭的影响下，他对计算机技术有着非凡的热情和敏锐的洞察力。

1980 年 6～9 月，伯纳斯-李加入 CERN(欧洲核子研究组织)。由于 CERN 是一个规模庞大、雇佣了大量的科学研究人员一起协同工作的组织，伯纳斯-李敏锐地发现，如何让这么多科学家快速、方便地互相分享数据以及研究成果是 CERN 组织所面临的一个非常重要的问题。

面对这一挑战，伯纳斯-李提出了一个构想：创建一个以超文本系统为基础的信息系统，方便研究人员分享及更新信息。所谓超文本，实质上是一种用户接口技术，简单来说，就是在显示文本及与文本相关的内容时，允许其中的某些文字包含所谓的超文本链接，这种链接指向其他字段或者文档，在阅读软件的支持下，允许用户从当前阅读位置直接切换到超文本链接所指向的文字，从而增强信息浏览的方便性。同年，伯纳斯-李创建了一个原型系统 ENQUIRE 来验证他的构想，但这个系统并没有获得人们的重视，并且伯纳斯-李本人也在不久之后离开 CERN 到一家计算机公司(约翰·普尔图形计算机系统有限公司)任职，幸运的是，在该公司期间，他接触了计算机网络技术并得到大量的互联网方面的经验，这为他在互联网基础上进一步完善和深化自己的构想提供了基础。

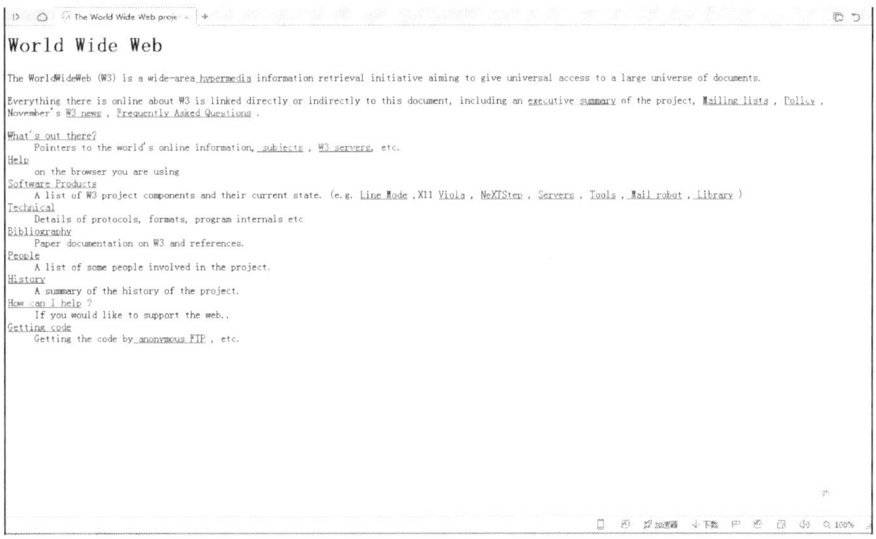

图 1-1　世界上第一个 Web 网站的大致内容

到了 1984 年，伯纳斯-李重返 CERN。此时互联网技术已经日趋成熟，而随着规模的进一步扩大，CERN 已然成为当时全欧洲最大的互联网节点。伯纳斯-李因此看到了将超文本系统与互联网结合在一起的机会。经过长时间的努力，1989 年 3 月，伯纳斯-李写下了他关于万维网的初步构想，在同事罗伯特 • 卡里奥的帮助下，他于 1990 年 11 月正式提出万维网的建议，并获得他当时主管的同意，然后在 1990 年的圣诞假期，伯纳斯-李设计了开发部署第一个 Web 站点所需要的技术工具：世界上第一个 Web 浏览器(同时也是网页编辑器)和第一个 Web 服务器。

最终，在 1991 年 8 月 6 日，世界上第一个 Web 站点正式上线。该网站部署于一台位于 CERN 的 NeXT 计算机。在该站点中，浏览者能够更多地了解超文本系统及技术细节，甚至能得知如何在网站上查找信息。另外就在同一天，伯纳斯-李还在 alt.hypertext 新闻组上发布了万维网项目简介的文字，这一天标志着万维网的首次亮相。从那一天起，万维网开始茁壮成长，不断发展，日趋深远地影响着整个世界。

1.1.2　Web 应用的特点

相对于其他信息技术，Web 应用有着自身的特点，掌握和了解这些特点能够更好地帮助我们学习和理解 Web 应用开发技术，下面简单介绍 Web 应用的几个特点。

1. 图形化界面

Web 应用之所以能够在世界范围内得到广泛应用和普及，其图形化显示的界面是首要原因，由于超文本能够将文字、图形甚至音频、视频有机地结合在一起，这极大地提高了人们在阅读信息时的体验，也使得 Web 应用能够承载比传统书籍、电影电视、唱片等媒介更为丰富的信息内容，使人更易阅读同时更乐于阅读。因此，如何合理地设计和实现 Web 的图形化内容是 Web 应用开发者首先需要掌握的技能。

2. 非线性的内容组织

Web 应用所使用的超文本除了能整合不同类型的信息内容，其非线性的内容组织也是吸引人们使用的一大优势，Web 应用的导航是非常方便的，人们可以轻松地通过单击链接从一处内容直接跳转至其感兴趣的另一处内容而无须做更多操作，与此同时，对内容提供者而言，这样的非线性组织方式也为其整合众多信息数据带来了方便。对于一个 Web 应用来说，如何为其内容设计合理的链接关系以保证良好的用户体验，也是摆在开发者面前的一项艰巨任务。

3. 访问者与平台无关性

对 Web 应用而言，用户的访问必须通过浏览器软件来实现，而相对于其他网络应用中的客户端往往非常复杂而言，浏览器的开发较为简单，并能够在包括 Windows、UNIX 甚至手机 Android 以及 iOS 等众多平台上实现，因此借助浏览器，用户能够实现与平台无关的 Web 访问，与此同时，Web 应用开发者也可以避免为不同平台开发不同应用这一弊端，开发成本大为降低。而在开发 Web 应用时，开发者也需在进行外观、内容等设计时充分考虑不同平台之间的兼容性，从而保证平台无关性。

4. 内容的分布式存储

对于应用提供者而言，由于超文本的特点，可以不用在本地耗费大量资源存储网页涉及的所有图形、音频、视频等信息资源，可以将这些资源分别存放在不同的站点上，而通过超链接将这些资源在逻辑上整合为一个整体提供给用户，这使得在世界范围内整合信息资源、节约开销成为可能。

5. 动态性与交互性

随着表单以及服务器端技术的不断发展，当前的 Web 应用已能够向用户提供足够的交互能力，用户可以提交自己的请求，服务器按需进行计算，最终动态生成内容返回用户。这种动态和交互的特性使得 Web 应用能够再现当今社会大部分生产生活流程，从而方便设计人员开发各种应用。而从社会实际生产生活需求出发，将其解析为相应的浏览器端以及服务器端的操作流程，并最终将其转化为代码的设计、实现以及部署是 Web 应用开发的主要内容，也是本书的主要内容。

1.1.3 Web 应用的发展历程与应用前景

虽然第一个 Web 网站非常简陋，但从它诞生的那一刻开始就引起了人们的重视，随着信息技术、互联网技术的飞速发展，人们对 Web 应用的需求越来越大，也越来越复杂，相应而来的是 Web 应用技术不断进化。根据应用特点，Web 技术的发展历史大致可以分为以下三个阶段。

1. Web 1.0 时代

其时间跨度最大，大约从 Web 网站诞生直到 21 世纪初，覆盖了整个 20 世纪 90 年代。其标志事件包括 1993 年推出的 HTML 1.0，1995 年推出的 HTML 2.0，1997 年推出的 HTML 3.2，以及 1997 年推出的 HTML 4.0 等一系列 HTML 版本。在这个阶段，Web 应用是以内容为核心，静止、单向、被动为其特点。Web 1.0 时代的网站大多使用静态网页(HTML 4.0 及以下)向用户提供各种内容(新闻、文本、多媒体等)，而内容则是由网站开发者生成并向用户单向发送的，用户处于静态的、被动的接收地位。用户所能进行的主动行为主要是搜索自己感兴趣的内容。因此这个阶段中，以 Yahoo、搜狐乃至 Google、百度等为代表的搜索引擎成为贡献最大、最受欢迎的技术公司。值得注意的是，虽然这个阶段以静态网页为主流，但并不意味着整个万维网只有静态网页，在该阶段已经出现了用来接收用户输入的表单等动态网页技术，并得到了广泛应用，只是这个阶段整个万维网中的内容仍以静态为主流。

2. Web 2.0 时代

时间跨度较为接近当今，大约从 21 世纪初到目前，其主要标志包括 2014 年通过的 HTML 5.0 草案。Web 2.0 阶段不再以 Web 网站而是以用户为内容核心，人们可能已经发现，当前网络中的内容更多的是以用户自己生成(User-generated Content，如微博、博客、用户上传的视频、图片等)为主，Web 网站更多的是负责提供各类 Web 应用来接收、存储、组织用户生成的内容，并提供各种渠道来方便用户之间的交流。与 Web 1.0 相比，Web 2.0 的各种服务更专注于用户，提供用户之间更好的交互体验。在这个时代，以 Facebook、腾讯、YouTube、优酷等注重社交网络、用户内容分享的技术公司贡献最大也最受人们欢迎。值得注意的是，在这个阶段，以手机、平板电脑为代表的移动终端已成为互联网中最为重要的组成部分，因此 Web 应用的跨平台特性也得到了相应的发展，通过手机访问能获得和台式机、笔记本终端相同的使用体验已成为现实。

3. Web 3.0 时代

这是目前正在进行的一个发展阶段，Web 3.0 一词目前还没有得到一个公认的定义，人们提出了多种含义来阐述 Web 3.0，分别用来概括可能出现的各种不同的方向和特征。总体来说，Web 3.0 的主要目标应该是让 Web 网络成为用户需求理解者和提供者，通过引入人工智能、大数据处理以及语义网络等技术，实现人和网络之间的顺利沟通，进而进一步提高人与人沟通的便利性。在 Web 3.0 时代，网络将能够对用户的需求了如指掌，能够分析、掌握用户的行为习惯，进而通过数据分析、资源筛选以及智能匹配等技术，直接向用户提供其所需要的各种内容。总之目前来看，Web 3.0 还充满了争议和分歧，在 Web 2.0 日益健全完善的今天，什么才是 Web 3.0，也许时间才能给我们答案。

思考：请说出自己最常用的 3 个 Web 应用业务，并比照上述标准，想想这些业务属于哪一种。

1.2　Web 应用程序体系结构

1.2.1　Web 应用架构介绍

Web 的访问过程从本质上可以看成用户使用浏览器(Browser)访问服务器(Server)的过程，因此 Web 应用的架构被称为 BS(Browser-Server)架构，其中浏览器是通用软件，相对较为简单，处理用户业务的复杂应用全部部署在服务器端，根据服务器端的不同以及 Web 应用的发展历程，Web 应用大致可以分为如下几种从简单到复杂的架构。

1. 客户端-网页服务器模式

这是最简单的访问架构，具体如图 1-2 所示，用户使用客户端(浏览器)向服务器发出请求(输入 URL，图 1-2 中的 URL 为 http://www.sina.com.cn/index.html，这段代码中 http 表示使用的协议为 HTTP；www.sina.com.cn 为服务器的域名，表示存储资源的主机位置；index.html 是资源名)，表示用户需要网站内的某个资源(网页、图片等)，该请求通过网络发送到网页服务器(由互联网的相关协议来保证这个请求最终会被送到 www.sina.com.cn 主机处)，服务器根据其请求的文档名称(index.html)，在自身文件系统中查找到文档并将其传输回客户浏览器，浏览器将文档以可视化形式展现给用户。在这个架构下，用户进行的是静态的网页浏览，此阶段的网站还不具备如今 Web 应用中普遍具有的如提交表单等复杂的与服务器端之间的交互能力。

图 1-2　客户端-网页服务器模式

2. 客户端-应用服务器模式

模式 1 下用户可以进行的操作仅仅是请求静态网页，然而随着 Web 应用的逐渐普及，很多网站希望能够给予用户一定的交互能力，使得网站能够更为灵活地向用户提供内容(例如，用户可以注册后登录，然后根据用户注册时提供的兴趣爱好，网站显示相关的内容，从而提高用户体验)，因此技术人员对网页服务器进行改进，使得能够在其上部署程序(通常使用通用网关接口(Common Gateway Interface，CGI)，以及超文本预处理(Hypertext Preprocessor，PHP)脚本等语言工具编写)处理用户动态传递的内容，进而有针对性地提供内容，与此相应，浏览器端用户也能够使用表单等工具向网站服务器所部署的程序传递参数，从而使得 Web 应用开始具备了服务器与客户端的交互能力。该架构如图 1-3 所示，图中用户在访问 www.sina.com.cn 主机时提交了登录的参数(用户名参数 user，值为 tom，用户密码参数 pwd，值为 123)，应用服务器在接收这两个参数后进行判断，若是合法用户，则根据用户信息动态生成相应的信息内容，这些信息会以 HTML 文件形式返回至用户的浏览器供用户查看。

图 1-3　客户端-应用服务器模式

3. 客户端-网页服务器、应用服务器模式

基于模式 2 的 Web 应用能够处理用户提交的参数，但这种模式中应用服务器会对所有用户的每一次请求都进行判断，如果是动态内容的访问就进行相应的处理，然而一个 Web 应用并非所有内容都需要与用户交互，相对来说仍有大量静态文档会成为用户访问的目标，这样，这些静态页面的请求对应用服务器来说其实是无须处理的，因此为了提高效率，人们提出将提供静态内容的网页服务器和负责与用户交互的应用服务器分离，该架构如图 1-4 所示，Web 站点使用网页服务器接收用户所有的请求，当请求为静态页面时直接返回相应文档，当请求为动态内容时则转交第二层的应用服务器处理，应用服务器处理完毕后内容返回网页服务器继而返回用户。由于静态页面请求相对来说占的比例更大，因此这种架构能够有效提高对用户的响应速度，改善用户体验。而这种将不同目的和特性的服务器分离的思想在随后的 Web 应用发展过程中也得到了普遍应用。

图 1-4　客户端-网页服务器、应用服务器模式

4. 客户端-网页服务器、应用服务器、数据库模式

随着 Web 应用类型和规模的增长，很多复杂的类似信息管理系统（MIS）的信息处理业务逐渐被转移到 Web 应用中来，这些业务的一个突出特点是需要大量的数据库检索、更新等操作。对于这些 Web 应用来说，模式 2、模式 3 架构中的应用服务器在处理能力上有所不足，因此人们进一步应用服务器分离的思想，将数据库服务器引入，专门负责数据的存储、检索、更新等操作，从而增强应用处理信息检索方面的能力，该架构具体结构如图 1-5 所示，与模式 3 比较相似，负责接收用户请求的仍然是网页服务器，但处理动态内容请求的则是应用服务器和数据库。

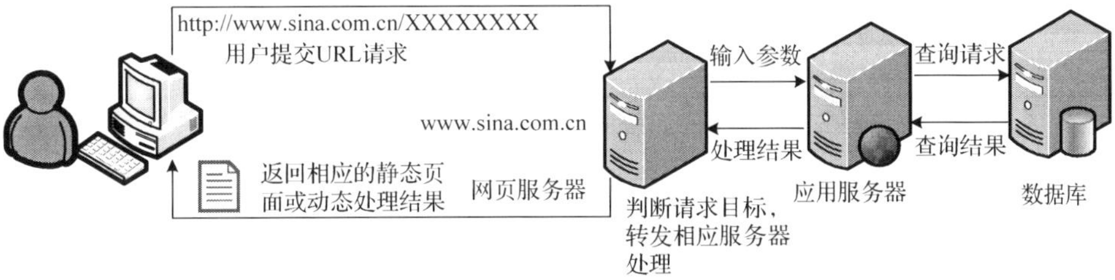

图 1-5　客户端-网页服务器、应用服务器、数据库模式

5. 客户端-多层服务器模式

与前述架构主要针对业务本身日益复杂的趋势不同，客户端-多层服务器模式主要针对用

户规模逐渐扩大的趋势，随着 Web 应用的普及，许多网站的用户数量甚至呈指数级增长，面对如此规模的用户数量，单个服务器已不堪重负，因此人们采用增加同类别服务器数量，构建集群一起向用户提供服务的思路，具体架构如图 1-6 所示，无论是应用服务器还是数据库服务器都呈层次架构，每个服务器负责一部分功能(或者一部分用户)，所有服务器最终构成一个整体向用户提供服务。

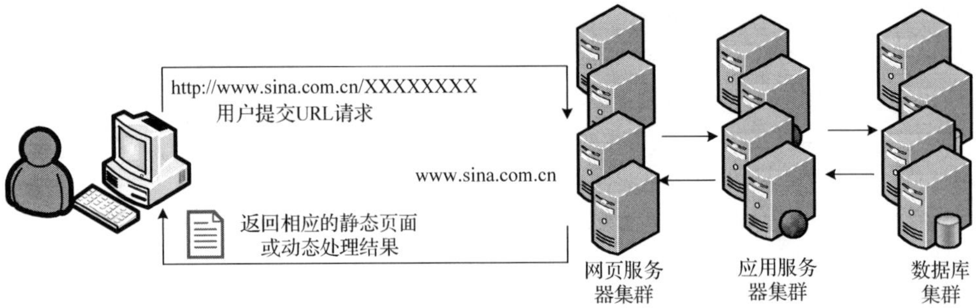

图 1-6　客户端-多层服务器模式

6. 客户端-Web 服务器、数据库模式

在实际应用中，对于大多数中小型规模的 Web 应用而言，同时使用网页服务器、应用服务器分别应对用户的静态、动态内容的请求成本过高，为了简化开发、部署方面的开销，人们在模式 3 的基础上，提出使用能够兼具网页服务器与应用服务器功能的 Web 服务器(较为常见的产品包括 IIS、Tomcat 等)，为了适应当前 Web 应用中对数据检索、更新的需求，同时采用数据库，从而构成图 1-7 所示的客户端-Web 服务器、数据库模式，本书的内容也主要是基于该模式展开的。

图 1-7　客户端-Web 服务器、数据库模式

思考：请分析下列 4 种 Web 业务更适合哪种 Web 应用架构来实现，并说明理由。

(1) 向全校学生提供摄影作品浏览的网站。

(2) 面向全校学生的图书馆管理系统。

(3) 在全国范围内，以新闻浏览为主，提供用户实名评论的新闻网站。

(4) 类似淘宝、亚马逊等电子商务网站。

1.2.2　Web 应用的特性

Web 应用之所以采取 B/S 架构，究其原因，主要是为了实现 Web 浏览客户端与 Web 服务器端之间的解耦合。其实在网络发展初期，很多应用并没有采用 B/S 架构，而是采用 CS(Client-Server)架构，该架构的最大特点是客户端承担了较为复杂的业务功能，且与服务器端功能紧密结合，对这些应用来说，用户必须使用特定的、功能较为丰富的客户端(人们称其为胖客户端，如 QQ 聊天的客户端、魔兽世界的游戏客户端等)，客户端使用专用的网络应用协议与服务器端进行通信，传输用户的操作，调用服务器端的应用软件进行处理，然后客户端接收返回结果并通过人机接口(用户界面)告诉用户。这种模式下用户客户端可以实现比较复杂的功能，完成很多特定的应用(如网络游戏等需要用户复杂操作的应用)。但这种模式的一大弊端是客户端与服务器端结合得太紧密了，以至于服务器端的应用软件如果需要修改，往往要求用户的客户端也进行修改，而客户端分散在海量规模的用户处，因此造成客户端维护开销巨大(每次网络游戏升级版本时往往需要大量人力、物力去帮助玩家更新，一旦用户数量较多，更新体验往往较差)。

针对这种应用客户端与服务器端太过紧密的弊端，Web 应用采用了不同的思路，它采用了通用的客户端(浏览器)和通用的服务器端(各种 Web 服务器软件)，其中通用的客户端功能较为简单(人们称其为瘦客户端)，而复杂的业务只需部署在通用的服务器之上(无论是静态的文档页面还是动态的程序内容)，用户操作通用的浏览器就一定能够正确地访问。这就使得服务器端的应用升级更新可以完全脱离客户端，从而使得 Web 应用能够实现比传统网络应用更快速的开发和迭代更新，从而更及时灵活地响应用户的需求。

这种 B/S 架构需要一系列技术的支撑，首先是用户浏览器需要实现人机接口界面，为了保证通用性，人们提出 HTML 来描述和构建网页内容，只要浏览器符合规范，能够正确地解读 HTML 文档，那么使用不同终端的人们看到的网页就是一致的；其次所有的网页内容存放在服务器上，每次用户需要使用 Web 应用时都需要通过网络请求服务器将网页发送至客户的浏览器端，这就保证了 Web 应用的内容更新时不需要用户浏览器参与，每次用户访问到的始终是最新版本的应用页面；最后则是规定了浏览器与服务器端之间的通信协议，即 HTTP，在该协议规定下，用户浏览器与服务器之间使用格式化的字符流互相交流，用户的各种操作，对应用程序提交的参数都会转化为相应的字符流，从而保证浏览器的通用性，简化服务器端应用开发的复杂度。

值得大家重视的是，这种 B/S 架构还有一个非常特别的特点，就是用户使用浏览器访问应用时存在“连接不保持”特性，简单说明如下。对于 Web 服务器来说，用户使用浏览器访问 Web 应用的过程可以看成是一系列的单击(Click，包括打开网页，单击页面中的某个超链接，再单击新页面中的某个超链接，以此类推，另外填写并提交表单实质上也可看成是单击某个超链接)，而每次单击都会产生一个访问请求(URL 请求)，这样，一个用户的操作实质上就会形成一系列请求，通过 HTTP 从浏览器出发依次到达 Web 服务器，但是对 Web 服务器来说，它不会把来自同一个用户的一系列请求作为一个整体来处理，而是把它们当成一个个单独的访问请求，每一个访问请求处理完之后立即发回结果。这么做的原因是：一方面因为 Web 服务器需要同时面对大量的用户，如果需要“记住”同一个用户的一系列操作，就需要为每个用户建立相应的存储结构等资源，这会导致服务器资源非常紧张，另一方面也是因为用户浏览网页的动作习惯并不是高速连续地请求多个网页，往往两个网页请求间有着较长的时间间隔，这就进一步增加了“记住”用户的开销。因此，服务器采用了这样的“连接不保持”技术来提高自己对大量用户的应对能力。

这样的服务模式在面对 Web 1.0 这种以静态页面访问为主的应用尚不存在什么问题，但对用户交互较为复杂的 Web 2.0 应用来说，这种服务模式就面临不足，例如，用户在第一次访问时已经提交了自己的用户名和密码，那么他必然希望后续访问中服务器能够“记住”自己已经提交的信息而不用重复输入，然而服务器将该用户第一次输入的访问与后续的访问视为各自独立的访问，从而导致 Web 应用没法“记住”用户名和密码，为了解决这个矛盾，人们提出了 Session 以及 Cookie 等技术，这部分内容在 1.2.4 节中会具体介绍。

1.2.3 Web 应用前端内容开发技术：HTML 与 JavaScript 简介

根据 Web 应用所采取的 B/S 架构的特点，Web 应用的工程开发涉及的技术大致可以分为两大部分，其中，被加载到用户客户端(浏览器)、用户可以查看和操作的部分被称为前端内容，通常来说，前端内容相当于应用所具备的用户界面；而用来产生前端内容的业务逻辑和数据处理部分则是后端内容，这部分内容往往不被用户直接感知，但它们是 Web 应用的核心和基础。另外值得注意的是，虽然称为前端、后端，但两者都是部署于应用服务器之上的，即使是用户界面，也需要用户浏览器向应用服务器请求后，由服务器传输相应的页面内容至用户浏览器，并由浏览器将其显示给用户查看和操作。不能看到前端内容就认为其内容是直接部署于客户端的浏览器上的。

目前业界用来开发前端内容的应用技术涵盖面较广，从广义上来说，甚至包括图像处理、人机交互设计等方面的技术，但对 Web 应用开发工程师而言，常用的前端应用技术主要包括 HTML 与 JavaScript 等，下面分别简单介绍。

HTML：如前面万维网的定义以及 Web 应用的发展历史中所述，在当前的 WWW 网即万维网上，最基本的单位为一个超文本文档，每个文档则被称为页面(英文称 page)，大多数 Web 应用通常会提供一个访问初始页面，称为主页(Homepage)或首页，然后应用中的每个页面都会蕴涵文本、多媒体等各项内容，另外还会包含指向其他相关页面或节点的指针，一般称为超级链接(由 URL 表示)。而所有的 Web 页面都是使用 HTML 技术来设计的。所谓 HTML(Hyper Text Markup Language)，即超级文本标记语言，顾名思义，它是一种基于标记语言，而它的设计目的则是用于创建超文本文档，使得这些文档能够在网页浏览器中得到显示，从而向用户提供信息。利用 HTML 语言，开发人员可以使用其所规定的各类标记符号来定义网页的各部分内容及其外观。从本质上说，HTML 文件是基于文本的，但在文本内容之外，HTML 规定了各类标记符，这些标记符被添加到文本内容中，用于设置这些内容与显示相关的各种特性(例如，设置不同的文字字体、文字大小；对文字内容进行分段；设置图片大小及其显示的具体位置等)。而支持 HTML 的浏览器则对整个文件的所有内容进行顺序读取，并将标记和文本内容进行区分处理，最终实现按标记符的定义和设置显示其所标记的内容，使得用户能够从浏览器中查看到相应内容信息。尤其需要注意的是，HTML 语言有其语法规范，然而和普通编程语言相比，基于 HTML 实现的页面中一旦出现了语法方面的错误，浏览器并不会向用户报错并中断处理，而是采取不执行并跳过存在语法错误的 HTML 标记，继续执行后续的页面代码的做法，因此开发者往往不能直接从浏览器中获取语法错误的反馈信息，而只能通过观察页面在浏览器中的显示效果来间接的分析出错原因并进行调试。另外，目前市面上存在不同开发商设计实现的浏览器，它们对同一标记符的处理方式可能存在差异，这时往往会导致相同的页面代码在不同类型的浏览器中有着不同的显示效果。

JavaScript：HTML 构建的页面通常只是包含静态内容的页面，在 Web 应用普及的初期尚能满足人们的需求，随着应用复杂程度的提高，很多应用开始需要与用户进行较为复杂的互动，例如，显示动态的文本内容，对用户在浏览器的各类操作进行响应，对 HTML 的元素进行读写以实现动态响应，对用户提交的数据进行验证等，为此人们提出了可在浏览器端执行的脚本语言 JavaScript。与人们常见的 Basic 等语言类似，JavaScript 并非编译型语言，而是解释型语言，用于解释执行 JavaScript 语言的解释器则被称为 JavaScript 引擎，显然，对浏览器来说，JavaScript 引擎是其最为重要的一个组成部分。用 JavaScript 编写的程序称为脚本，可以嵌入 HTML 页面中并由浏览器进行解释执行，从而实现为 HTML 网页增加动态功能的目的。目前市场上存在的各类浏览器(例如 IE、Chrome、Safari 等)都具备支持 JavaScript 的能力，而这些浏览器产品已经覆盖了多种平台，例如 Windows 下的 IE 和 Chrome、Linux 和 Android 下的 Chrome 以及 Mac 和 iOS 下的 Safari 等，但值得注意的是，相同的 JavaScript 脚本在不同平台下可能出现效果不一致的情况，因此仍需要开发人员对基于不同的平台下的浏览器对设计的 JavaScript 代码进行兼容性测试。此外，JavaScript 和其他解释性编程语言一样，在语法方面有其自身包括基本数据类型、表达式和运算符等基本程序框架内容，在学习过程中可以借鉴和利用其他语言的学习经验与方法。

小实验：以新浪、搜狐等网站内容为例，在浏览器中查看页面的源代码，实际了解 HTML、JavaScript 等技术的应用。

1.2.4　Web 应用后端内容开发技术：Server 端技术简介

后端内容开发技术主要集中在如何实现 Web 应用所涉及的各种业务逻辑以及数据处理方面，这些技术包括基于不同程序设计语言的 Web 应用程序的编写(如基于 ASP.NET 或基于 Java 的 Web 应用程序设计)、数据库技术乃至并发业务同步、事务处理等，但对于开始学习 Web 开发技术的初学者来说，一些 Server 端的技术尤其需要重视，即 Session、Application 以及 Cookie。正如前面强调的，由于 Web 应用具有链接不保持的特性，这为实现诸如在线购物、工作流程处理等较为复杂业务逻辑的实现带来了困难，为了解决这些不足，人们在应用服务器端设计了 Session、Application 以及 Cookie 等技术，帮助服务器“记住”用户的连接状态。下面对这些技术简单介绍如下。

1. Session

Session 是在 Web 服务器端实现中实现用户连接状态保持最为基本的一种方法。Session 的基本思路是通过将对象存储在 Web 服务器的内存中，从而记录用户会话过程中需要保存的相关信息。Session 目前没有较为统一和准确的中文名称，人们更多的直接使用该单词进行讨论，目前也有部分文献中将 Session 翻译为时域，其含义是：在服务器端，一名终端用户从访问服务器开始直到与服务器端结束交互的时间间隔，通常指从用户登录进入 Web 应用直到注销退出应用所经过的时间。Session 的主要功能如下：每一个用户第一次访问时会为这个用户生成一个 id(通常是一个随机数，并经过加密)，同时在内存中为这个 id 开辟一片区域供其使用。随后将这个 id 返回给用户浏览器，在该用户随后对这个 Web 应用的所有访问中(可以是该应用中的任意页面请求)，浏览器会自动将 id 信息与用户的 URL 请求附加在一起发送至服务器端(实际上使用 Cookie 技术)，因此服务器端通过检索这个 id 信息来获知该用户是否是已经登录过的用户，也就是“记住”这个用户的连接，而内存区域则可以供开发人员使用，通常可以将一些用户个人信息(如用户名、密码、订单列表等)存放在这个区域。除此以外，服务器负责维护所有用户的 Session，每个用户第一次访问时开始计时(计时会随着用户新请求的到来而刷新)，当一个用户长时间没有新的请求，时间超过阈值(一般为 20 分钟左右)，则判断用户离开，这时这个用户的 Session 会被清除(id 会被视为无效、内存区域被收回等)。显然 Session 与具体用户之间存在对应关系，那么一旦服务器端应用承载的用户数量大量增加，为这些用户服务的 Session 对服务器内存量的需求也随之增加，而且这些 Session 必须在用户访问应用期间得到较长时间的维持。此时如果设计人员在 Session 中保存过多的对象的话，这些 Session 所占用的服务器内存量会很大，这会对 Web 应用的可伸缩性产生不利影响，因此开发人员在使用 Session 时需要多加考虑，确保只存储必要的信息。

2. Application

Application 技术与 Session 类似，也是通过存储用户信息内容来“保持”用户连接的，但与 Session 不同的是，Application 技术能够让所有的用户分享一个 Application 对应的存储空间，即在该空间中保存的对象能够被所有用户访问到，而 Session 的内存空间以及所保存的对象和用户的关系是一一对应的。使用 Application 技术可以保存会被 Web 应用中的许多页面共同使用的信息(如数据库连接信息)。

3. Cookie

Cookie 有时也用其复数形式 Cookies，它向 Web 应用辨别用户身份，进而实现 Session 等技术提供了支撑，其本质上则通过在用户本地终端上的存储数据(以名称/值对、key/value 对的形式)。Cookie 存储的内容是由服务器端生成的，当用户访问 Web 应用时由服务器端发送至用户浏览器，浏览器则会将 Cookie 保存到本地终端的某个目录下，此外数据是基于文本文件进行存储的，当该终端用户下次再访问同一 Web 应用时，浏览器则会将该 Cookie 发送给服务器。除了浏览器自行处理以外，Cookie 技术也支持开发人员自己定义名称和值内容，并通过服务器端的 Web 应用对 Cookies 中所包含的信息进行读取和设置，从而进一步维护用户在访问 Web 应用过程中的状态。Cookies 最典型的应用包括：判定注册用户是否已经登录网站(很多 Web 站点提示是否在下一次进入此网站时保留用户信息，以便简化登录手续，这些都是 Cookie 的功用)，“购物车”清单信息的保存(用户可能会在一段时间内在同一家网站的不同页面中选择不同的商品，这些信息都会写入 Cookie，以便在最后付款时提取)。

小实验：请以淘宝、亚马逊等商务网站为例，通过实际操作查看 Web 应用链接不保存特性以及基于 Session、Application 和 Cookie 技术的应用。例如，在不登录的情况下这些网站是否运行用户使用购物车、是否可以查看订单等。

1.3 Web 开发工具与平台

1.3.1 前端开发工具

目前常用的前端开发工具包括 Dreamweaver、FrontPage 等，分别简单介绍如下。

1. Dreamweaver

Dreamweaver 的全称为 Adobe Dreamweaver，人们常简称其为 DW，该工具由美国 Macromedia 公司开发，是一款能够向开发者提供涵盖网页制作和管理网站等多项功能，并能够实现所见即所得的 HTML 页面编辑器。从 Web 应用的发展历史来看，DW 是第一套针对专业网页设计师的可视化网页开发工具，其突出特点在于提供了良好的人机接口——所见即所得的接口，提供了 HTML(标准通用标记语言下的一个应用)编辑的功能。设计者能够很方便地对 HTML 页面的各个元素进行设计和配置，利用它可以跨越不同平台和不同浏览器类型限制，轻松制作各类网页。

2. FrontPage

FrontPage 是微软公司出品的一款网页制作入门级软件。相较于 DW，FrontPage 的使用更为方便简单，同时具备所见即所得的特点，该软件在 Windows 平台下与微软公司的其他产品，如服务器、数据库等开发软件结合得更为紧密和方便，但随着以 Visual Studio 为代表的集成开发平台的推出，微软在 2006 年年底前停止提供 FrontPage 软件。

3. 集成开发平台

这是目前开发工具的一大趋势，即将前端开发工具与后端开发工具结合起来，构成一个集成开发平台，向开发者提供一站式的服务，较为著名的产品包括 Java 体系下的 Eclipse 和微软 Windows 平台下的 Visual Studio 等，这些开发平台都能够提供用于开发 HTML、JavaScript 等前端内容的工具。

1.3.2 后端开发工具

常用的后端开发工具根据实现业务逻辑所使用的程序设计语言不同，大致分为.NET 和 Java 两大体系，另外也有一些基于 Python、Ruby 等新兴语言的开发工具，但目前所占比例还不高。基于 Java 语言的开发工具主要有 Eclipse、JBuilder、NetBeans 等，而.NET 作为微软公司主推的产品，目前以 Visual Studio 系列集成开发平台为主，本书主要介绍基于 ASP.NET 的 Web 开发技术，下面对 Visual Studio 系列的工具做一简单介绍。

Microsoft Visual Studio(简称 VS)，是由美国微软公司设计开发，并得到广大开发者肯定和推崇的一个集成开发工具包，与其他集成开发平台一样，VS 是一个包含了一系列产品的完整开发工具集，这些产品涵盖了软件开发过程中整个生命周期所需要的大部分工具，从设计阶段的 UML 工具、到开发阶段的代码管控工具，以及完整的集成开发环境(IDE)等。利用 VS 平台所设计的目标代码，能够适用于得到微软支持的所有平台，从桌面的 Windows 系统到手机端的 Windows Mobile、Windows CE 及 Windows Phone 等，另外与包括 SQL Server 数据库在内的其他微软产品配合得更为密切，本书其余章节的内容都是在 VS 平台下进行学习和介绍的。

1.3.3 应用服务器与数据库

完成 Web 业务的开发之后，需要考虑的问题就是业务的部署问题，与开发工具类似，采用不同程序设计语言实现的业务应部署至相应的应用服务器之上，目前，针对 Java 语言的应用服务器主要有 Tomcat、Apache、Jboss、GlassFish、WebLogic 等，而基于.NET 的应用服务器则以微软公司提供的 IIS 为主，其基本情况简单介绍如下。

互联网信息服务(Internet Information Services，IIS)，是由微软公司开发的应用服务器软件，该软件能够在微软的 Windows 操作系统中进行部署和运行。它具备 Web 应用相关的各种服务组件，从最为基本的 Web 服务器到提供文件服务的 FTP 服务器、提供新闻服务的 NNTP 服务器以及邮件服务的 SMTP 服务器等。最初的 IIS 软件仅仅是在 Windows NT 操作系统下的一个可选安装包，随着广大用户对其需求的增长，该软件在微软公司后续的操作系统如 Windows 2000、Windows XP Professional 以及 Windows Server 2003 中作为内置组件，与操作系统一起发行。而随着新一代微软操作系统的推出，包括 Windows 7、Windows 8.1 在内的新版本 Windows 都支持安装 IIS 软件。

除了较为简单的 Web 应用，现有的大部分 Web 应用都需要数据库技术的支撑，但是与 Web 应用不同，数据库的程序设计语言并不直接与 Web 开发语言挂钩，一般常见的数据库大多能同时支持 Java 和.NET 等多种应用程序设计语言。目前市场上常见的数据库产品包括 MySQL、SQL Server 和 Oracle 等，其中 MySQL 作为免费开源产品被中小型 Web 应用广泛采用，而作为成熟的商业软件，SQL Server 与 Oracle 则更适合大中型企业应用。尤其是 SQL Server，作为微软公司提供的数据库产品，其与.NET 平台更为配合，因此本书主要采用 SQL Server 作为数据库产品，下面简单介绍一下 SQL Server 数据库。

SQL Server 是微软公司推出的比较具有代表性的一款关系数据库管理系统(DBMS)，一开始，其第一代产品于 1988 年推出，当时是由 Microsoft、Sybase 和 Ashton-Tate 三家公司共同开发的。随着微软公司的发展以及 Windows 平台的普及，Microsoft SQL Server 近年来得到越来越广泛的应用，其版本也在不断地更新。其中，6.5 版本于 1996 年推出、7.0 版本于 1998 年推出；2000 年则推出了 SQL Server 2000，目前最新版本是 2014 推出的 SQL Server 2014。

微软公司的 SQL Server 产品具备许多特点：(1)采用了客户机/服务器体系结构；(2)相比其他产品，其提供了较为丰富的图形化用户界面，使得数据库的管理更加直观和简单；(3)向用户提供了丰富的编程接口和工具；(4)作为微软公司的产品，它能够与 Windows 操作系统深度集成，从而充分利用 Windows 操作系统的强大功能，在登录安全性等方面表现突出，同时该产品还能集成 VS 开发平台，进一步方便设计人员；(5)在微软 Windows 操作系统支持下，SQL Server 伸缩性更强，无论是运行 Windows 95/98 的笔记本电脑还是运行 Windows 2000 的大型机，都可以进行部署和使用。

小实验：请在自己的计算机上安装上述开发工具并简单了解这些工具的使用方法。

1.4　Web 应用开发工程师的知识体系结构

图 1-8 大致给出了 Web 应用开发的技术体系结构，从图中可以看出，Web 应用开发可以大致分为前端和后端两个部分，作为 Web 应用开发工程师，对前后端的技术都应具备一定的水准，下面首先介绍 Web 前端和后端开发的技术体系。

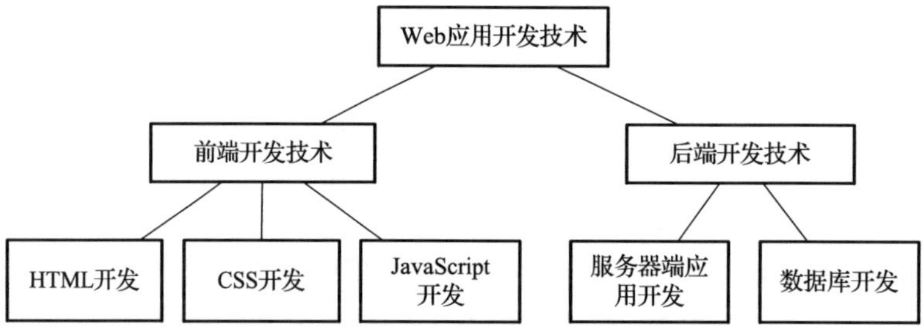

图 1-8　Web 应用开发的技术体系结构

对于 Web 前端开发来说，其开发技术基础主要是 HTML、CSS 以及 JavaScript。其中 HTML 用于定义 Web 页面的基本结构，而 CSS 能够对网站的整体样式进行定义，从而确保网站内容在风格上的一致性，JavaScript 则从页面交互能力方面向 Web 应用提供支撑。例如，为了用户能够获得较好的体验，当前 Web 应用开发大量使用了 Ajax 技术，而为了使用 Ajax，开发人员大量使用各种 JS 库，如 jQuery、YUI 等。

相对于 Web 前端开发更注重用户体验及与用户的互动，Web 应用后端开发则更偏重于如何实现业务逻辑，其开发技术基础主要包含服务器端应用编程语言(如 ASP.NET、JSP 等)，以及数据库应用。

从以上分析可以发现，Web 应用设计的技术非常多，这就对 Web 应用开发人员提出了更高的要求，开发人员需要掌握的技能种类多、分布广，因此开发人员首先需要确保自己的知识广度，确保自己的技能面能够覆盖整个 Web 应用开发的技术体系结构，然而人的精力总是有限的，开发人员应该在确保广度的基础上根据自身的特点做到有一两项技术是自身的优势项目，深入掌握它，从而形成自己的优势。

除了知识广度和深度方面的把握之外，Web 应用开发的前后端技术在学习方面也存在差异，其中前端开发的技术门槛其实非常低，学习曲线是先快后慢，因此很多 IT 从业人员选择将前端作为切入点，然而随着学习和应用的深入，其学习成本和难度直线上升，往往每前进一步都很难。很多人因为各种原因，在开发能力方面只能停留在“会用”的阶段。而后端开发技术的学习则相反，由于它对开发人员在程序设计基础、算法与数据结构，乃至数据库原理等领域有着较高要求，因此它的技术门槛较高，学习曲线是先慢后快，很多学习人员在学习初始阶段即面临陡峭的学习曲线，难以得到进展，最终放弃。

综合上述分析，一个合格的 Web 应用开发人员应该在学习方面注意以下事项。

(1) 确保自己的学习广度，无论是前端的 HTML、JavaScript 还是后端的 ASP.NET 或数据库，甚至是计算机基础领域如数据结构、算法设计等，都需要进行学习和训练，在学习过程中既要学习抽象的理念，更要学习具体的技术，并多从实践的角度进行巩固和提高。

(2) 提高某些优势项目的学习深度，每个开发人员自身的能力、兴趣和优势往往不同，因此开发人员需要在保证学习广度的基础上，根据自身特点选择一两个方向进行深入学习，从而形成自己的优势项目，在深入学习的过程中，还需要根据前后端的学习难度特点，在前端技术方面需要保持恒心，入门之后才算开始，需要花费更多精力深入系统地学习，而后端技术方面则需保持耐心，在入门阶段进行广泛深入的学习，不能轻易放弃。

(3) 需要了解一些系统工程方面的知识，如网站性能优化、不同浏览器兼容性、数据库维护管理等，从而在开发时能够少走弯路，提高质量。

(4) 必须学会运用各种工具进行辅助开发，工欲善其事必先利其器，无论是前端还是后端开发，利用适当的开发工具能够有效地提高开发效率，因此熟练掌握相关的开发工具也是 Web 应用开发人员必须具备的基本技能。

(5) 必须具备团队协作能力，Web 应用开发涵盖的技术面相当广，而开发人员大多仅在某些方面具备较为深入的能力，这就使得一个具体 Web 应用项目开发必须在多名开发人员的紧密配合之下才能完成，这就要求开发人员必须具备良好的团队合作能力。

思考：作为计算机专业的学生，你目前已经掌握了哪些计算机知识？对照 Web 应用开发的知识体系，你有哪些知识已经掌握？哪些还有不足？你的优势在哪里？你预计准备往哪个方向进行重点发展？打算如何实现？

第 2 章　HTML 5

本章知识要点

了解 HTML 概念、发展及应用；
了解 HTML 5 概念；
熟悉 HTML 5 新特性；
熟悉 HTML 5 新的表单处理。

兴趣实践

练习使用 HTML 5 的每个新特性和新表单处理的用法。

探索思考

HTML 5 与 HTML 的区别，各种新特性和新表单处理的环境要求。

预习准备

请在熟悉 HTML 规则和用法的基础上学习本章内容。

版权说明

本章涉及视频均下载于“爱奇艺”影音，后利用“狸窝全能视频转换器”转换格式而成。本章图片均利用 Photoshop 自制。

使用环境

本章 HTML 5 使用的实例编译环境为 Sublime Text，系统环境为 Windows 8。
学习小贴示：帮助读者学习，对学习内容起提示作用。

2.1　HTML 简介

2.1.1　HTML 概念

HTML(HyperText Mark-up Language)，即超文本标记语言，是 WWW 的描述语言。设计 HTML 语言的目的是为了能把存放在某计算机中的信息，与另一台计算机中的信息方便地联系在一起，形成有机的整体。此时，人们不用考虑具体信息是在当前计算机上，还是在网络的其他计算机上。当人们在某台计算机上点击相应图标，就可访问网络上其他计算机的信息。HTML 极大地方便了网络信息的传输和共享。

HTML 文本是由 HTML 命令组成的描述性文本，作为网页制作的基本工具语言，HTML 语言能够表示文字、图形、动画、链接、声音、表格等。HTML 结构主要包括头部(Head)、主体(Body)两大部分。头部用于描述浏览器所需信息，主体表示所要说明具体的内容。

2.1.2 HTML 的发展

1993 年 6 月，互联网工程工作小组(IETF)，将 HTML 第一版作为工作草案发布。1995 年 11 月，HTML 2.0 作为 RFC1866 发布，但在 2000 年 6 月，RFC2854 发布之后，该版本被宣布已经过时。1996 年 1 月 14 日，W3C 发布 HTML 3.2，作为推荐标准。1997 年 12 月 18 日，W3C 发布 HTML 4.0，作为推荐标准。1999 年 12 月 24 日，W3C 发布 HTML 4.1，作为推荐标准，仅对 4.0 版本作了微小改进。2008 年 1 月 22 日，HTML 5 的第一份正式草案公布。

学习小贴士：W3C 指 World Wide Web Consortium，万维网联盟。

答一答：

(1)什么是 HTML？

(2)HTML 能用来做什么？

(3)HTML 经历了怎样的发展过程才产生了 HTML 5？

2.2　HTML 5 简介

HTML 5 具有先前版本所没有的很多特性，为网页设计者提供了极大的方便，将成为 HTML、XHTML 以及 HTML DOM 的新标准。目前，HTML 5 仍在不断的完善之中。但是，目前主流的网页浏览器都能够支持 HTML 5 的某些功能。HTML 5 为 WHATWG 和 W3C 合作的产物。WHATWG 专注于 Web 表单和应用程序的研究，而 W3C 致力于 XHTML 2.0 的研发。2006 年，双方合作，一起构建新版本 HTML，从此 HTML 5 诞生了。HTML 5 新构建了一些必要的规则，其中包括新特性应该以 HTML、CSS、DOM 和 JavaScript 为基础；逐渐削弱对外部插件(如 Flash)的需求；更卓越的错误处理；更多替代脚本语言的标记；独立于设备；开发进程能够应对公众透明等。

学习小贴士：WHATWG 全称为 Web HyperText Application Technology Working Group，网页超文本应用技术工作小组。在 2004 年，由苹果、Opera、Mozilla 基金会这些浏览器厂商组成。

答一答：HTML 5 的先进性体现在什么地方？

2.3　HTML 5 的新特性

2.3.1 视频

许多流行的网站都提供对视频的支持。HTML 5 也提供展示视频的标准。要想使用 HTML 5，需要首先对浏览器进行检测，检查其是否提供对 HTML 5 视频支持。在此之前，还没有在网页上显示视频的通用标准。一般网页中见到的视频，多数是利用插件(如 Flash)来完成显示的。但是，并不是全部浏览器都拥有相同的插件。HTML 5 定义 video 元素支持视频，成为一种标准方法。目前，video 元素对三种视频格式提供支持，如表 2-1 所示。

表 2-1　video 元素支持三种视频的格式

视频格式	Safari	Firefox	Chrome	Opera	IE
MPEG4	3.0+	×	5.0+	×	9.0+
WebM	×	4.0+	6.0+	10.6+	×
Ogg	×	3.5+	5.0+	10.5+	×

表 2-1 中的 Ogg 格式，指拥有 Vorbis 音频编码和 Theora 视频编码的 Ogg 文件。MPEG4 的格式表示拥有 AAC 音频编码和 H.264 视频编码的 MPEG4 文件。WebM 格式表示带有 Vorbis 音频编码和 VP8 视频编码的 WebM 文件。

在 HTML 5 中显示出视频，代码为：

```
<video src="mov.ogg" controls="controls"> </video>
```

试一试：

```
<!DOCTYPE HTML>
<html>
<body>
    <video src="mov.mp4"  width="300" height="200" controls="controls">
浏览器不支持视频标签.
    </video>
</body>
</html>
```

运行结果如图 2-1 所示。

1. controls 属性

controls 属性提供添加播放、暂停播放、音量等控件，也可设置视频高度和宽度属性。如浏览器不支持 video 元素，那么相应的提示可以写在<video>与</video>间，代码如下：

```
<video src="mov.ogg" width="300" height="200" controls="controls">
浏览器不支持视频标签。
</video>
```

试一试：

```
<!DOCTYPE HTML>
<html>
<body>
    <video width="300" height="200" controls="controls">
        <source src="mov.ogg" type="video/ogg">
        <source src="mov.mp4" type="video/mp4">
浏览器不支持视频标签.
    </video>
</body>
</html>
```

运行结果如图 2-2 所示。

上面“试一试”里使用的 Ogg 文件，适用于 Opera、Chrome 以及 Firefox 浏览器。如视频文件一定适用于 Safari 浏览器，则该文件必须为 MPEG4 类型。

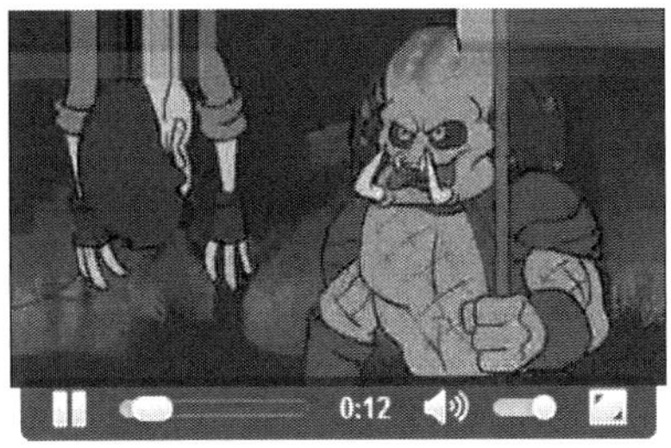

图 2-1　运行结果(一)

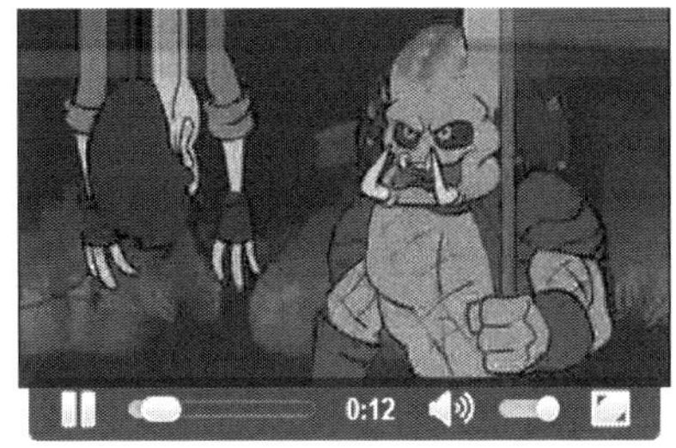

图 2-2　运行结果(二)

2. source 元素

source 元素用来链接不同的视频文件。video 元素默认允许多个 source 元素，浏览器则使用首个可识别格式。代码如下：

```
<video width="300" height="200" controls="controls">
  <source src="mov.ogg" type="video/ogg">
  <source src="mov.mp4" type="video/mp4">
  浏览器不支持视频标签.
</video>
```

试一试：

```
<!DOCTYPE HTML>
<html>
<body>
<video width="300" height="200" controls="controls">
  <source src="mov.ogg" type="video/ogg">
  <source src="mov.mp4" type="video/mp4">
  浏览器不支持视频标签。
</video>
</body>
</html>
```

3. 浏览器是否支持

Internet Explorer(下文均缩写为 IE)8 浏览器对 video 元素不支持。IE9 浏览器对 MPEG4 video 元素支持。

4. <video>标签属性

<video>标签属性及其描述如表 2-2。

表 2-2　<video> 标签属性及描述

值	属性	描述
autoplay	autoplay	视频在准备就绪后立即播放
controls	controls	对用户显示相关控件，如播放按钮
pixels	height	设置视频播放器高度
loop	loop	当完成播放后重复开始播放
preload	preload	视频在页面加载时同时被加载，并准备播放。如果使用 "autoplay"，默认忽略该属性
url	src	准备播放视频的 URL
pixels	width	设置视频播放器宽度

2.3.2 Video + DOM

1. 使用 DOM 控制视频

HTML5 中<video>元素同样拥有方法、属性和事件。其中，方法用于播放、暂停以及加载等，属性(比如时长、音量等)可以被读取或设置，DOM 事件能够通知用户<video>元素开始播放、已暂停、已停止等。

图 2-3　控件参考

试一试：

为视频创建简单的播放/暂停以及调整尺寸控件，如图 2-3 所示。

```
<!DOCTYPE html>
<html>
<body>
    <div style="text-align:center;">
    <button onclick="Pause()">播放/暂停</button>
    <button onclick="Big()">大</button>
    <button onclick="Normal()">中</button>
    <button onclick="Small()">小</button>   <br />
    <video id="videos" width="400">
        <source src="movm.mp4" type="video/mp4" />
        <source src="movo.ogg" type="video/ogg" />
   浏览器不支持 HTML5 视频。
    </video></div>
    <script type="text/javascript">
    var mV=document.getElementById("videos");
    function Pause(){
        if (mV.paused)
            mV.play();
        else
            mV.pause();
        }
    function Big(){
        mV.width=540;
    }
    function Small(){
        mV.width=300;
    }
    function Normal(){
        mV.width=400;
    }
    </script>
</body>
</html>
```

运行结果如图 2-4 所示。

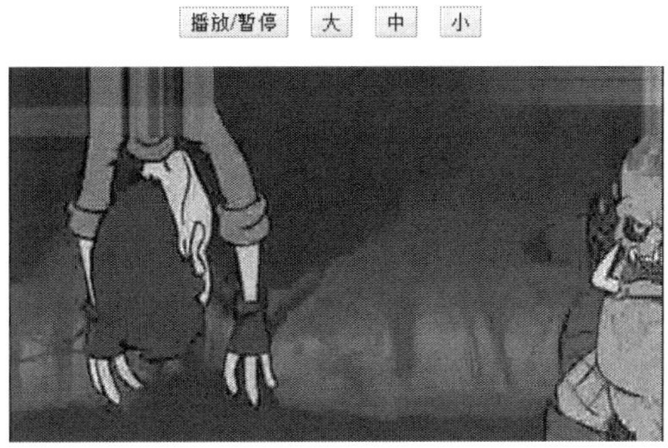

图 2-4　运行结果

学习小贴士：上例演示如何使用<video>标签，包括读取和设置属性，以及如何调用方法。本例中调用了 play()和 pause()方法，使用了 paused 和 width 属性。

2. <video>标签的方法、属性和事件

表 2-3 列出了 HTML 5 中大多数浏览器支持的<video>标签的方法、属性和事件。

表 2-3　<video>的方法、属性和事件

方法	属性	事件
play ()	currentSrc	play
pause ()	currentTime	pause
load ()	videoWidth	progress
canPlayType	videoHeight	error
	duration	timeupdate
	ended	ended
	error	abort
	paused	empty
	muted	emptied
	seeking	waiting
	volume	loadedmetadata
	height	
	width	

学习小贴示：

在上表全部属性中，只有 videoHeight 和 videoWidth 属性是页面加载时立即可用的。其他属性都得等视频元数据加载后，才能被使用。

2.3.3　音频

HTML 5 提供播放音频的标准。在此之前，许多音频是通过插件(如 Flash 插件)进行播放的，没有可供网页播放音频的标准，因为不是全部浏览器都拥有相同的插件。HTML 5 规定 audio 元素播放音频流或者声音文件，提供音频播放的标准方法。

1. 音频格式

目前，audio 元素提供对三种音频格式的支持，如表 2-4。

表 2-4　audio 元素支持的音频格式

音频格式	Safari 3.0	Opera 10.5	Chrome 3.0	Firefox 3.5	IE 9
Wav	√	√		√	
Ogg Vorbis		√	√	√	
MP3	√		√		√

2. 播放音频

在 HTML 5 中播放音频，代码为：

```
<audio src="sing.ogg" controls="controls"></audio>
```

controls 属性提供了播放添加、暂停播放、音量控制等控件。

如浏览器不支持 audio 元素的显示，则在<audio>与</audio>之间插入相关说明，代码为：

```
<audio src="sing.ogg" controls="controls">浏览器不支持音频播放。</audio>
```

试一试：

```
<!DOCTYPE HTML>
<html>
<body>
    <audio src="sing.ogg" controls="controls">浏览器不支持音频播放。
    </audio>
</body>
</html>
```

图 2-5　运行结果

运行结果如图 2-5 所示。

学习小贴士：本例中使用了一个 Ogg 文件，该文件适用于 Chrome、Firefox 以及 Opera 浏览器。若要适用于 Safari 浏览器，音频文件格式必须是 Wav 或 MP3 类型。

3. source 元素

source 元素实现链接不一样的音频文件。audio 元素提供多个 source 元素。浏览器将使用首个可识别的格式，代码如下：

```
<audio controls="controls">
  <source src="sing.ogg" type="audio/ogg">
  <source src="sing.mp3" type="audio/mpeg">
浏览器不支持音频播放。
</audio>
```

试一试：

```
<!DOCTYPE HTML>
<html>
<body>
<audio controls="controls">
  <source src="sing.ogg" type="audio/ogg">
  <source src="sing.mp3" type="audio/mpeg">
浏览器不支持音频播放。
```

```
</audio>
</body>
</html>
```

运行结果如图 2-6 所示。

图 2-6　运行结果

4. 浏览器是否支持

IE8 浏览器对 audio 元素不支持。IE9 浏览器对 audio 元素支持。

5. <audio>标签属性

<audio>标签属性及描述，如表 2-5。

表 2-5　<audio>标签属性

值	属性	描述
autoplay	autoplay	音频在准备就绪后马上播放
controls	controls	对用户显示控件，比如播放按钮
loop	loop	音频结束后重新开始播放
preload	preload	音频在页面加载的同时加载，并准备播放。如果使用"autoplay"，忽略该属性
url	src	播放音频的 URL

2.3.4　拖放

拖放(drag 和 drop)是 HTML 5 标准的组成部分。

1. 拖放

拖放为鼠标抓取对象后拖到其他位置。在 HTML 5 中，拖放成为标准的一部分，所有元素都能够拖放。

2. 浏览器是否支持

Firefox、Opera 12、Chrome、IE9 以及 Safari 5 都支持拖放。
学习小贴示：在 Safari 5.1.2 中不支持拖放。

3. HTML 5 拖放实例

【例 2-1】实现将某图片拖放到某矩形框中。

```
<!DOCTYPE HTML>
<html>
<head>
    <script type="text/javascript">
    function aDrop(events){
        events.preventDefault();
    }
    function drag(events){
        events.dataTransfer.setData("Text",events.target.id);
    }
    function drop(events){
```

```
        events.preventDefault();
        var da=events.dataTransfer.getData("Text");
        events.target.appendChild(document.getElementById(da));
    }
    </script>
</head>
<body>
<div id="div1" ondrop="drop(events)"ondragover="aDrop(events)"></div>
<img id="drag1"  draggable="true" src="img.gif"
ondragstart="drag(events)" width="326" height="59" />
</body>
</html>
```

试一试：

```
<!DOCTYPE HTML>
<html>
<head>
<style type="text/css">
#div1 {width:488px;height:70px; border:1px solid #aaaaaa; padding:10px;}
</style>
    <script type="text/javascript">
    function aDrop(events){
        events.preventDefault();
    }
    function drag(events){
        events.dataTransfer.setData("Text",events.target.id);
    }
    function drop(events){
        events.preventDefault();
        var da=event.dataTransfer.getData("Text");
        events.target.appendChild(document.getElementById(da));
    }
    </script>
</head>
<body>
<p>请把 qq 的图片拖放到矩形中：</p>
<div id="div1" ondrop="drop(events)" ondragover="aDrop(events)"></div>
<br />
<img id="drag1" src="../qq.gif" draggable="true"
ondragstart="drag(events)" />
</body>
</html>
```

拖放前效果如图 2-7 所示，拖放后效果如图 2-8 所示。

图 2-7　拖放前效果

图 2-8　拖放后效果

学习小贴示：

(1) 设置元素为可拖放

把 draggable 属性设置为 true，代码为：

```
<img draggable="true"/>
```

(2) 拖动

使用 ondragstart 属性和 setData() 方法。当元素被拖动时，ondragstart 属性调用函数 drag(events)，它规定了被拖动的数据。dataTransfer.setData() 方法设置被拖数据的值和数据类型。例如，下面代码中，值是可拖动元素的 id("drag1")，数据类型是"Text"。

```
function drag(events){
    events.dataTransfer.setData("Text",events.target.id);
}
```

(3) 放至何处

使用 ondragover 事件，实现将数据拖放到何处。ondragover 事件规定了在何处放置被拖动的数据。默认是无法将元素/数据放置到别的元素中。如果要设置为允许放置，必须阻止对元素的默认处理方式。此时通过调用 ondragover 事件的 events.preventDefault() 方法，代码为：

```
events.preventDefault()
```

(4) 放置

拖放的最后一个步骤为放置。当放置被拖数据时，会发生 drop 事件。在上例中，ondrop 属性调用了一个函数 drop(events)，代码如下：

```
function drop(events){
    events.preventDefault();
    var da=events.dataTransfer.getData("Text");
    events.target.appendChild(document.getElementById(da));
}
```

其中调用 preventDefault() 来避免浏览器对数据的默认处理(drop 事件的默认行是以链接形式打开)。通过 dataTransfer.getData("Text") 方法获得被拖的数据。该方法将返回在 setData() 方法中设置为相同类型的任何数据。被拖数据是被拖元素的 id("drag1")。把被拖元素追加到放置元素(目标元素)中。

试一试：

```
<!DOCTYPE HTML>
<html>
<head>
<style type="text/css3">
```

```
#div1, #div2
{ width:100px;height:36px;float:left;padding:10px;margin:10px;border:
   1px solid #aaaaaa;}
</style>
<script type="text/javascript">
function aDrop(events){
    events.preventDefault();
}
function drag(events){
    events.dataTransfer.setData("Text",events.target.id);
}
function drop(events){
    events.preventDefault();
    var da=events.dataTransfer.getData("Text");
    events.target.appendChild(document.getElementById(da));
}
</script>
</head>
<body>
<div id="div1" ondragover="aDrop(events)" ondrop="drop(events)" >
  <img src="../qq.gif" draggable="true" ondragstart="drag(events)" id="drag1" />
</div>
<div id="div2" ondragover="aDrop(events)" ondrop="drop(events)" ></div>
</body>
</html>
```

拖放前效果如图 2-9 所示，拖放后效果如图 2-10 所示。

图 2-9　拖放前运行结果

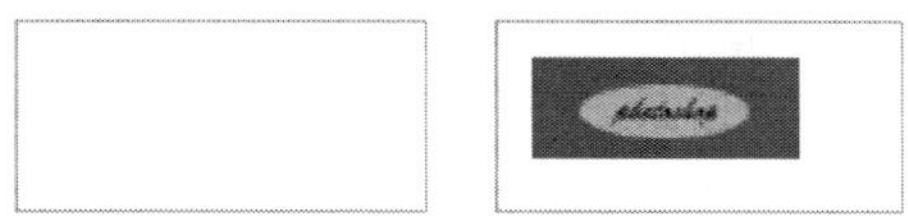

图 2-10　拖放后运行结果

再次拖放后效果如图 2-11 所示。

答一答：上面“试一试”代码实现了什么功能？

学习小贴示：上面“试一试”代码实现了来回拖放图片功能。

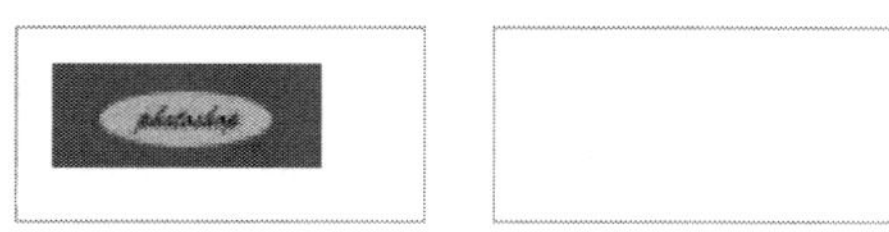

图 2-11　再次拖放后运行结果

2.3.5　画布

1. 画布 canvas

HTML 5 画布，也称为 HTML 5 canvas。canvas 元素利用 JavaScript 语言在网页上绘制图像。画布为一个矩形区域，能够控制每一像素，能够实现多种绘制矩形、圆形、路径、字符、添加图像的方法。

2. 创建 canvas 元素

在 HTML5 的页面中添加 canvas 元素，规定元素的宽度、高度和 id。代码如下：

```
<canvas id="Canvas" width="220" height="110"></canvas>
```

3. 使用 JavaScript 绘图

canvas 元素本身不具备绘图能力，全部工作依赖 JavaScript 内部完成，代码如下：

```
<script type="text/javascript">
    var c=document.getElementById("Canvas");
    var ct=c.getContext("2d");
    ct.fillRect(0,0,300,150);
    ct.fillStyle="#FF0000";
</script>
```

学习小贴士：JavaScript 根据 id 寻找 canvas 元素，代码为：

```
var c=document.getElementById("Canvas");
```

接着，创建 context 对象，代码为：

```
var ct=c.getContext("2d");
```

其中 getContext("2d")对象为内部构建的 HTML5 对象，能够绘制多种字符、路径、矩形、圆形、添加图像。

例如，绘制一个颜色值为“#FF0000”的矩形，代码为：

```
ct.fillRect(0,0,300,150);
ct.fillStyle="#FF0000"
```

其中 fillRect 方法规定了矩形的位置、形状和尺寸，fillStyle 方法的作用是将矩形填充为红色。

4. 理解坐标

上述代码中 fillRect 方法设置有四个参数(0,0,300,150)。表示从画布左上角(0,0)开始，在画布上绘制 300×150 像素大小的矩形。

【例 2-2】 实现“鼠标悬停在矩形上可以看到坐标”的效果。

```
<!DOCTYPE HTML>
<html>
<head>
<style type="text/css">
body{font-family: helvetica,verdana,sans-serif,arial;font-size:60%;
}
</style>
<script type="text/javascript">
    function getXY(events){
        x=events.clientX;
        y=events.clientY;
        document.getElementById("xy").innerHTML="Coordinates: ("+x+","
```

```
            + y + ")";
    }
    function emptyXY(){
        document.getElementById("xy").innerHTML="";
    }
    </script>
</head>
<body style="margin:10px;">
<p>鼠标悬停在矩形上可看到坐标：</p>
<div id="XYdiv" style=" width:199px;height:99px; border:10px solid #c3c3c3;
    float:left;
 " onmouseout="emptyXY()"  onmousemove="getXY(events)"></div>
<br /><br /><br />
<div id="xy"></div>
 </body>
</html>
```

【例 2-3】 绘制线条。

JavaScript 代码如下：

```
<script type="text/javascript">
        var c=document.getElementById("Canva");
        var ct=c.getContext("2d");
        ct.moveTo(10,10);
        ct.lineTo(300,150);
        ct.lineTo(10,150);
        ct.stroke();
</script>
```

canvas 元素代码如下：

```
<canvas id="Canva" style="border:10px solid #c3c3c3;" width="300" height="150">
浏览器不支持canvas 元素。
</canvas>
```

试一试：

```
<!DOCTYPE HTML>
<html>
<body>
<canvas id="myCanva" style="border:10px solid #c3c3c3; width="300" height="150" ">
浏览器不支持 canvas 元素。
</canvas>
    <script type="text/javascript">
        var c=document.getElementById("Canva");
        var ct=c.getContext("2d");
        ct.moveTo(10,10);
        ct.lineTo(300,150);
        ct.lineTo(10,150);
```

```
        ct.stroke();
    </script>
</body>
</html>
```

【例 2-4】 绘制圆形。

JavaScript 代码如下：

```
<script type="text/javascript">
    var c=document.getElementById("Canva");
    var ct=c.getContext("2d");
    ct.fillStyle="#FFFF00";
    ct.beginPath();
    ct.arc(72,20,17,2,Math.PI*2,true);
    ct.closePath();
    ct.fill();
</script>
```

canvas 元素代码如下：

```
<canvas id="Canva" style="border:10px solid #c3c3c3;" width="300" height="150">
浏览器不支持 canvas 元素。
</canvas>
```

试一试：

```
<!DOCTYPE HTML>
<html>
<body>
<canvas id="myCanva" style="border:10px solid #c3c3c3;" width="200"
height="100">
浏览器不支持 canvas 元素。</canvas>
    <script type="text/javascript">
        var c=document.getElementById("Canva");
        var ct=c.getContext("2d");
        ct.fillStyle="#FFFF00";
        ct.beginPath();
        ct.arc(72,20,17,2,Math.PI*2,true);
        ct.closePath();
        ct.fill();
    </script>
</body>
</html>
```

【例 2-5】 渐变颜色。

JavaScript 代码如下：

```
<script type="text/javascript">
    var c=document.getElementById("Canva");
    var ct=c.getContext("2d");
    var gd=ct.createLinearGradient(0,0,185,60);
    gd.addColorStop(0,"#FF0000");
```

```
        gd.addColorStop(1,"#00FF00");
        ct.fillStyle=gd;
        ct.fillRect(0,0,185,60);
    </script>
```

canvas 元素代码如下：

```
    <canvas id="Canva" style="border:10px solid #c3c3c3;" width="300" height="150">
    浏览器不支持 canvas 元素。</canvas>
```

试一试：

```
    <!DOCTYPE HTML>
    <html>
    <body>
    <canvas  id="Canva"  style="border:10px  solid  #c3c3c3;"  width="300"
height="150">
    浏览器不支持 canvas 元素。</canvas>
        <script type="text/javascript">
            var c=document.getElementById("Canva");
            var ct=c.getContext("2d");
            var gd=ct.createLinearGradient(0,0,185,60);
            gd.addColorStop(0,"#FF0000");
            gd.addColorStop(1,"#00FF00");
            ct.fillStyle=gd;
            ct.fillRect(0,0,185,60);
        </script>
    </body>
    </html>
```

【例 2-6】 实现图像加载到画布。

JavaScript 代码如下：

```
    <script type="text/javascript">
    var c=document.getElementById("Canva");
    var ct=c.getContext("2d");
    var imgs=new Image()
    imgs.src="f.png"
    ct.drawImage(imgs,0,0);
    </script>
```

canvas 元素代码如下：

```
    <canvas id="Canva" style="border:10px solid #c3c3c3;" width="300" height="150">
    浏览器不支持 canvas 元素。
    </canvas>
```

试一试：

```
    <!DOCTYPE HTML>
    <html>
```

```
<body>
<canvas  id="Canva"  style="border:10px  solid  #c3c3c3;"  width="300"
height="150">
浏览器不支持 canvas 元素。
</canvas>
<script type="text/javascript">
var c=document.getElementById("Canva");
var ct=c.getContext("2d");
var imgs=new Image()
imgs.src="../f.png"
ct.drawImage(imgs,0,0);
</script>
</body>
</html>
```

2.3.6　内联 SVG

1. SVG

SVG 是指可伸缩矢量图形(Scalable Vector Graphics)。HTML 5 支持内联 SVG。SVG 通过使用 XML 格式定义基于矢量的图形。当 SVG 图像放大或尺寸改变时，其图形质量不会有损失。SVG 的优势使之成为万维网联盟的标准之一。

2. SVG 的优势

能够通过文本编辑器创建和修改 SVG 图像；可伸缩 SVG 图像；能被索引、搜索、压缩或脚本化；能在任何分辨率下被高质量打印；能在放大、尺寸改变的情况下保证图像质量。

3. 关于浏览器支持

Firefox、Opera、Chrome、Safari 以及 Internet Explorer 9.0 支持内联 SVG。

4. 把 SVG 嵌入 HTML 页面

在 HTML 5 中，可将 SVG 元素直接嵌入 HTML 页面中，代码如下：

```
<!DOCTYPE html>
<html>
<body>
<svg height="190" version="1.1" xmlns="../svg" >
<polygon
style="stroke:purple; fill-rule:evenodd;stroke-width:5;fill:lime;
" points="100,10 40,180 190,60 10,60 160,180"   />
</svg>
 </body>
</html>
```

试一试：

```
<!DOCTYPE html>
<html>
<body>
```

```
<svg height="190" version="1.1" xmlns="../svg" >
  <polygon  style="  stroke-width:3;   fill-rule:evenodd;stroke:blue;
fill:red; " points="100,10 40,180 190,60 10,60 160,180"/>
</svg>
</body>
</html>
```

2.3.7 canvas 和 SVG 比较

SVG 和 canvas 均可在浏览器中构建图形，但本质不同。

SVG 使用 XML 语言来描述 2D 图形，是一种语言。SVG 语言基于 XML 语言，表示 SVGDOM 中每个元素都可用，同时也能为某个元素附加 JavaScript 事件处理器。若 SVG 对象属性产生变化，图形变化通过浏览器自动重现，因为在 SVG 中，任何一个被绘制的图形均被视为对象。

Canvas 通过 JavaScript 脚本创建 2D 图形，逐个像素渲染。在 canvas 中，如果图形绘制完成，浏览器就不关注图形了。一旦图形位置产生变化，涉及图形的整个场景要重新创建，任何可能被图形关联的对象都要重新创建。

表 2-6 列出了 SVG 与 canvas 之间的某些不同之处。

表 2-6　canvas 与 SVG 比较

SVG	canvas
不依赖分辨率	依赖分辨率
支持事件处理器	不支持事件处理器
最适合带有大型渲染区域的应用程序(如谷歌地图)	文本渲染能力弱
复杂度高会减慢渲染速度(所有过度使用 DOM 的应用都不快)	能够以.jpg 或.png 格式保存结果图像
不适合游戏应用	最适合图像密集型的游戏，其中的许多对象会被频繁重绘

2.3.8 地理定位

HTML 5 地理定位(Geolocation)，可以用来定位用户的位置。

试一试：在谷歌地图上显示自己的位置信息。

1. 用户位置定位

获得用户地理位置信息使用 HTML 5 Geolocation API。考虑该特性可能会侵犯用户的隐私，故默认用户位置信息不可用。

2. 关于浏览器支持

Chrome、Firefox、Internet Explorer 9.0、Opera 以及 Safari 支持地理定位。

学习小贴示：对于拥有 GPS 功能的设备，如手机，地理定位可以非常精确。

3. 地理定位使用

在 HTML 5 中，获取用户位置使用 getCurrentPosition()方法。下例演示通过返回经度和纬度来确定用户的位置。

【例 2-7】 返回用户位置的经度与纬度。

```
<script>
var pos=document.getElementById("example");
function getPosition(){
    if (navigator.geolocation){
navigator.geolocation.getCurrentPosition(dispPosition);
    }
    else {
    pos.innerHTML="浏览器不支持地理定位。";
    }
}
function dispPosition(posi){
pos.innerHTML="纬度：" + posi.coords.latitude +   "<br />经度：" +
posi.coords.longitude;
}
</script>
```

上例检测能否支持地理定位功能。若支持，就运行 getCurrentPosition() 方法。若不支持，就向用户显示“浏览器不支持地理定位”的消息。若 getCurrentPosition()运行结果成功，就向参数 dispPosition 中规定的函数返回一个 coordinates 对象。dispPosition() 函数获取并显示纬度和经度。本例是一个基础的地理定位脚本，不含错误处理。

学习小贴示：getCurrentPosition() 方法里第二个参数用来处理错误。它规定当获得用户位置信息失败的时候运行的函数，代码如下：

```
function dispErrors(errors)  {
switch(errors.code)    {
case errors.PERMISSION_DENIED:
pos.innerHTML="用户拒绝地理定位申请."      break;
case errors.POSITION_UNAVAILABLE:
pos.innerHTML="不能获得位置信息."      break;
case errors.TIMEOUT:
 pos.innerHTML="请求得到用户位置超时."      break;
case errors.UNKNOWN_ERROR:
pos.innerHTML="发生未名错误."      break;
}
}
```

试一试：编辑下面的代码，观察运行效果。

```
<!DOCTYPE html>
<html>
<body>
<p id="example">点击这个按钮，获得您的坐标：</p>
<button onclick="getPosition()">试一下</button>
<script>
var pos=document.getElementById("example");
function getPosition()  {
  if (navigator.geolocation){
    navigator.geolocation.getCurrentPosition(dispPosition);
```

```
    }
  else{pos.innerHTML="浏览器不支持地理定位.";}
  }
function dispPosition(posi)  {
  pos.innerHTML="纬度: " + posi.coords.latitude +   "<br />经度: " + posi.
coords.longitude;
  }
</script>
</body>
</html>
```

运行结果如图 2-12 所示。

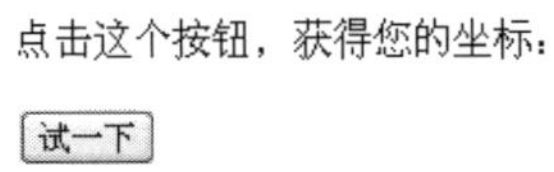

图 2-12　运行效果

试一试：编辑下面代码，观察运行效果。

```
<html>
<body>
<p id="example">点击这个按钮，获得您的坐标：</p>
<button onclick="getPosition()">试一下</button>
<script>
var pos=document.getElementById("example");
function getPosition()  {
  if (navigator.geolocation)    {
    navigator.geolocation.getCurrentPosition(dispPosition,dispErrors);
    }
  else{pos.innerHTML="浏览器不支持地理定位.";}
  }
function dispPositions(posi)  {
  pos.innerHTML="纬度: " + posi.coords.latitude +   "<br />经度: " +
posi.coords.longitude;
  }
function dispErrors(errors)   {
switch(errors.code)     {
case errors.PERMISSION_DENIED:
pos.innerHTML="用户拒绝地理定位申请."       break;
case errors.POSITION_UNAVAILABLE:
pos.innerHTML="不能获得位置信息."       break;
case errors.TIMEOUT:
 pos.innerHTML="请求得到用户位置超时."       break;
case errors.UNKNOWN_ERROR:
pos.innerHTML="发生未名错误."       break;
}
}
```

```
</script>
</body>
</html>
```

4. 在地图中标示结果

如果需要在地图中标示结果，需访问能够使用经纬度的地图服务，如百度地图、谷歌地图等，代码如下：

```
    function dispPositions(posi) {
    var los=posi.coords.latitude+","+posi.coords.longitude;
    var iurl="maps.googleapis.com/maps/api/staticmap?center=" +los+"&zoom=
14&size=500x400&sensor=false";document.getElementById("mapholders").innerHTML=
"<img src='"+iurl+"' />";
    }
```

试一试：编辑下列代码，观察运行结果。

```
<!DOCTYPE html>
<html>
<body>
<p id="example">点击这个按钮，获得您的位置：</p>
<button onclick="getPostion()">试一下</button>
<div id="mapholders"></div>
<script>
var pos=document.getElementById("example");
function getPostion()  {
  if (navigator.geolocation)   {
    navigator.geolocation.getCurrentPosition(dispPositions,dispErrors);
    }
  else{pos.innerHTML="浏览器不支持地理定位.";}
  }
function dispPositions(posi)  {
  var los=posi.coords.latitude+","+posi.coords.longitude;

  var iurl="maps.googleapis.com/maps/api/staticmap?center="
  +los+"&sensor=false &zoom=14&size=500x400 ";
  document.getElementById("mapholders").innerHTML="<img src='"+iurl+"' />";
  }
function dispErrors(errors)  {
switch(errors.code)    {
case errors.PERMISSION_DENIED:
pos.innerHTML="用户拒绝地理定位申请."      break;
case errors.POSITION_UNAVAILABLE:
pos.innerHTML="不能获得位置信息."      break;
case errors.TIMEOUT:
 pos.innerHTML="请求得到用户位置超时."      break;
case errors.UNKNOWN_ERROR:
pos.innerHTML="发生未名错误."      break;
```

```
}
}
</script>
</body>
</html>
```

在“试一试”中，使用返回的经纬度数据在谷歌地图中显示位置(使用静态图像)。

学习小贴示： 谷歌地图脚本如下。

```
<html>
<body>
<p id="example">点击这个按钮，获得您的位置：</p>
<button onclick="getPosition)">试一下</button>
<div id="mapholders"></div>
<script src="map.google.com/map/api/js?sensor=false"></script>
<script>
var pos=document.getElementById("example");
function getPosition()  {
  if (navigator.geolocation)    {
<!DOCTYPE html>
    navigator.geolocation.getCurrentPosition(dispPositions,dispErrors);
    }
  else{pos.innerHTML="浏览器不支持地理定位";}
  }
function dispPositions(posi)  {
  lats=posi.coords.latitude;
  lons=posi.coords.longitude;
  latlons=new google.maps.LatLng(lats, lons)
  mapholders=document.getElementById('mapholders')
  mapholders.style.height='300px';
  mapholders.style.width='550px';
  var mOpt={
  center:latlon,zoom:14,
  mapTypeId:google.maps.MapTypeId.ROADMAP,
  mapTypeControl:false,    navigationControlOptions:{style:google.maps.
NavigationControlStyle.SMALL}
  };
  var map
=new google.maps.Map(document.getElementById("mapholder"),mOpt);
  var markers
=new google.maps.Marker({
map:map, title:"You are here!",position:latlon});
  }
function dispErrors(errors)    {
switch(errors.code)      {
case errors.PERMISSION_DENIED:
pos.innerHTML="用户拒绝地理定位申请."       break;
case errors.POSITION_UNAVAILABLE:
```

```
pos.innerHTML="不能获得位置信息."        break;
case errors.TIMEOUT:
pos.innerHTML="请求得到用户位置超时."        break;
case errors.UNKNOWN_ERROR:
pos.innerHTML="发生未名错误."        break;
}
}
</script>
</body>
</html>
```

5. 给定位置信息

获取给定位置的信息，同样需要地理定位。例如用户选择是否需要更新所在位置信息，是否根据用户定位所在位置信息寻找位置周围信息，如寻找定位位置周围的商家等。又例如交互式车载导航系统(GPS)，可以定位周围相关信息而选择相应的道路。给定位置信息能够通过 getCurrentPosition()方法获取返回数据。若获取成功，则 getCurrentPosition()方法返回对象，并始终会返回 longitude、accuracy 以及 latitude 属性。如果获取对象可用，就会返回表 2-7 中的属性。

表 2-7　coords 属性及其描述

属性	描述
latitude	纬度
longitude	经度
altitude	海拔，以米为单位
accuracy	位置精度
altitudeAccuracy	位置的海拔精度
heading	方向，从正北开始，以度为单位
speed	速度，以米/秒为单位
latitude	纬度

利用 Geolocation 对象的方法可以获取给定位置信息。如使用 watchPosition()方法获取用户当前的位置，并且继续返回用户移动时更新的位置。例如汽车用 GPS 导航系统，能够在车子行驶中及时返回位置信息并做出语音提示。使用 clearWatch()方法能够停止 watchPosition()方法。watchPosition()方法的使用，代码如下：(备注：尽量使用精确 GPS 设备，例如性能较好的手机，测试本例。)

```
<script>
var pos=document.getElementById("example");
function getPosition()   {
if (navigator.geolocation)     {
navigator.geolocation.watchPosition(dispPositions);
}
else{
pos.innerHTML="浏览器不支持位置定位.";
}
}
```

```
    function dispPositions(posi)   {
    pos.innerHTML="纬度： " + posi.coords.latitude +   "<br />经度： " +
posi.coords.longitude;
    }
    </script>
```

试一试：编辑下列代码。

```
    <!DOCTYPE html>
    <html>
    <body>
    <pid="example">点击这个按钮，获得您的坐标：</p>
    <button onclick="getPosition()">试一下</button>
    <script>
    var pos=document.getElementById("example");
    function getPosition()  {
      if (navigator.geolocation)   {
        navigator.geolocation.watchPosition(dispPositions);
        }
      else{pos.innerHTML="浏览器不支持位置定位.";}
      }
    function dispPositions(posi)  {
      pos.innerHTML="纬度： " + posi.coords.latitude +   "<br />经度： " +
posi.coords.longitude;
      }
    </script>
    </body>
    </html>
```

2.3.9　Web 存储

1. 客户端存储数据

在 HTML 5 中，有两种新的客户端存储数据的方法。一种是 localStorage 方法，指没有时间限制的数据存储。另一种是 sessionStorage 方法，仅限一个 session 的数据存储。HTML 5 以前的版本，这些工作都由 cookie 完成。但是当大量数据需要存储时，cookie 就做不到了。cookie 对每个服务器请求来传递数据，这种工作方式使得 cookie 速度慢，效率低。在 HTML 5 中，数据只在请求时使用，不需要由每个服务器请求传递数据后使用。这使得存储大量的数据而不影响网站的性能成为了可能。不同的网站，数据存储可能在不同的区域，并且一个网站只能访问其自身数据。HTML 5 用 JavaScript 来存储、访问数据。

2. localStorage 方法

使用 localStorage 方法存储的数据，使用时无时间限制。几天后、几周后或几年后，数据依然能够被使用。构建访问 localStorage 方法，代码如下：

```
    <script type="text/javascript">
    localStorages.firstname="li";
```

```
document.write(localStorages.firstname);
</script>
```

试一试：

```
<!DOCTYPE HTML>
<html>
<body>
<script type="text/javascript">
localStorages.firstname="li";
document.write("First names: " + localStorages.firstname);
</script>
</body>
</html>
```

运行结果：

```
First names: li
```

【例 2-8】 对用户访问页面的次数进行计数，代码如下：

```
<script type="text/javascript">
if (localStorages.pagecount)  {
localStorages.pagecount=Number(localStorages.pagecount) +1;
}
else  {
localStorages.pagecount=0;
}
document.write("访问量 "+ localStorages.pagecount + " 次.");
</script>
```

试一试：

```
<!DOCTYPE HTML>
<html>
<body>
<script type="text/javascript">
if (localStorages.pagecount)   {
    localStorages.pagecount=Number(localStorages.pagecount) +1;
    }
else   {
    localStorages.pagecount=0;
    }
document.write("访问量: " + localStorages.pagecount + " 次.");
</script>
<p>刷新页面，计数器变化。</p>
<p>关闭浏览器窗口，再打开，计数器继续计数。</p>
</body>
</html>
```

运行结果：

```
访问量: 0 次.
刷新页面，计数器变化。
关闭浏览器窗口，再打开，计数器继续计数。
```

3. sessionStorage 方法

HTML 5 中，sessionStorage 方法，针对仅限一个 session 对数据存储。一旦用户关闭浏览器，数据就被删除。构建并访问一个 sessionStorage 方法，代码如下：

```
<script type="text/javascript">
sessionStorages.firstname="li";
document.write(sessionStorages.firstname);
</script>
```

试一试：

```
<!DOCTYPE HTML>
<html>
<body>
<script type="text/javascript">
sessionStorages.firstname="li";
document.write(sessionStorages.firstname);
</script>
</body>
</html>
```

运行结果：

```
li
```

【例 2-9】 对某用户在某个 session 中访问页面的次数计数，代码如下：

```
<script type="text/javascript">
if (sessionStorages.pagecount)  {
sessionStorages.pagecount=Number(sessionStorages.pagecount) +1;
}
else  {
sessionStorages.pagecount=0;
}
document.write("访问量 "+sessionStorages.pagecount+" 次.");
</script>
```

试一试：

```
<!DOCTYPE HTML>
<html>
<body>
<script type="text/javascript">
if (sessionStorages.pagecount)  {
    sessionStorages.pagecount=Number(sessionStorages.pagecount) +1;
    }
else   {
    sessionStorages.pagecount=0;
    }
document.write("访问量" + sessionStorages.pagecount + " 次。");
</script>
<p>刷新页面，计数器变化。</p>
<p>关闭浏览器窗口，然后再打开，计数器重置。</p>
```

```
</body>
</html>
```

运行结果：

```
访问量 0 次。
刷新页面，计数器变化。
关闭浏览器窗口，然后再打开，计数器重置。
```

2.3.10　应用程序缓存

使用 HTML 5，通过创建 cache manifest 文件，可以轻松地创建 Web 应用的离线版本。

1. 应用程序缓存(application cache)

HTML 5 引入了应用程序的缓存，即 Web 应用具有缓存功能，能够在未连接因特网的时候访问网络。应用程序的缓存功能为网络应用增加三个优势：①减少服务器的负载，浏览器只从服务器下载更新过的资源，减轻了服务器的负担；②离线浏览，用户能够在断网状态访问服务器内容，解决用户的特殊需要；③速度，已经缓存的资源加载时更快，用户体验好。

2. 关于浏览器支持

所有主流的浏览器基本都支持应用程序的缓存，除了 Internet Explorer 各版本浏览器。

3. cache manifest 基础

使用应用程序的缓存，要求在<html>标签里包含 manifest 属性，代码如下：

```
<!DOCTYPE HTML> <html manifest="example.appcache"> ... </html>
```

每个被指定 manifest 的页面，在用户对其访问的时候都将被缓存。否则，不会被缓存。manifest 文件的扩展名一般是.appcache。对 manifest 文件，需要配置正确的 MIME-type，即 text/cache-manifest，同时在 Web 服务器上要进行相关的配置。

4. manifest 文件

manifest 文件是简单的文本文件，该文件能告诉浏览器被缓存内容(和不缓存内容)。

manifest 文件可分三个部分，第一部分为 NETWORK，在 NETWORK 下列出的文件需要与服务器连接，而且不能被缓存；第二部分为 FALLBACK，在 FALLBACK 下列出的文件规定当页面无法访问时的回退页面；第三部分为 CACHE MANIFEST ，在 CACHE MANIFEST 下列出的文件会在首次下载后被缓存。

① NETWORK

从 ETWORK 规定某文件不会被缓存，且离线不可用。代码 NETWORK:lg.asp 演示文件 lg.asp 不被缓存，且离线不可用。NETWORK:*表示所有资源/文件都需要连接因特网才能被使用。

② FALLBACK

FALLBACK 列出的文件规定当页面无法访问时回退页面。例如，当无法连接因特网时，用 offline.html 代替/current/目录中的所有文件，代码为：

```
FALLBACK: /current/ /offline.html
```

③ CACHE MANIFEST

CACHE MANIFEST 放在第一行，是必需的，代码为：

```
CACHE MANIFEST /thm.css /lg.gif /main.js
```

该代码中的 manifest 文件列出了三个资源：一个 JavaScript 文件(main.js)，一个 CSS 文件(thm.css)，一个 GIF 图像文件(lg.gif)。当 manifest 文件被加载后，浏览器就会从网站根目录去下载这三个文件。之后，即使用户与因特网断开连接，这些资源依然能够被使用。

5. cache manifest 实例

带有 cache manifest 的 HTML 文档(供离线浏览)，代码如下：

```
<!DOCTYPE HTML>
<html manifest="example.appcache">
<body> 文档内容为......
</body>
</html>
```

试一试：

```
<!DOCTYPE html>
<html manifest="../example.appcache">
<body>
<script type="text/javascript" src="../example.js">
</script>
<p id="timePara"><button onclick="getDateTime()">获得日期和事件</button></p>
<p><img src="../qq.gif" /></p>
<p>请打开<a href="../manifest.html" target="_blank">这个页面</a>，然后脱机浏览，重新加载页面。页面中的脚本和图像依然可用。</p>
</body>
</html>
```

运行结果如图 2-13 所示。

图 2-13　运行效果图

6. 更新缓存

应用程序如果被缓存，那么就会一直保持缓存状态，除非用户清空浏览器缓存，或者 manifest 文件被修改，或者通过程序更新了应用缓存。

【例 2-10】 完整的 manifest 文件。

```
CACHE MANIFEST # 2016-03-21 v1.1.0 /thm.css /lg.gif /main.js  NETWORK:
lg.asp  FALLBACK: /current/ /offline.html
```

学习小贴示："#"开头表示注释。应用缓存会在 manifest 文件修改时被更新。若只是编辑某图片，或者修改某 JavaScript 函数，缓存不改变。但若更新注释行的日期和版本号，将使浏览器重新更改缓存文件。

7. 缓存注释行

应用程序的缓存在注释行中标示了版本号等信息。文件一旦被缓存，浏览器就展示其已缓存版本，即使修改了服务器上的文件，也无济于事。为了确保浏览器更新缓存，需及时更新 manifest 文件，更新缓存注释行中的版本号等信息。

学习小贴示：浏览器对各网站缓存数据容量限制可能不太一样。某些浏览器设置的数据容量限制是每个站点 5MB。

2.3.11 Web Worker

1. Web Worker 介绍

HTML 5 中，Web Worker 是运行在后台的 JavaScript，它不会影响页面性能。HTML 页面中执行脚本时，在整个脚本完成之前，页面状态不可响应。Web Worker 独立于所有其他脚本，不影响页面性能，是运行在后台的 JavaScript。Web Worker 在后台运行时，用户在前台可以继随意做其他事情，例如选取内容、鼠标点击等。

2. 浏览器是否支持

所有目前主流浏览器都支持 Web Worker，IE 各版本浏览器除外。

3. Web Worker 实例

例如：创建一个简单的 Web Worker，不管前台什么操作，后台负责计数。

试一试：

```
<!DOCTYPE html>
<html>
<body>
<p>计数: <output id="counts"></output></p>
<button onclick="spWorkers()">停止 Worker</button>
<button onclick="stWorkers()">开始 Worker</button>
<br /><br />
<script>
var nums;
function stWorkers(){
if(typeof(Worker)!=="undefined")  {
  if(typeof(nums)=="undefined")  {
  nums=new Worker("../dworkers.js");
  }
```

```
    nums.onmessage = function (events) {
      document.getElementById("counts").innerHTML=events.data;
      };
    }
  else  {
    document.getElementById("counts").innerHTML="浏览器不支持 Web Workers.";
    }
  }
  function spWorkers(){
  nums.terminate();
  }
  </script>
  </body>
  </html>
```

运行结果如图 2-14 所示。

图 2-14　运行结果

4. 检测是否支持 Web Worker

在Web Worker创建之前，检测用户浏览器是否支持 Web Worker，代码如下：

```
if(typeof(Worker)!="undefined")   {
// 浏览器支持 web worker
// 其他代码.....
}
else   {
 // 浏览器不支持 web worker
}
```

5. 创建 Web Worker 文件

接着，在某外部 JavaScript 文件中创建 Web Worker 文件。如创建某计数功能的脚本文件。该脚本文件可存储于 workercount.js 文件中，代码如下：

```
var num=0;  function nCount() {
num=num+1;
postMessages(num);
setTimeout("nCount()",300);
}
nCount();
```

上述代码中的 postMessages() 方法，功能为向 HTML 页面传递需要传送的消息。

学习小贴示：Web Worker 一般不会仅仅使用在如此简单的脚本文件中，而会用于更加耗费 CPU 资源的复杂任务中。

6. 创建 Web Worker 对象

从 HTML 页面调用 Web Worker 文件。第一步，检测 Web Worker 是否存在，若不存在，即创建新的 Web Worker 对象后运行 dm.js 中的代码。相应代码如下：

```
if(typeof(ww)=="undefined")   {
ww=new Worker("dm.js");
}
```

第二步，向 Web Worker 增加 onmessage 事件，来监听 Web Worker 发送和接收消息。

当 Web Worker 发送和接收消息时，能执行事件监听器中代码。events.data 中存有相应的消息数据。代码如下：

```
ww.onmessage=function(events){
document.getElementById("counts").innerHTML=events.data;
};
```

7. Web Worker 终止

Web Worker 对象一旦被创建，就一直监听消息(即使在外部的脚本完成后)，除非被强行终止。使用 terminate()方法可终止 Web Worker，以释放所占用资源。代码为：

```
ww.terminate();
```

8. 完整的 Web Worker 实例

完整的 Web Worker 实例，HTML 页面代码如下：

```
<!DOCTYPE html>
<html>
<body>
 <p>Count number: <output id="counts"></output></p>
<button onclick="stWorkers()">开始 Workers</button>
<button onclick="spWorkers()">停止 Workers</button>
<br /><br />
<script>
var ww;
function stWorkers() {
if(typeof(Worker)!=="undefined") {
if(typeof(ww)=="undefined")    {
ww=new Worker("dm.js");
}
ww.onmessage = function (events) {     document.getElementById("counts").
innerHTML=events.data;
};
}
else {
document.getElementById("counts").innerHTML="浏览器不支持 Web Worker.";
}
}
function spWorkers() {
ww.terminate();
}
</script>
</body>
</html>
```

试一试：

```
<!DOCTYPE html>
<html>
<body>
<p>计数：<output id="counts"></output></p>
<button onclick="stWorkers()">开始 Worker</button>
<button onclick="spWorkers()">停止 Worker</button>
<br /><br />
<script>
var ww;
function stWorkers(){
if(typeof(Worker)!=="undefined")
  {
  if(typeof(ww)=="undefined")
  {
  ww=new Worker("../dm.js");
  }
  ww.onmessage = function (events) {
    document.getElementById("counts").innerHTML=events.data;
    };
  }
else  {
  document.getElementById("counts").innerHTML="浏览器不支持 Web Worker.";
  }
}
function spWorkers(){
ww.terminate();
}
</script>
</body>
</html>
```

9. Web Worker 和 DOM

Web Worker 处于外部文件，无法访问 JavaScript 的对象，包括 document 对象、parent 对象和 Window 对象。

2.3.12 服务器发送事件

HTML 5 中，服务器的发送事件，就是客户端操作网页，通过网页获取相应更新后服务器的内容。

1. 单向消息传递事件 Server-Sent

服务器更新的信息，可以通过 Server-Sent 事件被网页自动获取。如被访问网站的通告更新、回帖更新、新闻内容更新等，都可通过该事件，使网页及时获取更新后信息。在 HTML5 之前，网页通过询问服务器是否有可用的更新的信息来完成本功能。

2. 关于浏览器支持

目前主流浏览器都支持服务器发送事件，Internet Explorer 各版本浏览器例外。

3. 接收 Server-Sent 事件通知

接收 Server-Sent 事件通知，通过 EventSource 对象来完成，代码如下：

```
var es=new EventSource("dm.php");
es.onmessage=function(events){
document.getElementById("results").innerHTML+=events.data + "<br />";
};
```

试一试：

```
<!DOCTYPE html>
<html>
<body>
<h1>获取服务器的更新</h1>
<div id="results"></div>
<script> if(typeof(EventSource)!=="undefined")
  {
  var es=new EventSource("../dm.php");
  es.onmessage=function(events)
    {
    document.getElementById("results").innerHTML+=events.data+"<br />";
    };
  }
else
  {
  document.getElementById("results").innerHTML="浏览器不支持 server-sent 事件.";
  }
</script>
</body>
</html>
```

运行结果如图 2-15 所示。

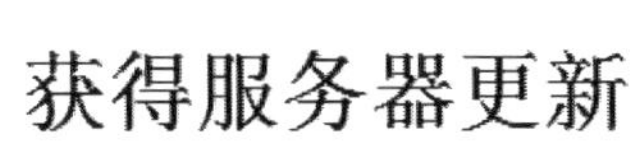

图 2-15　运行结果

上例“试一试”中，创建 EventSource 对象，规定发送更新的页面网址(dm.php)，一旦接收到更新，就触发 onmessage 事件，把已接收数据放入 id 为 results 元素中。

检测浏览器是否支持服务器发送事件 Server-Sent 事件的代码如下：

```
if(typeof(EventSource)!=="undefined")   {
// 浏览器支持 server-sent 事件
// 其他代码   }
else   {
// 浏览器不支持 server-sent 事件.
}
```

4. 触发事件时的服务器端

网页能够获取服务端更新的事件如果被触发，还要求服务器端有一定能够发送数据更新的服务器，例如 ASP、PHP 等。服务器端的事件流语法就是把 Content-Type 报头设为 text/event-stream，即可开始发送事件流。

(1) PHP 代码(dm.php)如下：

```
<?php header('Content-Type: text/event-stream');
header('Cache-Control: no-cache');
$time = date('r');
echo "data: The server time is: {$time}\n\n"; flush();
?>
```

(2) ASP 代码(VB)(dm.asp)如下：

```
<%
Response.ContentType="text/event-stream"
Response.Expires=-1 Response.Write("data: " & now())
Response.Flush()
%>
```

5. EventSource 对象

使用 onmessage 事件来获取消息。也可以通过表 2-8 中所示事件来获取相应消息。

表 2-8 获取消息的事件及描述

事件	描述
onopen	当打开服务器的连接
onmessage	当接收到消息
onerror	当错误发生

2.4 表单新处理

2.4.1 新 Input 类型

HTML 5 拥有多个新 Input 类型，提供了更好的输入控制和验证。

多个新 Input 类型包括 url、range、number、email、Date pickers(month、week、date、datetime、datetime-local、time)、color、search。

关于浏览器是否支持 HTML5 新的 Input 类型的情况，如表 2-9。

表 2-9 各浏览器对新 Input 类型支持情况表

Input 类型	Safari	Firefox	IE	Chrome	Opera
url	×	4.0	×	10.0	9.0
email	×	4.0	×	10.0	9.0
range	4.0	×	×	4.0	9.0

续表

Input 类型	Safari	Firefox	IE	Chrome	Opera
number	×	×	×	7.0	9.0
color	×	×	×	×	11.0
Date pickers	×	×	×	10.0	9.0
search	×	4.0	×	10.0	11.0

学习小贴示：对新 Input 类型支持表现最好的是 Opera 浏览器。其他主流浏览器即使不支持新 Input 类型，仍可显示为常规的文本域。

1. Input 类型：email

Input 类型中的 email 是指输入域包含 E-mail 地址。当提交表单时，会自动检验 email 域值的代码为：

```
E-mails: <input type="email" name="psw_email" />
```

试一试：

```
<!DOCTYPE HTML>
<html>
<body>
<form action="../dm.asp" method="get">
E-mails: <input type="email" name="psw_email" /><br />
<input type="submit" />
</form>
</body>
</html>
```

运行结果如图 2-16 所示。

图 2-16　运行结果

2. Input 类型：url

url 类型指输入域可包含 URL 地址。当提交表单时，自动检验 url 域值的代码为：

```
Homepages: <input type="url" name="psw_url" />
```

试一试：

```
<!DOCTYPE HTML>
<html>
<body>
<form action="../dm.asp" method="get">
Homepage: <input type="url" name="psw_url" /><br />
<input type="submit" />
</form>
</body>
</html>
```

运行结果如图 2-17 所示。

图 2-17　运行结果

3. Input 类型：number

Input 类型的 number 类型指输入域为数值，同时设定接受数字长度的限定，代码为：

```
Point: <input type="number" name="point" min="4" max="255" />
```

试一试：

```
<!DOCTYPE HTML>
<html>
<body>
<form action="../dm.asp" method="get">
Points: <input type="number" name="point" min="4" max="255" />
<input type="submit" />
</form>
</body>
</html>
```

运行结果如图 2-18 所示。

对于数字类型的限定参考表 2-10 对属性及相关值的描述。

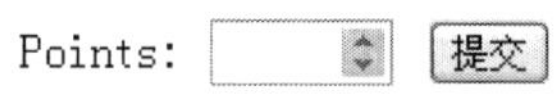

图 2-18　运行结果

表 2-10　对属性及相关值的描述

数字类型	描述	值
min	规定允许的最小值	*number*
max	规定允许的最大值	*number*
value	规定默认值	*number*
step	属性	*number*

试一试：测试表 2-10 中限定属性及值的使用。

```
<!DOCTYPE HTML>
<html>
<body>
<form action=../dm.asp" method="get">
<input type="number" name="point" step="1" min="1" value="6" max="255" />
<input type="submit" />
</form>
</body>
</html>
```

运行结果如图 2-19 所示。

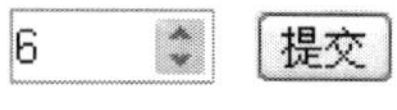

图 2-19　运行结果

4. Input 类型：range

Input 类型的 range 类型指输入域为一定范围内的数字值，可显示为滑动条，可设定所接受数字的限定，代码为：

```
input type="range" name="point" min="0" max="255" />
```

试一试：

```
<!DOCTYPE HTML>
```

```
<html>
<body>
<form action="../dm.asp" method="get">
Points: <input type="range" name="point" min="0" max="255" />
<input type="submit" />
</form>
</body>
</html>
```

运行结果如图 2-20 所示。

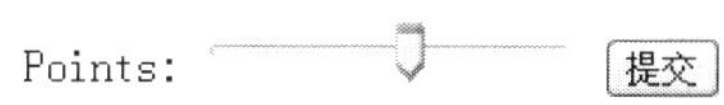

图 2-20　运行结果

规定对数字类型的限定，参考表 2-11 属性。

表 2-11　对属性及相关值的描述

属性	描述	值
value	显示默认值	number
step	步长，指数字间隔(如果 step=1，则合法的数是 0,1,2,3 等)	number
min	允许设置的最小值	number
max	允许设置的最大值	number

5. Input 类型：date Pickers(日期选择器)

date Pickers 是指日期选择器。HTML5 中新输入类型包含多个可供选取日期和时间的输入。例如 week，用来选取周和年，datetime-local，用来选取时间、日、月、年(本地时间)，date，用来选取日、月、年，month，用来选取月、年，datetime 用来选取时间、日、月、年(UTC 时间)，time 用来选取时间(小时和分钟)。

从已设置日历中选择年月日，代码为：

```
Dates: <input type="date" name="date" />
```

试一试：

```
<!DOCTYPE HTML>
<html>
<body>
<form action="../dm.asp" method-local="get">
Dates: <input type="date" name="date" />
<input type="submit" />
</form>
</body>
</html>
```

运行结果如图 2-21 所示。试一试：将输入类型改为 month、time、datetime-local、datetime、week，然后观察输出的结果。

图 2-21　运行结果

6. Input 类型：search

Input 类型的 search 类型指设置搜索域，如百度搜索。search 域显示为一般文本输入域。

2.4.2　新表单元素

HTML 5 中包含若干个新的表单元素，包括 keygen、datalist、output。

各浏览器对 HTML5 的新表单元素的支持情况，如表 2-12 所示。

表 2-12　各浏览器对新表单元素支持情况一览表

Input type	Firefox	IE	Safari	Opera	Chrome
output	×	×	×	9.5	×
datalist	×	×	×	9.5	×
keygen	×	×	×	10.5	3.0

1. datalist 元素

datalist 元素指输入域为选项列表，可通过 datalist 内 option 元素可创建列表。如输入域和 datalist 绑定，通过输入域的 list 属性引用 datalist 元素的 id，即创建了列表，代码如下：

```
Webpage: <input type="url" list="lists" name="links"/>
  <datalist id="lists">
    <option label="baidu" value="http://www.baidu.com"/>
    <option label="taobao" value="http://www.taobao.com"/>
    <option label="qq" value="http://www.qq.com"/>
</datalist>
```

试一试：

```
<!DOCTYPE HTML>
<html>
<body>
<form action="../dm.asp" method="get">
Webpage: <input type="url" list="lists" name="links" />
<datalist id="url_lists">
        <option label="baidu" value="http://www.baidu.com" />
        <option label="taobao" value="http://www.taobao.com" />
<option label="qq" value="http://www.qq.com" />
</datalist>
<input type="submit" />
</form>
</body>
</html>
```

运行结果如图 2-22 所示。

学习小贴示：使用 option 元素必须设置 value 属性。

图 2-22　运行结果

2. keygen 元素

keygen 元素为检验用户是否可靠的方法。keygen 元素是密钥对生成器，英文全称 key-pair generators。当用户提交表单时，会产生私钥和公钥。私钥(private key)存储在客户端。公钥(public key)被发送到服务器，可用于接下来的验证用户合法与否的客户端证书(client certificate)。当前，很多浏览器不支持此元素的使用。该元素的使用代码如下：

```
<form action="dm.asp" method="get"> Usernames:
<input type="text" name="name" />
Encryptions: <keygen name="psw" />
<input type="submit" />
</form>
```

试一试：

```
<!DOCTYPE HTML>
<html>
<body>
<form action="../dm.asp" method="get">
Username: <input type="text" name="name" />
Encryption: <keygen name="psw" />
<input type="submit" />
</form>
</body>
</html>
```

运行结果如图 2-23 所示。

图 2-23　运行结果

3. output 元素

output 元素可输出不同类型，如脚本代码的输出，代码如下：

```
<output id="results" onforminput="fun()"></output>
```

试一试：

```
<!DOCTYPE HTML>
<html>
<head>
<script type="text/javascript">
function fun(){
nA=document.getElementById("na").value;
nB=document.getElementById("nb").value;
document.getElementById("results").value=Number(nA)+Number(nB);
}
</script>
</head>
```

```
<body>
<p>使用 output 元素的简易计算器：</p>
<form onsubmit="false">
 <input id="na" /> +
 <input id="nb" /> =
 <output id="results" onforminput="fun()"></output>
</form>
</body>
</html>
```

运行结果如图 2-24 所示。

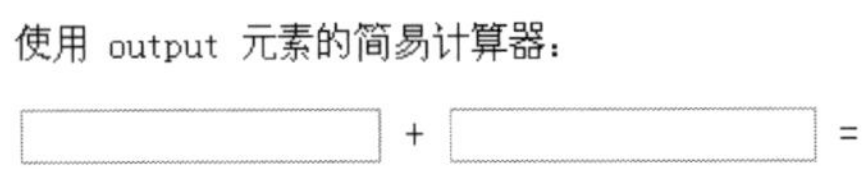

图 2-24　运行结果

2.4.3　新表单属性

HTML5 中有很多元素都有新的属性，例如 form 元素的新属性有 novalidate 和 autocomplete。Input 元素的新属性有 autofocusform、autocomplete、form overrides（formaction、formnovalidate、formtarget、formenctype、formmethod）、height 和 list、width、min、max，以及 step、placeholder、multiple、required、pattern(regexp)。

浏览器对 HTML5 新表单属性的支持情况如表 2-13。

表 2-13　浏览器对新表单属性的支持情况

Input 类型	Chrome	Safari	Firefox	Opera	IE
autofocus	3.0	4.0	×	10.0	×
autocomplete	3.0	4.0	3.5	9.5	8.0
form overrides	×	×	×	10.5	×
form	×	×	×	9.5	×
list	×	×	×	9.5	×
height and width	3.0	4.0	3.5	9.5	8.0
multiple	3.0	4.0	3.5	×	×
min, max and step	3.0	×	×	9.5	×
pattern	3.0	×	×	9.5	×
Novalidate	×	×	×	×	×
required	3.0	×	×	9.5	×
placeholder	3.0	3.0	×	×	×

1. autocomplete 属性

form 或 input 域的自动完成功能由 autocomplete 属性设置完成。

学习小贴示： autocomplete 适用于<form>标签，以及<input>标签中的 url、range、text、search、email、datepickers、password、telephone 以及 color。

当用户在自动完成域输入时，浏览器会在该域中显示填写选项，代码为：

```
<form action="dm.asp" method="get" autocomplete="on"> First name:
<input type="text" name="fn" /><br /> Last name:
<input type="text" name="ln" /><br /> E-mail:
<input type="email" name="emails" autocomplete="off" /><br />
<input type="submit" />
</form>
```

试一试：

```
<!DOCTYPE HTML>
<html>
<body>
<form action="../dm.asp" method="get" autocomplete="on">
First name:<input type="text" name="fn" /><br />
Last name: <input type="text" name="ln" /><br />
E-mail: <input type="email" name="emails" autocomplete="off" /><br />
<input type="submit" />
</form>
</body>
</html>
```

运行结果如图 2-25 所示。

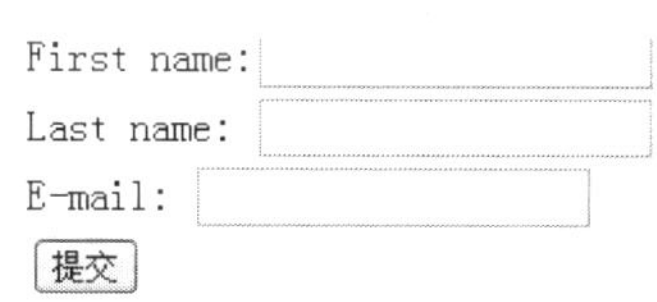

图 2-25　运行结果

学习小贴示：在某些浏览器中，若使该属性生效，可能需要启用自动完成的功能。

2. autofocus 属性

autofocus 属性是指在页面加载的时候，域中自动捕捉到焦点。

学习小贴示：autofocus 属性对于全部<input>标签类型适用。

使用 autofocus 属性的代码如下：

```
User name: <input type="text" name="name"  autofocus="af" />
```

3. form 属性

form 属性是指输入域属于某个或某些表单。

学习小贴示：form 属性对全部<input>标签类型适用。

form 属性须引用所属表单 id，代码如下：

```
<form action="dm.asp" method="get" id="uf"> First name:
<input type="text" name="fn" />
 <input type="submit" />
</form> Last name:
```

```
<input type="text" name="ln" form="uf" />
```

试一试：

```
<!DOCTYPE HTML>
<html>
  <body>
        <form action="../dm.asp" method="get" id="uf">
        First name:<input type="text" name="fn" />
        <input type="submit" />
    </form>
    <p>下面的输入域在 form 元素之外，但仍然是表单的一部分。</p>
    Last name: <input type="text" name="ln" form="uf" />
  </body>
</html>
```

运行结果如图 2-26 所示。

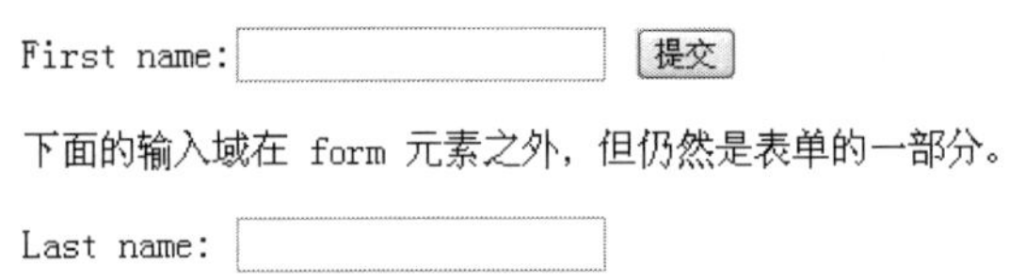

图 2-26　运行结果

学习小贴示：如果需要引用多个表单，可使用空格来分隔列表。

4. 表单重载属性

HTML5 中表单重载属性，允许重载 form 元素某些属性的设定。表单重载属性如表 2-14。

表 2-14　表单重载属性

属性名称	描述
formenctype	重载表单的 enctype 属性
formtarget	重载表单的 target 属性
formnovalidate	重载表单的 novalidate 属性
formmethod	重载表单的 method 属性
formaction	重载表单的 action 属性

学习小贴示：表单重载适用于<input>标签中的 image 和 submit。

表单的重载属性，代码如下：

```
    <form action="dm.asp" method="get" id="uf"> E-mail:
    <input type="email" name="uid" /><br />
    <input type="submit" value="Submit" /> <br />
    <input type="submit" formaction="dma.asp" value="Submit as admin" />
    <br />
    <input  type="submit"  formnovalidate="true"  value="Submit  without
validation" /> <br />
    </form>
```

试一试：

```
<!DOCTYPE HTML>
<html>
  <body>
    <form action="../dm.asp" method="get" id="uf">
    E-mail: <input type="email" name="uid" /><br />
    <input type="submit" value="Submit" /><br />
    <input type="submit" formaction="../dma.asp" value="Submit as admin" /><br />
    <input type="submit" formnovalidate="true" value="Submits without validation" /><br />
    </form>
  </body>
</html>
```

运行结果如图 2-27 所示。

学习小贴示：HTML 5 中表单重载属性支持构建不同的提交按钮。

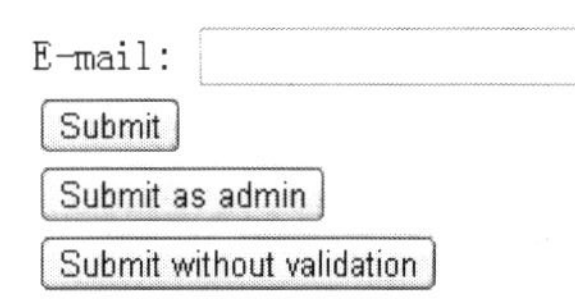

图 2-27　运行结果

5. width 和 height 属性

width 和 height 属性可用于设置 image 类型的<input>标签图像的宽度和高度。

学习小贴示：width 和 height 属性仅仅对 image 类型的<input>标签适用，代码如下：

```
    <input type="image" src="img.gif" height="100" width="100" />
```

6. list 属性

list 属性规定了输入域选项的列表 datalist。

学习小贴示：list 属性对<input>标签的 url、telephone、range、text、search、date pickers、email、number 以及 color 类型适用。

代码如下：

```
    Webpage: <input type="url" list="ul" name="links" />
        <datalist id="ulist">
    <option value="http://www.qq.com" label="qq" />
    <option value="http://www.baidu.com" label="baidu" />
    <option value="http://www.taobao.com" label="taobao" />
        </datalist>
```

试一试：

```
<!DOCTYPE HTML>
<html>
  <body>
    <form action="../dm.asp" method="get">
    Webpage: <input type="url" list="ul" name="links" />
    <datalist id="ul">
    <option label="taobao" value="http://www.taobao.com" />
```

```
    <option label="baidu" value="http://www.baidu.com" />
    <option label="qq" value="http://www.qq.com" />
    </datalist>
    <input type="submit" />
    </form>
  </body>
</html>
```

运行结果如图 2-28 所示。

图 2-28　运行结果

7. step、min、max 属性

step、min 和 max 属性对包含日期或数字的 input 类型规定限定(约束)。min 属性指输入域所允许最小值。max 属性指输入域所允许最大值。step 属性为输入域规定了合法数字间隔，若 step=1，那么合法数是 0、1、2、3 等。

学习小贴示：step、min、max 属性对<input>标签的 number、date pickers 和 range 类型适用。

例如显示某数字域，使该域接受步长为 1，值介于 1 到 10 之间的数字，代码如下：

```
    Num: <input type="number" name="num" step="1" min="1"  max="10"  />
```

8. multiple 属性

multiple 属性指在输入域中可选择多个值。

学习小贴示：multiple 属性对<input>标签的 file 和 email 类型适用。

代码如下：

```
    Select more images: <input name="mult" type="file" multiple="multiple" />
```

9. novalidate 属性

novalidate 属性指在提交表单的时候不验证 input 和 form 域。

学习小贴示：novalidate 属性对<form>标 ss 签的全部类型适用，对<input>标签的 url、search、email、date pickers、text、password、range、telephone 以及 color 类型适用。代码如下：

```
    <form action="dm.asp" method="get" novalidate="true"> E-mail:
    <input type="email" name="name" /> <input type="submit" /> </form>
```

10. pattern 属性

pattern 属性指检验 input 域的模式(pattern)。模式为正则表达式。

学习小贴示：pattern 属性适用于<input>标签的 search、telephone、text、email、url 以及 password 类型。

例如，显示只包含三个字母(不包含数字和特殊字符)的文本域，代码如下：

```
    Three alps: <input type="text" name="Three_alps"pattern="[A-z]{3}" title=
"Three alps" />
```

11. placeholder 属性

placeholder 属性描述了输入域所期待的值，是一种提示(hint)。提示是指在输入域为空的时候出现提示，在输入域捕捉到焦点的时候提示自动消失。

学习小贴示：placeholder 属性对<input>标签的 url、email、telephone、search、text 以及 password 类型适用。

代码如下：

```
<input type="search" name="users_search"  placeholder="Searchs qq" />
```

12. required 属性

属性指在提交完成之前输入域必须填写，即输入域不为空。

学习小贴示：required 属性适用于<input>标签的 text、email、url、telephone、number、password、checkbox、search、radio、date pickers 以及 file 类型。

代码如下：

```
Name: <input type="text" name="un" required="required" />
```

2.5　小　　结

本章在读者有 HTML 知识基础的背景下，详细介绍了 HTML 5 的新特性和新的表单处理功能。每个新特性和表单处理功能的用法均辅以“试一试”实例介绍及运行效果图显示。疑难知识点均采用“学习小贴示”方式帮助读者学习。HTML 5 新特性包括视频、Video+DOM、音频、拖放、画布、内联 SVG、canvas 和 SVG 比较、地理定位、Web 存储、应用程序缓存、Web Worker、服务器发送事件等。HTML 5 新的表单处理包括 Input 类型、表单元素、表单属性等。读者可以仿写代码，验证代码效果，来达到学习和使用的目的。

第 3 章　JavaScript

本章知识要点

了解 JavaScript 的基本语法知识；

了解并掌握面向 Web 应用的 JavaScript 常用核心对象；

了解 JavaScript 的事件处理机制，掌握其开发方法，能熟练实现如表单验证等基于该机制的实际应用实例；

了解 JavaScript 的文档对象模型，掌握 JavaScript 操作文档元素开发方法；

掌握 JSON 相关技术。

兴趣实践

使用 JavaScript 实现可视化日历、表单验证等常见实例的开发。

探索思考

JavaScript 技术对现有 Web 应用中复杂的用户交互界面开发起到什么样的作用？你认为哪些常见的 C/S 架构下的交互功能能够用 JavaScript 技术在 B/S 架构下实现？

预习准备

请预先复习以前学过的脚本语言、HTML 技术以及 Java 语言等相关知识。

3.1　JavaScript 基础知识

3.1.1　JavaScript 概述

1. JavaScript 的来源

在 Web 技术发展的早期，Web 应用以向用户提供静态内容为主，开发者利用 HTML 技术将文本、图片以及其他简单的多媒体资料组织成一个静态的网页形式，并部署在网站上供客户访问，每个人访问 Web 应用时也只能简单地浏览这些相同的、已经制作好的内容而无法更进一步进行其他操作。

然而随着 Web 应用的普及和发展，这种简单呈现静态内容的网页应用已经越来越难以满足用户复杂的需求，人们迫切地需要 Web 应用的内容“动”起来。一方面，Web 应用服务器应该能根据每个用户的需求动态地组织和生成内容；另一方面，用户希望在自己的浏览器端看到的 Web 应用内容能够响应自己的各种操作而进行相应的处理，例如，根据需要显示某些内容(如输入日期时可以出现一个可视化的日历)，检查自己填写的表单正确性并提示错误信息，甚至是如跑马灯、移动图片等外观上的动态效果。为了满足这种浏览器端“动态”的效果，人们开发了基于客户端脚本技术，JavaScript 是目前最为广泛使用的一种客户端脚本语言，目前包括 Internet Explorer、Chrome、Firefox 等在内的大部分浏览器。

JavaScript 在本质上是一种基于解释的脚本语言，众所周知，脚本语言需要解释器而不是编译器来对代码进行解析和执行。JavaScript 语言的解释器被称为 JavaScript 引擎，目前已经成为浏览器的一部分。

JavaScript 作为广泛用于客户端的脚本语言，人们应用其进行开发的主要方式是将 JavaScript 代码与 HTML 技术相结合，实现给 HTML 网页增加动态功能的目标。JavaScript 语言具备以下特点。

(1) JavaScript 是一种解释性的脚本语言，因此在执行时无需对代码进行编译，而直接由内置于浏览器的 JavaScript 引擎逐行解释执行。

(2) 代码可以直接嵌入 HTML 页面，但在工程实践中，开发人员也经常将 JavaScript 代码写成单独的 js 文件，使 HTML 页面结构和 JavaScript 代码行为分离，从而提高页面的可阅读性和可维护性。

(3) 跨平台特性，JavaScript 获得了绝大多数浏览器的支持，只要操作系统平台支持的浏览器能够执行 JavaScript，它就能够在多种平台下运行(包括 Windows、Linux、Mac、Android、iOS 等)。

2. JavaScript 与 Java 的区别

JavaScript 最早是由 Netscape 公司的技术人员开发实现的，当时主要用于该公司的网景导航者浏览器(Netscape Navigator)上，其设计思路以及语法风格借鉴了当时其他一些脚本语言，但是在推出这个产品时，由于当时 Netscape 公司与 Sun 公司正在合作，且 Sun 公司提出的 Java 语言得到了业界的广泛赞誉，因此 Netscape 管理层希望这个客户端脚本语言产品至少在外观上能看起来像 Java，所以为其取名 JavaScript。但实际上它与 Java 语言并没有太大的关系，甚至都不能算是面向对象语言，因此这里需要提醒读者注意，不能简单地将 Java 代码直接迁移为 JavaScript 代码，设计和实现 JavaScript 代码仍需要学习和掌握其自身的语法特点。

3. JavaScript 的典型应用场景

(1) 在静态的 HTML 页面上实现动态的文本内容(如标题栏、状态栏的动态字幕，根据用户的操作实现文本内容隐藏与显示，用户动态更改内容等)。

(2) 对浏览器事件作出响应，从而支持用户在网页上的各种操作。

(3) 读写 HTML 元素，与事件响应机制相配合，能够实现对用户各种操作的反馈。

(4) 在表单数据被提交到服务器之前验证表单。

(5) 检测用户的浏览器信息，控制用户 Cookie 等，为服务器端动态响应用户请求提供辅助信息。

其中动态文本内容、基于事件机制的用户操作反馈以及表单验证是较为常见的 JavaScript 应用开发场景，需要读者重点加以关注和掌握。

思考：请读者根据自己使用 Web 应用的经验，说出常见的 JavaScript 的应用场景，并考察这些应用中 JavaScript 代码的作用。

4. JavaScript 开发基础

JavaScript 脚本语言同其他语言一样，有它自身的基本程序框架，包括词法规则(如大小写敏感性、标识符、保留字、语法符号、注释语法等)、基本数据类型、表达式和算术运算符及程序基本框架等内容，下面首先对词法规则中的一些基本内容进行简单介绍，以帮助读者在正式开始学习 JavaScript 开发前能够具备一定基础，这部分内容不需要提供实例作为示范。

与其他任何语言一样，JavaScript 也遵循一些基本的词法规则，下面对大小写敏感性、标识符规则、保留字等内容说明如下。

1) 大小写敏感性

JavaScript 语言是区分大小写的，因此凡是 JavaScript 代码中的关键字、变量、函数名以及标识符等都需要注意大小写，例如，关键字 for 与 For、FOR 等是不同的，前者是合法关键字，而后两者不是。

尤其值得注意的是，HTML 中是不区分大小写的，而且 JavaScript 内置的一些对象与 HTML 的标签及属性是同名的，在 HTML 中这些名称往往是大小写混用，而 JavaScript 中则必须使用小写。例如，HTML 中设置单击事件处理时使用属性 onclick 可以写成 OnClick，而 JavaScript 的事件处理机制代码中必须写成 onclick。

2) 标识符

JavaScript 中，标识符是用来对变量或函数进行命名的，JavaScript 标识符必须符合以下要求：首字母必须为字母、下划线“_”或美元符号“$”，后续的字符可以为字母、数字、下划线以及美元符号，需要特别注意的是，数字符号不得作为标识符的首字母。

合法的标识符：X、x_1、_1、$1。

不合法的标识符：1x、@x、#1。

3) 关键字、保留字、预定义函数与变量名

与其他编程语言类似，JavaScript 也保留了一组具有特殊用途的标识符，即关键字，显然，在 JavaScript 程序代码中不能再使用其作为标识符了。下面是 JavaScript 的全部关键字：catch、else、in、this、void、continue、false、instanceof、throw、while、break、delete、function、return、typeof、with、default、for、null、try、case、do、if、switch、var、debugger、finally、new、true。

目前 JavaScript 的一些关键字在当前版本中未被使用，但可能在将来版本中使用，这些关键字即保留字。下列关键字在普通模式下是合法的，但在严格模式下是保留字：implements、let、private、public、yield、interface、package、protected、static。在严格模式下还对以下标识符作了限制，不能用来做变量名、函数名以及参数名：arguments、eval。另外还有一些关键字在某些 JavaScript 的解释引擎下也是保留字：abstract、boolean、byte、char、class、const、double、enum、export、extends、float、final、goto、import、implements、int、interface、long、native、package、private、protected、public、short、static、super、synchronized、throws、transient、volatile。除此以外，JavaScript 还预定义了很多全局变量与函数，这些预定义的名字也要在设计变量名和参数名时加以回避：isFinite、Object、String、Boolean、Error、Arguments、encodeURI、Infinity、Number、RegExp、Array、encodeURIComponent、isNaN、parseFloat、SyntaxError、Date、eval、JSON、parseInt、TypeError、decodeURI、EvalError、Component、Function、NaN、ReferenceError、URIError、Math、RangeError、undefined、decodeURI。

3.1.2 JavaScript 语法

本节主要以实例示范方式介绍 JavaScript 的语法知识，主要内容包括尚未介绍的部分词法规则内容、JavaScript 的基本数据类型、JavaScript 的表达式和算术运算符，以及 JavaScript 基本程序框架等，首先通过实例示范介绍词法规则部分的内容。

引例(1)——词法规则(等)

【例 3-1】 第一个 JavaScript 实例代码。

```
<HTML>
  <HEAD>
    <script language = "JavaScript">
            document.write("欢迎使用 JavaScript");
    </script>
  </head>
  <body>
    <P>祝学有所成!!!</P>
  </body>
</HTML>
```

例 3-1 的运行结果如图 3-1 所示。

图 3-1　例 3-1 运行结果

根据例 3-1，可以了解 JavaScript 在词法规则，尤其是成对符号、空格、注释、语句结束符等方面的约定如下。

(1) JavaScript 代码可以以嵌入 HTML 代码的方法进行设计和运行，嵌入方式是使用成对的脚本代码标记<script> </script>，例 3-1 中即通过这对标记在 HTML 中嵌入了脚本代码，值得注意的是，<script language="JavaScript">中 language 属性用来说明嵌入脚本语言的类型，如果使用的是 JavaScript 技术，那么 language 属性设定为"JavaScript"。

(2) JavaScript 代码内置了很多对象以及函数，这些对象和函数的名字即 3.1.1 节说明的预定义名字，人们可以直接应用这些名称所对应的对象及函数来实现自己的功能需求，例 3-1 中 document 就是一个内置对象，指代 HTML 文档本身，而 document 对象所带的 write(String arg)方法可以实现在 HTML 文档中打印字符串 arg 的功能，因此，例 3-1 的目的即在当前页面打印一行文本“**欢迎使用 JavaScript**”。

(3) JavaScript 对空格和语句结束符要求较为宽松：一般不限制空格的数量，可以使用多个空格进行缩进排版；在<script> <\script>标记之间的 JavaScript 语句通常用回车作为一行代码的结束，以行为单位进行代码分隔，且每行的语句在位置排列方面没有特殊要求；语句行的结束符可以使用分号“;”，也可以用回车符作为结束符，通过换行表示代码结束，为了方便，建议读者显式地使用分号作为语句行的结束符。

引例(2)——函数、事件响应机制

例 3-1 描述了动态显示内容这一 JavaScript 应用经典场景的实例，其显示内容的方法是直接在文档中写入内容，接下来介绍基于函数和时间响应机制来实现动态显示内容的实例，这类 JavaScript 代码主要用于实现用户交互的应用场景，如响应用户的单击、拖动等操作，例 3-2 展示了如何响应用户单击按钮的 JavaScript 代码。

【例 3-2】 响应用户单击按钮的 JavaScript 代码。

```
<html>
  <head>
    <script language="javascript">
       function react(){
           alert("欢迎使用 JavaScript")
         }
    </script>
  </head>
  <body>
    <form>
      <input name="button" type="button" onclick="react()" value="点击按钮">
    </form>
  </body>
</html>
```

在例 3-2 中，首先使用 JavaScript 设计了一个函数 react()，从例中可以看出，JavaScript 设计函数的语法风格与 Java、C 语言等类似，使用关键字 function 来声明，并可以设计函数的参数(本例中没有使用参数)，然后在 HTML 网页中使用了用户交互控件 button，并在控件的 onclick 属性中声明使用 JavaScript 的函数 react()，这样当用户单击按钮(此时产生了 button 控件的 onclick 事件)时，浏览器会自动响应用户的动作，并根据 onclick 属性的配置调用 react() 方法，而在 react() 函数体中，alert(String str) 本身也是 JavaScript 的内置方法，其功能是弹出一个对话框，对话框的内容是 alert() 方法接收到的字符串参数。因此，例 3-2 的运行效果如图 3-2 所示。

图 3-2　例 3-2 运行效果

引例(3)——JS 脚本文件

除了直接嵌入 HTML 网页以外，JavaScript 代码也可以集中放置在扩展名为 js 的脚本文件中，然后在 HTML 页面中通过引用的方法来执行，具体做法见例 3-3，首先构建一个文本文件，将其扩展名设为 js，如 jsDoc.js，文件中的代码如下：

```
document.write("欢迎使用 JavaScript ");
```

然后构建一个 HTML 网页，如 hello.html，页面源代码见例 3-3。

【例 3-3】 HTML 页面源代码。

```
<HTML>
  <HEAD>
     <script src = "test.js"> </script>
  </head>
  <body>
    <P>祝学有所成!!! </P>
  </body>
</html>
```

例 3-3 的运行结果如图 3-3 所示。

图 3-3　例 3-3 运行效果

从例 3-3 可以得知，使用 JS 脚本文件存储代码，在 HTML 代码中引入也是执行 JavaScript 程序的一种方法，其引入脚本代码的标记也是<script>，使用的属性为 src，而执行结果与直接嵌入代码并无二致。另外值得注意的是，在 JS 脚本文件中，不需要再写<script>标记，而是直接写 JavaScript 代码行即可。

思考：使用 JS 脚本文件存储代码有什么好处？

引例(4)——注释符号

众所周知，使用注释来增加代码的可读性、可维护性是软件工程和实际项目开发过程中强调的内容，接下来介绍 JavaScript 的注释符号，具体如例 3-4 所示。

【例 3-4】 JavaScript 的注释。

```
<HTML>
  <HEAD>
    <script language = "JavaScript">
            document.write("欢迎使用 JavaScript");
     //这是单行的注释符号
     /*这是
       多行
       的注释符号
     */
    </script>
  </head>
  <body>
    <P>祝学有所成!!!</P>
  </body>
</HTML>
```

如例 3-4 所示，与 Java 以及 C 语言类似，//和/*…*/是其注释符号。

1. 数据类型和变量

JavaScript 本身支持四种基本数据类型，分别如下。

数字型(number)：与 Java、C 等语言对整数和实数类型进行区分的做法不同，JavaScript 统一使用数字型数据类型来描述整数或实数。

逻辑型(boolean)：亦称布尔型，用来表示逻辑上的“真”与“假”。该类型数据的值为逻辑上的 true 或 false。

字符串型(string)：用来表示字符串。

空型(null)：这种数据类型比较特殊，是用来表示空值的特殊关键字。

除了上述四种基本数据类型以外，JavaScript 还包含两种特殊的数据类型。

未定义型(undefined)：如果使用 JavaScript 的内置操作符 typeof()对任意变量进行判断，有时还会得到一种数据类型为 undefined，这一类型表示变量已被声明，但尚未对其进行定义(初始化)，此时数据类型为未定义，一般可以通过检测数据类型是否为 undefined 来判断变量是否已被初始化。

对象型(object)：JavaScript 还有一种特殊数据类型为 Object，表示 JavaScript 的对象，该对象与纯面向对象语言 Java、C#等不同，其实就是一组数据和功能的集合，并不具备面向对象中继承、多态等特性，因此 JavaScript 并不是面向对象(Object-Oriented)语言，而仅仅是“支持”对象，是一种基于对象(Object-Based)的语言。

了解了 JavaScript 数据类型之后，接下来介绍 JavaScript 中变量声明、定义和使用的方法，如例 3-5 所示。

【例 3-5】 变量的声明、定义和使用。

```
<html>
  <head>
    <script language="JavaScript">
      var a;
      document.write("a 的类型: "+ typeof a + "<br>");
      a=3;
      document.write("a 的类型: "+ typeof a + "<br>");
      document.write("a 的值: "+ a + "<br>");
      a=3.14;
      document.write("a 的类型: "+ typeof a + "<br>");
      document.write("a 的值: "+ a + "<br>");
      var b = 3;
      var c = 4;
      a=(b == c);
      document.write("a 的类型: "+ typeof a + "<br>");
      document.write("a 的值: "+ a + "<br>");

      a="hello world";
      document.write("a 的类型: "+ typeof a + "<br>");
      document.write("a 的值: "+ a + "<br>");

      e = null
      document.write("a 的类型: "+ typeof a + "<br>");
      document.write("a 的值: "+ a + "<br>");
```

```
        </script>
    </head>
</html>
```

例 3-5 的运行效果如图 3-4 所示。

从例 3-5 可以看出以下几点。

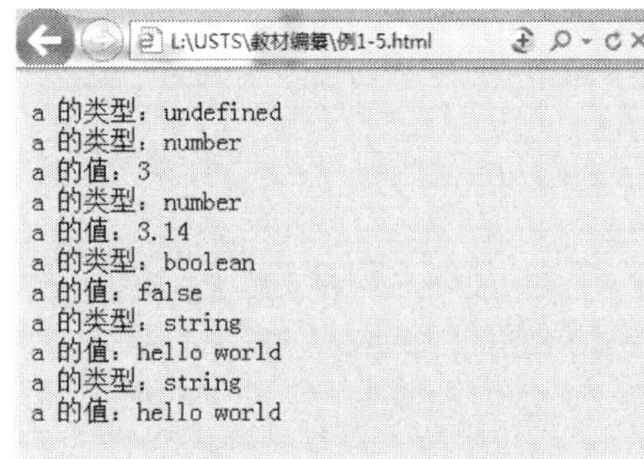

图 3-4　例 3-5 运行效果

首先，JavaScript 中定义变量可以通过关键字 var 进行声明(可以声明单个变量，如 var a，也可以使用逗号分隔，一次声明多个变量，如 var a, b, c)，随后再进行赋值(如 a=1)，也可以直接声明+赋值(例如，var b=3)，但特别需要注意的是，JavaScript 是一种较为“宽松”的语言，允许不声明变量而直接使用(如例 3-5 中的变量 e，即直接赋值为 null)，但这样该变量会被视为一个全局变量(即使是在函数中也是如此，这与其他语言中函数中声明的变量通常是局部变量的做法不同，新手往往因此引入一些错误)。因此为了提高代码的可维护性，建议读者采用先声明再使用的变量定义方法。

其次，任何一个变量在声明之后其类型即为 undefined，随后其类型会随着赋值的变化而自动调整，例如，当其被赋值为整数或实数值时，其类型即变为 number，而一旦继续被赋值为字符串，其类型亦随之变为 string，这说明 JavaScript 中的变量类型并不是静态的，而是随着变量赋值的变化而改变，这给开发人员编程时带来了很大的灵活性，但反过来，过于灵活的类型也往往使得代码更易出现 bug，需要开发人员加以重视。

最后，null 类型是一种特殊值，大致可以视为一个不指向任何数据的“空指针”，在用户交互过程中一般可以用其来检测用户的输入是否为空，从示例中可以看出，它本质上被视为一个 object 类型的值。

除此以外，JavaScript 的变量也存在作用域的问题，这部分内容将在介绍函数的章节中加以介绍。

2. JavaScript 的表达式与运算符

JavaScript 的运算符与 Java 和 C 语言较为类似，根据其内容，大致可以将运算符分为五种，包括算术运算符(表 3-1)、比较运算符、逻辑运算符、字符串运算符以及求值运算符。

表 3-1　算术运算符

运算符	说明	示例
+	加法运算，其中如果操作数都是数字，则执行数学的加法，而一旦其中有操作数是字符串，则执行连接字符串的操作	X = 6 + 9　　//结果是 15 X ="6"+9　　//结果是"69"
–	执行数学的减法	X = 8 – 5
*	执行数学的乘法	X = 8 * 5
/	执行数学的除法	X = 20 / 5
%	执行数学的取余运算，即前操作数除以后操作数后所得余数	10 % 3 = 1
++	执行一元递增操作。只需一个操作数，操作为将其值加 1。而结果取决于运算符与操作数的位置关系，即运算符位于操作数之前还是之后	++x 返回递增后的 x 值 x++返回递增前的 x 值
– –	执行一元递减操作。只需一个操作数。操作为将其值减 1。而结果取决于运算符与操作数的位置关系，即运算符位于操作数之前还是之后	– –x 返回递减后的 x 值 x– –返回递减前的 x 值
–	执行一元求反操作。只需一个操作数，操作为将其值取反，即操作数的相反数	如果 x 等于 5，则–x=–5

下面给出例 3-6 来应用表达式和运算符。

【例 3-6】 计算三角形面积。

```
<html>
  <head>
    <title>算术运算符的使用</title>
  <head>
  <body>
    <script  language="javascript">
    function  react(){
              document.all.area.value
               =(document.all. bottom.value * document.all.height.value)/2
    }
    </script>
    <form>
      <h1>三角形面积</h1>
      底<input type="text" name="bottom"><br>
      高<input type="text" name="height"><br>
      <input name="button" type="button" onclick="react()" value="计算面积"> <br>
      <input type+"text" name="area"><br>
    </form>
  </body>
</html>
```

在该例中，页面设置两个 input 文本框控件，名称分别为 length 和 height，设置一个 input 文本框控件 area 用来显示结果，另外设置 button 控件，并设置其响应用户单击时使用 JavaScript 函数 react()。而在 react()函数中，document.all 可以看成是指示符号，用来指向用户输入的 input 控件，然后设计相应的表达式和运算符，根据三角形面积计算公式对用户的输入进行计算，最后将结果赋给 area 控件进行显示。其效果如图 3-5 所示。

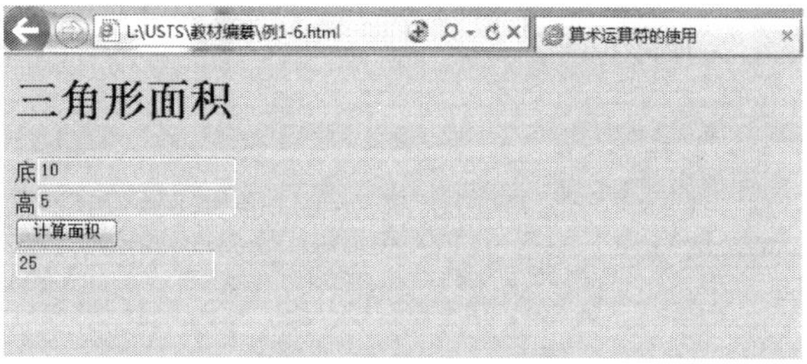

图 3-5　例 3-6 效果图

除了算术运算符之外，JavaScript 还支持比较运算符和逻辑运算符，比较运算符如表 3-2 所示。

表 3-2　比较运算符

运算符	说明	示例
==	比较两个操作数是否等于。若相等则返回 true	x == y
!=	比较两个操作数是否不等于。若不等则返回 true	x != 5
>	比较左操作数是否大于右操作数。若成立则返回 true	x> y
>=	比较左操作数是否大于或等于右操作数。若成立则返回 true	x >= y
<	比较左操作数是否小于右操作数。若成立则返回 true	x < y
<=	比较左操作数是否小于或等于右操作数。若成立则返回 true	x <= y

逻辑运算符如表 3-3 所示。

表 3-3 逻辑运算符

运算符	说明	示例
and(&&)	逻辑与	expr1 && expr2
or (‖)	逻辑或	expr1 ‖ expr2
not (!)	逻辑非	!expr

上述运算符一般在各种判断语句(如条件选择、循环等语法结构中)使用，具体例子在后文中叙述。

除了上面这些运算符以外，还有三种特殊运算符值得读者注意，即字符运算符、求值运算符和 typeof 运算符，字符串运算符主要使用算术运算符中的“+”符号实现，其用法如下：

```
var Str = "hello " + "world"
```

求值运算符主要包括条件运算符和 typeof 运算符两种：

条件运算符：其语法形式为(condition) ? trueVal : falseVal，即 Java 和 C 语言中的三元运算符，其用法如下：

```
status = (age >= 18) ? "adult" : "minor"
```

表示变量status的值根据变量age与18的比较结果而定，当大于18时值为adult，反之为minor。

typeof 运算符用来返回操作数的类型，返回值是字符串，其用法在例 3-5 中已经介绍过了。

3. JavaScript 的表达式和程序结构

JavaScript 中，表达式也是一个重要的基本语法单位，主要用于在不同上下文中操作和计算变量。表达式是任意一组有效的文字、变量和运算符，其计算结果为一个值。根据计算结果的类型，表达式可以分为算术、逻辑以及字符串三种，算术表达式的计算结果为一个数字，逻辑表达式的计算结果为一个布尔值，而字符串表达式的计算结果则为一个字符串。

前述示例中已经包含了大量表达式，例如，语句“var b=3;”中，b=3 即表达式，语句“document.write ("a 的类型："+ typeof a + "<br>");”中"a 的类型："+ typeof a + "<br>"亦是表达式，因此，表达式可以看成通过一定数量的运算符组合变量和文字而构成的单位。

在表达式基础上，欲设计运行完整的程序代码，还需要掌握 JavaScript 的程序结构方面的语法，首先介绍流程控制方面的语法。与 Java 和 C 语言类似，JavaScript 的流程控制主要包括条件控制和循环控制，分别介绍如下。

1) 条件控制语句

JavaScript 中，最经典的条件控制语句是大家非常熟悉的 if 语句，此外还有 switch 语句也可以用来实现特定的条件控制功能。if 语句包括单分支、双分支以及多分支结构，首先介绍单分支结构，其内容为条件表达式的逻辑值为真时只需指定代码，反之跳过这些代码，根据执行代码的复杂程度从简单到复杂进行介绍。

最简单的是当执行代码只用一行即可表示时语法结构如下：

```
if(条件表达式)
    //单行代码语句;
```

```
    //当代码需要多行语句时则需引入花括号加以组织
if(条件表达式)
{
    多行代码语句;
    多行代码语句;
    多行代码语句;
}
```

【例 3-7】 通过使用 if 语句判断成绩等级。

```
<html>
  <head>
     <title>IF 语句的使用</title>
  <head>
  <body>
  <script  language="JavaScript">
    function  react(){
        var a=document.all.inputNumber.value;
        if(a>90)
            alert("优秀");
      }
</script>
<form>
     <input type="text" name="inputNumber"><br>
     <input name="button" type="button" onclick="react()" value="显示">
    </form>
  </body>
</html>
```

其运行效果如图 3-6 所示。

图 3-6　例 3-7 运行效果

在该例中，当用户在文本框中输入的成绩大于 90(注意，不包含 90)时，会弹出带有“优秀”字样的对话框。

思考：为什么条件判断中满足条件的成绩不包含 90？当输入的值低于 90 时会出现什么样的结果？为什么？

双分支结构内容则为：条件成立时执行一组代码，不成立时执行另一组代码，其语法结构如下：

```
if(条件)
{
        //条件成立时执行的代码
}
else
{
        //条件不成立时执行的代码
}
```

【例 3-8】 通过 if 语句判断输入成绩是否及格。

```
<html>
  <head>
     <title>IF 语句的使用</title>
  <head>
  <body>
      <script  language="javascript">
         function  react(){
             var a=document.all.inputNumber.value;
             if(a>60)
                 alert("及格");
             else
                alert("不及格");
             }
      </script>
<form>
      <input type="text" name="inputNumber"><br>
      <input name="button" type="button" onclick="react()" value="显示">
    </form>
  </body>
</html>
```

示例运行结果如图 3-7 所示。

图 3-7　例 3-8 运行效果

该例中，用户输入成绩大于 60(注意，不包含 60)，则对话框显示及格，反之对话框显示不及格。

思考：该例的判断逻辑是否合理？如果不合理，应该怎样修改？

多分支条件结构是多组 if 语句的嵌套，其内容为：条件成立时执行一组代码，不成立时执行另一组 if 判断，其语法结构如下：

```
if(条件 1)
    {//条件 1 成立时执行的代码}
else if(条件 2)
    {//条件 2 成立时执行的代码}
    …
else if(条件 n)
    {//条件 n 成立时执行的代码}
else
    {//所有条件都不成立时执行的代码}
```

【例 3-9】 判断输入成绩的等级。

```
<html>
  <head>
     <title>IF 语句的使用</title>
  <head>
  <body>
    <script  language="javascript">
      function  react(){
      var a=document.all.inputNumber.value;
        if(a>90)
           alert("优秀");
        else if(a>80)
           alert("良好");
        else if(a>70)
           alert("中");
        else if(a>60)
           alert("及格");
        else
           alert("不及格");
      }
    </script>
    <form>
      <input type="text" name="inputNumber"><br>
      <input name="button" type="button" onclick="react()" value="显示">
    </form>
  </body>
</html>
```

例 3-9 的运行结果如图 3-8 所示。

图 3-8 例 3-9 的结果示意图

在该例中，用户输入的成绩将自动按五级制的分布范围返回评级的对话框。switch 语句是多分支条件语句的一种实现方式，其语法结构如下：

```
switch(表达式)
{
    case 值:
        //表达式与当前值匹配时要执行的语句
        break;
    case 值:
        //表达式与当前值匹配时要执行的语句
        break;
    …
    default:
        //其他情况时要执行的语句
        break;
}
```

【例 3-10】 使用 switch 判断学生成绩所属等级。

```
<html>
  <head>
    <title>Switch 语句的使用</title>
  <head>
  <body>
     <script  language="javascript">
         function  react(){
            var a=document.all.inputNumber.value;
            switch(a){
             case 'A':{
                  alert("优秀");
                  break;}
             case 'B':{
                 alert("良好");
                 break;}
             case 'C':{
                 alert("中等");
```

```
                    break;}
                    case 'D' :{
                    alert("及格");
                    break;}
                default:{
                    alert("不及格");
                    break;}
                }
              }
        </script>
        <form>
          <input type="text" name="inputNumber"><br>
          <input name="button" type="button" onclick="react()" value="显示">
        </form>
        </body>
      </html>
```

例 3-10 的运行结果如图 3-9 所示。

图 3-9　例 3-10 的运行效果

在该例中，与前面 if 条件语句不同，输入的是字母表示的五级制得分值，对话框返回中文的五级制得分值。

思考：该例是否实现了按输入数据类型的分数值返回中文五级制的得分值？如果未能实现，那么基于 switch 条件语句是否可以实现这样的功能?请说明理由。

在 switch 语句中，每个 case 分支中的 break 语句需要注意，当某个 case 的条件值满足后，该分支的语句执行完毕后，如果没有 break 代码，流程会顺序执行下一个 case 的分支代码，这样分支流程的逻辑就会被破坏，因此读者需要重视，不要忘记该句代码。

2) 循环语句

循环语句主要用来使代码重复执行，JavaScript 支持计数循环 for(;;) 语句、条件循环 while 语句和 do…while 语句以及元素循环 for(in) 语句。

计数循环语句与 Java、C 语言中的 for 循环类似，JavaScript 也是用 for(;;) 语句实现在给定循环次数下重复执行循环内部的代码，这种循环语句在知道确切循环次数时运行起来是很方便的，其语法格式如下：

```
for(始初声明;终止条件;每次变化)
{
    //循环语句
}
```

【例 3-11】 for 循环示例。

```
<html>
  <head>
    <title>For 语句循环</title>
  </head>
  <body>
    <script language="javascript">
      var i=1
      for(i=1;i<=4;i++){
         document.write("<h",i,">这是循环第"+i+"次</h",i,">");
      }
    </script>
  </body>
</html>
```

例 3-11 的运行效果如图 3-10 所示。

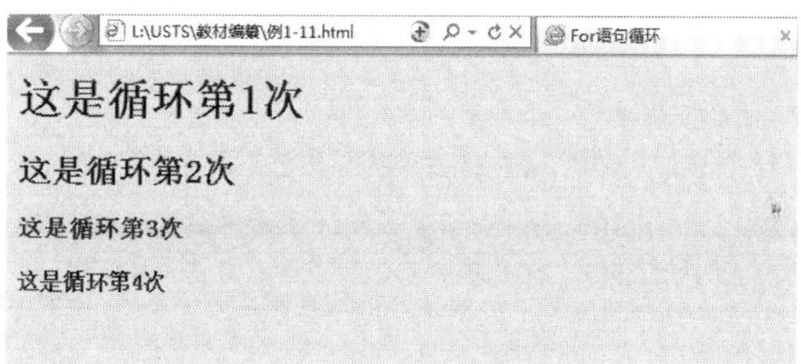

图 3-10　例 3-11 的运行效果

该例中，字符串被循环打印了 4 次，并且每次的字体大小与当时的计数值相关。值得注意的是，计数循环语句绝大部分 bug 都会出现在终止条件设计上，因此必须在设计时仔细考虑，另外在测试时也需要针对终止条件的边界进行测试，以避免出现错误。

条件循环语句 while 有两种类型，一种是先判断再循环的 while 前置语句，语法说明如下：

```
while(循环条件)
{
    //循环语句
}
```

其中仅当循环条件为真时执行循环语句。

【例 3-12】 先判断再循环的 while 语句示例。

```
<html>
  <head>
    <title>While 语法</title>
```

```
    </head>
    <body>
      <script language="javascript">
            var i=1
            while(i<5){
              document.write("<h",i,">这是循环第"+i+"次</h",i,">");
              i++;
            }
      </script>
    </body>
</html>
```

例 3-12 的运行效果如图 3-11 所示。

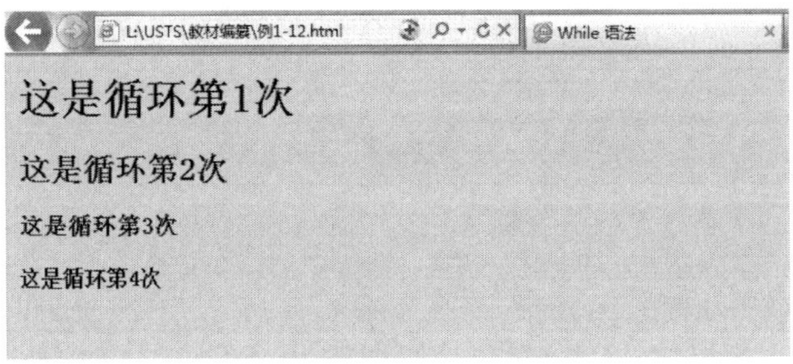

图 3-11　例 3-12 的运行效果

与上例类似，该例也是循环输出 4 行字符串。

思考：该例的循环条件与上例计数循环的终止条件是否相同？为什么？

另外还有一种先循环再判断的 while 后置语句，语法说明如下：

```
do
{
    //循环语句
}while(循环条件);
```

该语句同样是当循环条件为真时进入循环，但与 while 前置语句不同的是，while 后置语句能够确保至少执行 1 次循环语句后再检查条件，这一特性需要读者在编程时加以注意。

【例 3-13】 先循环再判断的 while 语句示例。

```
<html>
  <head>
    <title>Do While 语法</title>
  </head>
  <body>
  <script language="javascript">
     var i=1
     do{
        document.write("<h",i,">这是循环第"+i+"次</h",i,">");
        i++;
      }while(i<6)
```

```
    </script>
  </body>
</html>
```

例 3-13 的运行效果如图 3-12 所示。

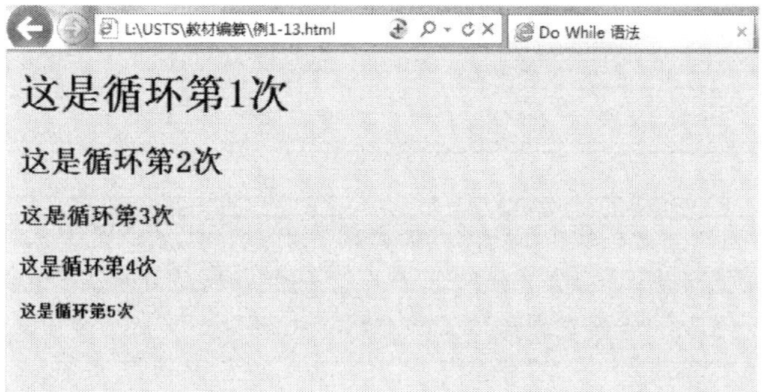

图 3-12　例 3-13 运行结果

该例循环输出 5 行字符串。值得注意的是，如果初始情况下，计数的变量(上面两个例子中的 i)值已经不满足循环条件了，那么在 while 前置的循环语句中，循环体将不被执行，而在 while 后置的循环语句中，循环体仍将被至少执行一次，这个特性需要程序员在开发时有针对性地加以利用。

元素循环语句主要用于通过集合或数组来循环，其语法格式如下：

```
for(循环变量 in 集合)
{
    //循环语句
}
```

元素循环语句较为适宜用在循环条件是对集合或数组进行遍历时的场景。

【例 3-14】 对数组进行遍历。

```
<html>
  <head>
    <title>For In</title>
    <script language="javascript">
          var myarr=new Array(4);
          myarr[0]=0;
          myarr[1]=1;
          myarr[2]=2;
          myarr[3]=3;
          for(var i in myarr)
              document.write(i+"<br>");
    </script>
  </head>
</html>
```

例 3-14 中，new Array(4)用来创建一个包含 4 个元素的一维数组，关于数组的具体内容将在后面介绍，其后的 for(var i in myarr)代码则是对数组元素进行遍历，其运行效果如图 3-13 所示。

图 3-13　例 3-14 运行效果

4. JavaScript 函数

函数与对象一样，是 JavaScript 中最为重要的语法实体，JavaScript 一方面提供了大量的预定义函数，另一方面也提供了用户自定义函数等功能，使用函数能够方便 Web 应用开发人员更好地组织、设计相应的程序代码。

1) JavaScript 预定义函数

JavaScript 提供了大量的预定义函数，能够方便开发人员使用一些 Web 应用开发的常见功能，下面以 eval 函数以及 isNaN 函数为例简单介绍预定义函数。

eval(string) 函数：这个函数可以把输入参数字符串 string 当作一个 JavaScript 表达式一样去执行它。换句话说，这个函数可以看成一个小型的 JavaScript 表达式“解释器”，其输入参数(string)是字符串形式的表达式，返回值则是这个表达式的执行结果(亦是字符串)，其示例如下。

【例 3-15】 eval 函数示例代码。

```
<html>
  <head>
    <title>eval</title>
  </head>
  <body>
    <script language="javascript">
         function excuteVal(){
          alert(eval(document.all.inputX.value));
         }
  </script>
<form>
    <input type="text" name="inputX"><br>
      <input name=inX type="button" onclick="excuteVal()" value="执行eval"><br>
    </form>
  </body>
</html>
```

在例 3-15 的文本框中可以输入任意 JavaScript 的表达式，其结果将在对话框中显示，效果如图 3-14 所示。

isNaN 函数主要用于检查其参数是否是非法数字值。如果传入的参数是特殊的非数字值 NaN(或者能被转换为这样的值)，该值表示一个非法的数字(如被 0 除后得到的结果)，返回的值就是 true。如果 x 是其他值，则返回 false，其示例如下。

图 3-14　例 3-15 的效果

【例 3-16】 非数字值 NaN 示例代码。

```
<html>
    <head>
      <title>eval</title>
    </head>
    <body>
      <script language="javascript">
         function excuteNaN(){
            alert(isNaN(eval(document.all.inputX.value)));
         }
      </script>
    <form>
      <input type="text" name="inputX"><br>
      <input name=inY type="button" onclick="excuteNaN()" value="执行 isNaN">
    </form>
  </body>
</html>
```

在图 3-15 的文本框中输入 1/0，可以看到其结果为非法数字值，因此对话框会显示 false，如图 3-15 所示。

图 3-15　例 3-16 的结果

2)用户自定义函数

JavaScript 同样支持用户自定义函数，其语法格式如下：

```
function funcName(argument1,argument2,…){
  statements;
}
```

在该语法中，function 是关键字，用来声明下面是自定义函数，funcName 是用户自定义函数名，只要不违反 JavaScript 的命名规则，不与 JavaScript 的关键字雷同，用户可以任意自定义函数的名称，在以前给出的例子中，已经看到很多不带参数的函数的用法，而实际开发过程中，函数通常需要定义参数，因此语法中的 argument1，argument2，…是函数的形参列表，值得注意的是，JavaScript 的函数在定义时其形参不需要指定数据类型，只需给出形参名，而 statements 是函数体中的语句，具体用法如例 3-17 所示。

【例 3-17】 自定义函数代码。

```
<html>
  <head>
    <title>自定义函数</title>
  <head>
  <body>
    <script  language="javascript">
    function  react(form){
    form.area.value=(form.length.value * form.height.value)/2
    }
    </script>
    <form>
      <h1>三角形面积</h1>
      底<input type="text" name="length"><br>
      高<input type="text" name="height"><br>
       <input name="button" type="button" onclick="react(this.form)"
        value="计算面积">
       <br>
       <input type+"text" name="area"><br>
     </form>
  </body>
</html>
```

本例与例 3-6 功能一样，用户输入三角形的底和高数值，计算其面积，但使用自定义函数来进行计算，分析代码可以看出，响应单击按钮的函数定义了参数 form，而在按钮 onclick 属性调用函数时则将 form 对象作为参数传递过去，从而实现了三角形面积的计算，具体效果如图 3-16 所示。

图 3-16　例 3-17 的效果

思考：使用自定义函数的好处是什么？

例 3-17 给出的示例函数并没有返回值，实际上 JavaScript 也可以获得返回值，其示例如下。

【例 3-18】 获取函数返回值代码。

```
<html>
  <head>
    <title>自定义函数</title>
  <head>
  <body>
     <script language="JavaScript">
      function sum_up(one, two){
        var result = one + two;
          return result;
         }
    </script>
    <input type="button" value="function return" onclick="alert(sum_up(3,6))">
  </body>
</html>
```

例 3-18 中 sum_up 函数使用 return 语句返回结果，并在对话框中显示，其效果如图 3-17 所示。

图 3-17　例 3-18 效果

从示例中可以发现，JavaScript 可以在函数中通过 return 语句来返回函数计算结果，而在调用函数时则可以通过赋值的形式来获得返回值。

众所周知，函数传递参数的类型大致分为传值和传引用两种，JavaScript 函数参数传递机制是：实际传递的参数为基本数据类型时，采用传变量取值的传值方法，实际传递参数为数组、对象等引用类型时，则采用传变量地址的方法，这种方法并不完全是传引用，如果函数体内对传递进来的对象进行赋值操作，则其结果仅在函数体内有效，在函数之外对象的状态不会变化，而如果函数体内调用了参数自身的方法，则其状态变化在函数之外也有效，见例 3-19。

【例 3-19】 函数参数传送机制示例代码。

```
<HTML>
  <HEAD>
  </head>
  <body>
        <script language = "JavaScript">
            var par1 = 1;           //数字(值类型)
            var par2 = [];          //数组(引用类型)
            var par3 = {};          //对象(引用类型)
            function Test(par1, par2, par3){
               par1 = 3;
               par2 =[1,2,3];       //赋值操作
               par3.a = 2;          //操作自身对象
            }
            Test(par1, par2, par3);
            alert(par1);            //输出 1
            alert(par2);            //输出空白
            alert(par3.a);          //输出 2
        </script>
  </body>
</HTML>
```

上述代码的函数体内，引用类型 par2 进行了赋值操作，par3 则调用自身对象，两者的状态变化在函数外是不一样的。读者可以自行验证上述代码效果。

3) 函数的变量范围

JavaScript 中的变量有着其自身的作用域，根据范围大小，可以分为以下两种。

(1) 全局变量，在整个脚本作用范围内(通常是浏览器加载页面之后形成的浏览器端的程序空间)中可用的变量。

(2) 局部变量则是其所在的子过程或函数内可以访问的变量，局部变量的实际作用域与其声明的位置有关，其示例如例 3-20 所示。

【例 3-20】 局部变量作用域示例代码。

```
<html>
  <head>
    <script language=javascript>
      var a=3;
      function myfun(){
        var b=100
      }
      {
        var c = true;
      }
      document.write(a+"<br>");
      document.write(b+"<br>");
      document.write(c+"<br>");
    </script>
  </head>
</html>
```

从示例中可以看出，变量 a 为全局变量，b 为函数 myfun 的局部变量，而 c 则为子过程语句块中的局部变量。最终页面显示的变量只有 a，其效果如图 3-18 所示。

图 3-18　例 3-20 效果

3.2　面向 Web 应用的 JavaScript 常用核心对象

开发人员使用 JavaScript 的所有常用场景几乎都是用户通过 Web 页面与应用进行交互，而 Web 页面则是用户面对的直接操作对象和接口，显然，JavaScript 必须提供操作 Web 页面各种元素的能力，从而支撑用户与应用的互操作。除了 Web 页面元素以外，开发人员在设计过程中还会用到很多包括数组、日期等常用数据结构，为了向程序员提供方便、快捷的开发支持，JavaScript 技术将 Web 页面的各种元素以及用户进行各类操作的核心内容都抽象为内置核心对象，从而简化开发过程，程序员只需要调用这些核心对象及其提供的方法，就能够实现对 Web 页面元素、程序开发常用的数据结构等内容的各类操作，本节对开发人员常用的几个 JavaScript 核心对象进行介绍，包括浏览器对象、数组对象、日期对象、数学运算对象以及字符串对象。

3.2.1　浏览器对象

浏览器对象是 Web 应用接口中最直接面对用户的，也是 JavaScript 用于 Web 应用开发最常见和基础的核心对象。它在 JavaScript 中是由一系列包括 window、document 以及 form 等在内的对象元素构成，涵盖了包括网页以及浏览器本身在内的几乎全部元素，通过对浏览器对象的操作，JavaScript 代码可以定位、改变内容以及展示 HTML 页面的各种元素，下面主要介绍 window、document 以及 form 这三种主要的浏览器对象。

1. window 对象

该对象是浏览器各对象的“祖先”，这个“祖先”不是说 window 对象与其他浏览器对象之间有继承关系，而是说 window 对象像是一个顶层的抽象容器，作为一个层次化的容纳者，其下承载着包括 document 等对象，而 document 下面又承载着 form 等浏览器对象，所有的浏览器对象就是以这样一种层次状的结构组织起来的。因此，开发人员访问 HTML 页面中很多元素都必须从 window 对象开始引用，例如：

```
window.document.form1.username.value="guest"
```

这行代码的意思是向当前 window 窗口内的 document 对象中的表单对象 form1 中的输入控件元素 username 进行赋值，其值为"guest"。

从上面的示例也可以看出，window 对象不需要定义和初始化，关键字 window 即指代当前浏览器的一个窗口。

window 较为常用的属性包括以下几个。

status：浏览器状态栏中的信息。

closed：返回窗口是否已被关闭。

window 的常用方法如下。

close()：关闭浏览器窗口。

alert()：显示带有一段消息和一个确认按钮的警告框。

confirm()：显示一个确认对话框，对话框体内包括一段消息、确认按钮和取消按钮。

prompt()：显示可提示用户输入的对话框。

alert()方法的使用在前面的示例中已经得到示范，下面介绍 close()方法和 confirm()方法的示例，如例 3-21 所示。

【例 3-21】 window 对象的 close()方法和 confirm()方法示例。

```
<html>
  <head>
    <title>密码设置</title>
</head>
<script language="javascript">
    function  rec(form){
        var a=document.form1.text1.value;
        var b= document.form1.textf.value;

        if(a==b)
                 alert("恭喜您 修改成功！");
            else
                 alert("对不起 密码与确认码不一致！");
     }
   function disp_confirm(){
        var r=confirm("你要关闭页面吗？")
        if (r==true)
          window.close();

    }
</script>
<form name="form1">
    用户密码设置<br>
      输入密码：<input type="password" name="text1"><br>
      确认密码：<input type="password" name="textf"><br>
      <input type="button" name="but1" value="提交" onclick="rec(this.form)">
      <input type="button" name="but2" value="关闭窗口" onclick="disp_
                  confirm()">
    </form>
  </body>
</html>
```

在该例中，单击“提交”按钮后会有对话框显示用户两次输入的密码是否一致的结果，如图 3-19 所示，另外单击“关闭窗口”按钮之后会有一个带“确定”、“取消”选择的对话框供用户选择，当用户单击“确定”按钮后，处理函数会获得对话框的返回值，并使用 window 对象的 close()方法将页面关闭，如图 3-20 所示。

图 3-19　例 3-21 结果(一)

图 3-20　例 3-21 结果(二)

接下来介绍 prompt()方法，示例代码如例 3-22 所示。

【例 3-22】 window 对象的 prompt()方法示例代码。

```
<html>
  <head>
    <script type="text/javascript">
      function disp_prompt(){
          var name=prompt("请输入您的姓名 ","")
          if(name!=null && name!=""){
             document.write("你好：  " + name + "!")
          }
      }
    </script>
  </head>
<body>
    <input type="button" onclick="disp_prompt()" value="输入姓名" />
  </body>
</html>
```

该例的结果如图 3-21 所示。

在该例中，用户单击按钮后会弹出一个带有提示输入的对话框用来输入信息，prompt()函数的返回值会将该信息返回给开发人员。

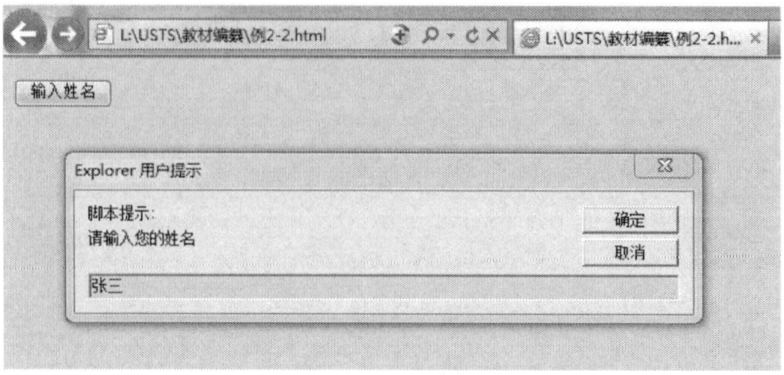

图 3-21　例 3-22 结果

2. document 对象

在浏览器环境下，每个被浏览器加载(和显示)HTML 文档将被浏览器处理为一个 document 对象。于是开发人员可以使用 JavaScript 代码，通过对这个 document 对象的操作从而访问 HTML 页面中所包括的所有元素。

document 对象无须开发人员对其进行创建和初始化，即可以在代码中直接使用 document 关键字来访问，此时 document 对象指代当前浏览器当前 HTML 文档，该对象包括以下常用属性。

cookie：供开发人员设置或向其返回与当前文档有关的所有 Cookie。

domain：向开发人员返回当前文档的域名。

lastModified：向开发人员返回当前文档最后被修改的日期和时间。

title：向开发人员返回当前文档的标题。

URL：向开发人员返回当前文档的 URL。

另外，document 对象还包括以下常见方法。

getElementById(id)：向开发人员返回对拥有指定 id 的第一个对象的引用(需要特别注意这个“第一个”，即如果文档中包括多个拥有该 id 的对象的话，该方法仅返回第一个出现的对象)。

getElementsByName(name)：向开发人员返回带所有有指定名称 name 的对象集合(需要注意，该方法与 getElementById 方法相比，对拥有同样 name 名称的对象是将其全部返回的)。

getElementsByTagName(tagname)：向开发人员返回带有指定标签名 tagname 的对象集合(该方法同样全部返回所有具备相同标签名的对象)。

write()：向文档输出 HTML 表达式或 JavaScript 代码，其内容会被浏览器执行或显示。

writeln()：与 write()方法类似，但在每个表达式后会添加输出一个换行符，其内容同样会被浏览器执行或显示。

由于上述 document 对象的常见属性和使用方法已经在前面的示例中得到了充分的体现，因此其示例代码此处不再重复。

思考：对话框作为一个简易的获取用户确认的控件在很多交互流程中都得到了应用，如果需要设计一个基于用户确认控件的猜数字游戏，那么应该选择 alert、confirm 还是 prompt？理由是什么？

3.2.2 数组对象

在很多编程语言(如 Java 和 C)中，数组都是一个非常常见和有用的数据结构，通常来说，数组可以看成是一种数据的容器，用于存储具有相同数据类型的一组值，当需要从数组中写入或读出数据时，可以使用数组下标(也称为索引)来引用其存储的各个值。JavaScript 与 Java 和 C 语言一样，数组的下标从零开始。

在 Java 或 C 语言中，数组是得到语言自身的内置支持，成为其语法元素之一，但是在 JavaScript 中，数组并没有得到明确而直接的支持，因此数组不是 JavaScript 的语法元素，欲在 JavaScript 中使用数组，必须使用 JavaScript 内置的数组对象，通过数组对象及其相关联的方法来创建和使用数组。

1. 如何创建数组对象

```
语法形式：arrayName = new Array([elm0, elm1, …, elmN])
```

其中，arrayName 为数组名，new 为新建数组对象的操作符，Array 为数组对象类型，[elm0，elm1，…，elmN]是数组对象初始化参数，其中 elm0，elm1，…，elmN 为数组中的元素初值。值得注意的是，使用这种方法创建的数组对象会自动根据初始化的元素个数来确定数组的长度，示例中的数组长度为 N。

```
arrayName = new Array(N)
```

如果在创建对象数组时没有数组元素初值，但能确定数组长度，则可以使用上述语句创建数组，其中 N 为数组长度。随后可以使用“arrayName[n]=value;”语句对数组元素进行赋值。

2. 访问数组对象的语法

```
arrayName[index];
```

其中，index 为元素的下标，需要注意的是，下标是从 0 开始的。

由于 JavaScript 中数组是作为内置对象进行处理的，因此数组对象还具有很多方法和属性，可以在开发中加以利用。

3. 数组对象的常用属性

length 属性，其值为数组中元素的个数。

4. 数组对象的常用方法

concat(array1,array2,…)：可以实现将两个或更多的数组连接的功能，方法将返回实现连接后的大数组。

join(separator)：可以将数组的所有元素取出后顺序构造成一个字符串，构造过程中各个元素可以指定分隔符 separator 对其进行分隔。

pop()：返回数组的最后一个元素，然后删除该元素，该方法不需提供参数，如果数组已经为空，则 pop()不改变数组，并返回 undefined 值。

push(newelm1,newelm2,…)：将 newelm1，newelm2，…等元素添加到数组的末尾，然后将更新后的数组长度返回。

reverse()：将数组中的元素顺序进行逆序排列，然后返回，该方法不需提供参数。

slice (start,end)：返回一个新数组，包含从已有的数组中 start 位置开始至 end 位置的元素，其中 end 参数可以不提供，此时默认获取元素直至末尾结束。

shift ()：删除并返回数组的第一个元素，如果数组为空，则不执行任何操作，返回 undefined 值。

sort ()：对数组的元素进行排序。

toString ()：把数组转换为字符串，并返回结果，结果中数组中的元素之间用逗号分隔。

下面给出一个数组对象常用属性与方法的应用示例。

【例 3-23】 数组对象常用属性与方法示例。

```
<html>
  <head>
  <script language="JavaScript">
    emp = new Array(3);
    emp[0] = "Ryan";
    emp[1] = "Graham";
    emp[2] = "David";
    emp.sort();

    document.writeln("数组长度："+emp.length);
    document.writeln('<br>');
    document.writeln("数组元素："+emp[0] + " " +emp[1]+" "+emp[2]);

    b=emp.join('-');
    document.writeln('<br>');
    document.writeln("连接数组后的字符串为："+ b);

    emp.reverse();
    document.writeln('<br>');
    document.writeln("逆转后数组元素："+emp[0] + " " +emp[1]+" "+emp[2]);
  </script>
 </head>
</html>
```

其结果如图 3-22 所示。

图 3-22　例 3-23 结果

例中示范了 sort ()、reverse ()、join () 方法的用法，其他方法的使用语法与例子中的类似，这里就不再重复了。

5. 多维数组（或数组的嵌套）

与 C 语言和 Java 不同，JavaScript 的内置数组对象是一维的，因此如果需要实现多维数组，就需要使用间接的方式，即使用嵌套的方法来实现多维数组的功能，接下来通过例 3-24 来说明。

【例 3-24】 多维数组示例。

```
<HTML>
<HEAD><SCRIPT LANGUAGE = "JavaScript">
        var MyArray = new Array(new Array(2),new Array(2),new Array(2),new
                    Array(2));
          MyArray[0][0] = "张三";
          MyArray[0][1] = 1;
          MyArray[1][0] = "李四";
          MyArray[1][1] = 2;
          MyArray[2][0] = "王五";
          MyArray[2][1] = 3;
          MyArray[3][0] = "赵六";
          MyArray[3][1] = 4;
    document.write ("姓名是" + MyArray[3][0]);
    document.write("编号是" + MyArray[3][1]);
    </SCRIPT>
</HEAD>
</HTML>
```

例 3-24 的运行结果如图 3-23 所示。

图 3-23　例 3-24 运行结果

从代码中可以看出，嵌套的方法实现多维数组主要体现在定义阶段的嵌套，即先初始化一个外层数组，然后定义其内部的元素为各自独立的数组对象，随后就可以采用类似 Java 或 C 语言中的多维数组操作语句来对其进行赋值和取值等操作了。另外，数组对象的属性和常用方法在多维数组中仍能正常使用。

思考：应用多维数组技术实现一个我国城市信息数组，即使用三个省份，每个省份选出若干城市，将相同省份的城市名称构成一个一维数组，再将不同省份的一维数组各自构成一个二维数组中的成员，最后设计代码实现根据用户选择的省份而将其省内的城市名称依次打印出来。

3.2.3　日期对象

日期作为 Web 应用中极为常见的元素而在 Web 应用开发过程中得到设计人员的重视，JavaScript 通过内置日期对象实现了对日期、时间等信息的读写操作。这个内置对象即 Date 对象，主要用于处理日期和时间。与前面提到的内置对象不同，Date 对象并无日期及时间属性，设计人员主要通过调用其方法来实现对日期、时间信息的设置、获取和操作，其对应的方法非常丰富，主要包括以下内容。

1. 初始化方法

欲操作日期或时间等信息，首先需要有一个 Date 对象，在 JavaScript 中，根据创建这个 Date 对象时所提供的信息不同，其使用的语法也有很多种类型，下面分别进行介绍。

```
var myDate=new Date()
```

该方法无需提供参数，而是把语句执行时的当前日期和时间作为初始值，从而创建一个代表当前时间的 Date 对象。

如果需要生成一个具备指定日期和时间信息的 Date 对象，则可以采用下列几种语法：

```
var myDate = new Date(毫秒数)
```

该方法可以初始化一个指定日期时间的 Date 对象，但需要提供欲设置的时间与 UTC 时间的 1970-1-1 0:0:0 之间时间间隔的毫秒数，然后以其作为参数来创建 Date 对象：

```
var myDate = new Date(标准时间格式字符串)
```

该方法同样可以初始化一个指定日期时间的 Date 对象，创建时提供的参数是该指定日期和时间对应的一个标准时间格式字符串，如 var d = new Date('Fri Mar 27 12:59:59 UTC+0800 2015');其中 Fri Mar 27 12:59:59 UTC+0800 2015 即 2015 年 2 月 27 日 12:59:59，北京所在+8 时区的标准时间字符串。

```
var myDate = new Date(年, 月, 日, 时, 分, 秒, 毫秒)
```

该方法将指定日期时间的年、月、日、时、分、秒、毫秒分别作为参数来创建 Date 对象，如 var d = new Date(2015, 2, 27, 12, 59, 59, 999)，即创建一个 2015 年 2 月 27 日 12 时 59 分 59 秒 999 毫秒的日期对象。

2. Date 对象的其他方法

Date()：开发人员可以直接使用 Date()方法，从而得到代码执行时当日的日期和时间，如 document.write(Date())，即输出当时的日期与时间。

getDate()：从 Date 对象返回其日期信息“年-月-日”中的某一天，返回值范围为 1～31，例如 Date 对象表示 2015 年 8 月 15 日的话，该方法返回 15。

getDay()：从 Date 对象返回其日期信息所对应一周中的某一天，返回值范围为 0～6，例如 Date 对象表示 2015 年 8 月 15 日星期六的话，该方法返回 6(周日为 0，周一为 1，以此类推)。

getMonth()：从 Date 对象返回其日期信息对应的月份，返回值范围为 0～11，例如 Date 对象表示 2015 年 8 月 15 日的话，该方法返回 7(一月为 0，二月为 1，以此类推)。

getFullYear()：从 Date 对象返回其日期信息对应的年份，格式为四位数字。

getHours()：从 Date 对象返回其时间信息对应的小时，返回值范围为 0～23。

getMinutes()：从 Date 对象返回其时间信息对应的分钟，返回值范围为 0～59。

getSeconds()：从 Date 对象返回其时间信息对应的秒数，返回值范围为 0～59。

getMilliseconds()：从 Date 对象返回其时间信息对应的毫秒，返回值范围为 0～999。

getTime()：返回 1970 年 1 月 1 日到代码执行时的毫秒数。

getTimezoneOffset()：返回代码执行时本地时间与格林尼治标准时间(GMT)的分钟差。

setDate(day)：设置 Date 对象月中的天数为 day，参数 day 的取值范围为 1～31。

setMonth(month)：设置 Date 对象中月份数为 month，参数 month 的取值范围为 0～11。

setFullYear(year)：设置 Date 对象中的年份为 year，参数 year 为四位数字。

setHours(hour)：设置 Date 对象中的小时为 hour，参数 hour 的取值范围为 0～23。

setMinutes(minute)：设置 Date 对象中的分钟为 minute，参数 minute 的取值范围为 0～59。

setSeconds(second)：设置 Date 对象中的秒钟为 second，参数 second 的取值范围为 0～59。

setMilliseconds(millisecond)：设置 Date 对象中的毫秒为 millisecond，参数 millisecond 的取值范围为 0～999。

toString()：把 Date 对象的日期时间信息转换为字符串。

toTimeString()：把 Date 对象的时间部分信息转换为字符串。

toDateString()：把 Date 对象的日期部分信息转换为字符串。

下面给出 Date 对象一些常用方法的应用示例，如例 3-25 所示。

【例 3-25】 Date 对象常用方法示例代码。

```
<html>
  <head>
    <title>Date 对象示例</title>
  </head>
  <body>
    <script language="JavaScript">
        var dayname = new Array("日","一","二","三","四","五","六");
    var thedate = new Date("2015/10/1")
    document.write("<p>2015 年的国庆节是星期" + dayname[thedate.getDay()]);
    thedate.setYear(2004);
    document.write("<p>2014 年的国庆节是星期" + dayname[thedate.getDay()]);
   </script>
  </body>
</html>
```

例 3-25 的运行结果如图 3-24 所示。

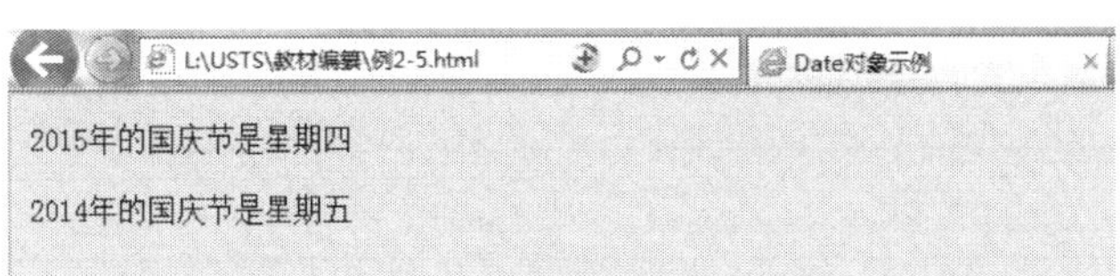

图 3-24　例 3-25 运行结果

从该例中可以看出，虽然 Date 对象初始化时的参数较为复杂，但一旦初始化之后，Date 对象的方法调用语法和其他 JavaScript 的内置对象都相同，因此开发者主要根据需要选择相应的 Date 对象方法即可实现自己想要的功能。

思考：如何通过日期对象实现判断任意一个日期是星期几？

3.2.4　数学运算对象

数学运算在包括电子商务、工作流等 Web 应用中有着广泛的应用，JavaScript 同样也通过内置对象实现了对常见的数学运算的支持，该内置对象即 Math 对象，可以用于处理较为复杂的数学运算，执行数学相关任务，该对象拥有可用于表示复杂数学运算的属性和方法，其主要内容如下。

1. 初始化方法

Math 对象并不像 Date 和 Array 那样，从某些方面来看，可以把它当成 Java 中的静态类，该对象没有构造函数，其拥有丰富的方法和属性可以供开发人员直接使用，从而实现各种数学运算。因此在使用 Math 对象时无须创建和初始化，只要直接通过 Math 这一关键字来调用 Math 对象所提供的属性和方法即可。

2. Math 对象的属性

Math.E：向调用者返回算术常量 e，即自然对数底数(约为 2.718)。
Math.LN2：向调用者返回 2 的自然对数(约为 0.693)。
Math.LN10：向调用者返回 10 的自然对数(约为 2.302)。
Math.LOG2E：向调用者返回 2 为底的 e 的对数(约为 1.414)。
Math.LOG10E：向调用者返回 10 为底的 e 的对数(约为 0.434)。
Math.PI：向调用者返回圆周率(约为 3.1415926535)。
Math.SQRT1_2：向调用者返回 2 的平方根的倒数(约为 0.707)。
Math.SQRT2：向调用者返回 2 的平方根(约为 1.414)。

3. Math 对象的方法

abs(x)：向调用者返回 x 的绝对值。
acos(x)：向调用者返回 x 的反余弦值，其中 x 表示–PI/2～PI/2 弧度的数值。
asin(x)：向调用者返回 x 的反正弦值，其中 x 表示–PI/2～PI/2 弧度的数值。
atan(x)：向调用者返回 x 的反正切值，其中 x 表示–PI/2～PI/2 弧度的数值。
atan2(y, x)：向调用者返回从 x 轴到点(x, y)的角度(结果为–PI/2～PI/2 弧度)。
ceil(x)：向调用者对 x 进行上舍入，即向上取整，返回一个大于等于 x 的最小整数。
cos(x)：向调用者返回 x 的余弦值。
exp(x)：向调用者返回 e 的指数结果。
floor(x)：向调用者对数进行下舍入，即向下取整，返回一个小于等于 x 的最大整数。
log(x)：向调用者返回 x 的自然对数(底为 e)。
max(x, y)：向调用者返回 x 和 y 中的最高值。
min(x, y)：向调用者返回 x 和 y 中的最低值。
pow(x, y)：向调用者返回 x 的 y 次幂。
random()：向调用者返回 0～1 的随机数。
round(x)：向调用者返回 x 经过四舍五入后得到的整数。
sin(x)：向调用者返回 x 的正弦，其中 x 表示–PI/2～PI/2 弧度的数值。
sqrt(x)：向调用者返回 x 的平方根。
tan(x)：向调用者返回 x 的正切，其中 x 表示–PI/2～PI/2 弧度的数值。
值得注意的是，使用 Math 对象的方法可能会得到结果为特殊的非数字值 NaN，如对负数求平方根等，因此在实现数学运算任务，尤其是除法、开方等运算时，开发人员在调用相应方法时要注意使用 isNaN 方法对结果进行鉴定，以避免程序出现 bug。

给出数学运算对象的示例如例 3-26 所示。

【例 3-26】 数学运算对象示例。

```
<html>
    <head>
      <title>math 对象示例</title>
    </head>
    <body>
      <script language = "JavaScript">
         function doCalc(x){
            var area;
            area = Math.PI * x * x;
           alert ("半径为" + x + " " + "的圆的面积为" + " " + area);
         }
      </script>
    <form>
       输入圆的半径：<input type = text size = 5 name = "circle"><br>
       <input type=button value="显示面积" onclick="doCalc(circle.value)">
    </form>
  </body>
</html>
```

例 3-26 的运行结果如图 3-25 所示。

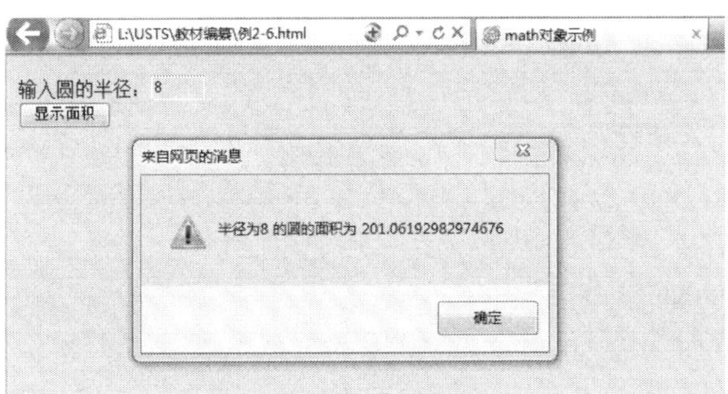

图 3-25　例 3-26 的运行结果

思考： 如何使用数学运算对象来实现电子商务网站类的购物车计算总价、提供折扣等方面的功能？

3.2.5　字符串对象

字符串作为程序设计最常用的数据结构，主要用于操作和处理文本字符串，在 JavaScript 中也得到了内置对象的支持。在 JavaScript 中，内置字符串对象为 String，但该对象不像前面那些明确的内置对象那样，必须通过 String 关键字来使用，而是作为 JavaScript 内在的一种机制来实现，只要一个变量被赋值为一个字符串(或者显式地用 String 构造一个变量)，该变量即被视为字符串对象。字符串对象的主要内容如下。

1. 初始化方法

初始化字符串对象的常用方法有以下两种。

使用 var 语句，并为其赋值，例如：

```
var a ="hello world";
```

使用 String()构造函数，例如：

```
a = new String("hello world");
```

2. 字符串对象的常用属性

length 属性，其值为字符串的长度。

3. 字符串对象的常用方法

charAt(index)：返回指定位置 index 上的字符，值得注意的是，第一个字符的下标为 0。

charCodeAt(index)：返回下标为 index 的字符所对应的 Unicode 编码，这个返回值是 0～65535 的整数。

concat(stringX,stringX,…,stringX)：返回原字符串依次连接参数对应的字符串 stringX, stringX , …, stringX 之后的结果。

indexOf(searchvalue,fromindex)：从 fromindex 位置开始检索是否包含目标字符串 searchvalue，第一个字符位置为 0，fromindex 参数可选，如果不提供，则默认从字符串第一个字符开始检索，返回结果是找到的目标字符串的第一个字符的起始位置，如果没有找到，则返回–1。

lastIndexOf(searchvalue,fromindex)：与 indexOf()方法类似，不过是从 fromindex 开始逆向后向前搜索字符串，如果 fromindex 不提供，则默认从字符串末尾开始检索。

replace(substr,replacement)：检索字符串，将找到的子串 substr 替换为子串 replacement，若没有找到 substr，则不作任何替换，返回值是替换结束之后的新字符串。

slice(start,end)：从 start 位置开始到 end 位置结束，提取字符串的片断，并返回被提取的部分。如果 end 不提供，则默认结束位置为字符串末尾。

split(separator,howmany)：以 separator 为标识识符，把字符串分割为字符串数组，howmany 如果提供，则仅分割出最多为 howmany 个元素的字符串数组，另外，返回的字符串数组中不包含 separator，例如：

```
var x = "aaa,bbb,ccc";
```

则 x.split(",")的返回值为包含三个元素的字符串数组，其元素依次为"aaa"、"bbb"和"ccc"。

substr(start,length)：从 start 起始提取 length 个字符，构成字符串返回，如果没有 length 参数，则默认提取至字符串末尾。

substring(start,stop)：与前一方法类似，提取字符串中 start 位置开始至 stop 位置结束之间的字符，如果 stop 不提供，则默认提取至字符串末尾。

toLowerCase()：把字符串的所有字符都转换为小写。

toUpperCase()：把字符串的所有字符都转换为大写。

下面给出一个字符串对象的应用实例。

【例 3-27】 字符串对象示例。

```
<html>
  <head><title>String 对象实例</title>
  <body>
     <script language = "Javascript">
       var str="123456789";
       document.write ("<BR>字符串 123456789 的长度："+ str.length);
       document.write ("<BR>字符串 123456789 的第三个位置的字符为："+
                        str.charAt(2));
       document.write ("<BR>字符串 123456789 的第三个位置的字符的 Unicode 编码
                        为："+ str.charCodeAt(2));
       var str2 = "abc"
       var str3 = str.concat(str2)
       document.write ("<BR>字符串 123456789 连接字符串 abc 后为："+ str3);
       document.write ("<BR>新字符串中子串 abc 的起始位置为："+ str3.indexOf
                        (str2,0));
       document.write ("<BR>新字符串的半部分内容为："+ str3.slice(str3.
                        length/2));
       document.write ("<BR>新字符串中将子串 abc 替换为 efg："+ str3.replace
                        (str2,"efg"));
       document.write ("<BR>新字符串的第 2 个位置开始的 3 个字符为："+ str3.substr
                        (1,3));
       var x = "aaa,bbb,ccc";
       var result = x.split(",");
       document.write ("<BR>字符串分割为："+result[0]+" "+result[1]+" "+result[2]);
       var uc = "UpperCase";
       var lc = "LowerCase";
       document.write ("<BR>这是"+ uc.toUpperCase() + "文本");
       document.write ("<BR>这是"+ lc.toLowerCase() + "文本");
    </script>
  </HEAD>
</HTML>
```

例 3-27 的运行结果如图 3-26 所示。

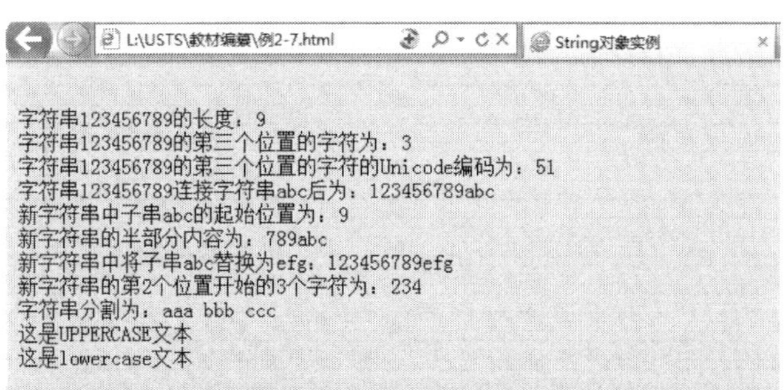

图 3-26　例 3-27 的运行结果

思考：如何应用字符串对象的属性和方法，实现将用户提供的字符串中所有 HTML 标记去除？

3.3　面向 Web 应用的 JavaScript 事件处理机制

3.1 节和 3.2 节主要介绍了 JavaScript 的基本语法以及常用核心对象等内容，但在 Web 应用开发过程中，以上知识还有所欠缺，这是因为 Web 应用的基本流程是用户在浏览器端操作 Web 内容与服务器端的应用程序进行交互，显然，欲实现这样的交互过程，就必须能够对用户的各类操作进行响应。在交互方面，众所周知，Windows 操作系统具备非常优秀的互动能力，其基础则是事件机制，即操作系统可以捕捉用户使用系统的各类操作动作，称为事件，程序员实现针对各种用户可能的操作(各类事件)编写处理代码，然后操作系统在运行时负责在操作(事件)发生时调用这些代码去处理，称为事件响应。JavaScript 同样提供这种机制，不过与操作系统不同的是，JavaScript 是依托浏览器运行的，因此其主要处理用户操作浏览器软件的各类动作。下面对 JavaScript 的事件处理机制进行介绍。

3.3.1　事件机制原理

基于浏览器的事件机制是 Web 应用前端开发时最常用的一种技术，在 JavaScript 中,包括浏览器在内的很多对象都有自己的事件，尤其是在用户与应用互操作的场景中，例如，当浏览器打开 Web 页面时、当用户单击 Web 页面中的某个元素(如按钮)时、当用户提交表单时，甚至当鼠标在 Web 页面范围内移动时都会有相应的事件发生。

下面给出 JavaScript 事件处理机制中的事件定义。所谓事件，简单地理解就是一个对象(Web 页面中的)发生的事情(如某种状态的产生、消失等变化)。例如，当一个页面载入完成以后，会触发 window 对象的 load 事件，在表单中单击一个按钮时，会触发按钮的 click 事件等。

开发人员可以通过设计代码，对这些事件有针对性地进行响应，而浏览器的 JavaScript 引擎则会在事件发生时自动触发这段代码对事件进行处理，从而实现业务逻辑的功能。一般来说，事件机制适用的场合是在交互过程中，开发人员设计、安排用户执行某个操作，并且确定业务逻辑需要对这些操作进行相应的响应和处理。例如，在注册用户信息时，开发人员安排用户填写表单，而业务逻辑则需要在用户填写完表单提交时对输入信息进行格式、取值范围等方面的检查，此时可使用事件处理机制。

思考：基于事件机制，程序员能够针对用户的特定操作进行响应，试列举 Web 应用中常见的用户操作，并在后面的学习过程中掌握如何针对这些操作使用事件处理代码进行响应。

要完成类似这样的功能，要求开发人员理解 JavaScript 中事件机制的原理和使用方法。在 JavaScript 中，事件处理程序和普通程序其实没有任何区别，它们都是用来完成某个特定功能的一段代码，开发人员需要做的就是让这段代码能在特定的事件发生时得到执行，通常情况下，在 JavaScript 中可以使用两种形式将事件处理程序绑定到特定的事件中，然后 JavaScript 引擎可以在事件发生时自动触发这段程序代码。两种形式分别是嵌入 HTML 标记以及使用对象的事件属性和 attachEvent 方法，下面分别介绍。

1. 嵌入 HTML 标记方法

该方法的语法结构如下：

```
<div onclick="alert('欢迎访问');"> Div Element</div>
```

如例中所示，事件机制的代码被嵌入 HTML 的<div>标记中，使用事件处理机制的属性标记：onXXXX 属性(其中 XXXX 对应欲处理的事件，本例中欲处理单击事件，即 click 事件，则属性为 onclick)说明这是针对<div>元素的事件响应代码，属性值是 JavaScript 代码(以字符串形式书写)，本例中的代码为“alert('欢迎访问');”，根据浏览器对象知识可知，这段代码的目的是当 HTML 页面中<div>元素中出现单击事件(click 事件)时，弹出含有“欢迎访问”内容的对话框。

嵌入 HTML 标记显然仅能是较为简短的事件处理代码，另外需要注意的是，onclick 等事件处理属性的值中的代码字符串一般使用双引号分隔，这时如果内部的代码中也有字符串，则需要使用单引号分隔(如例中的'欢迎访问')而不能用双引号，否则会出现引号匹配错误。

2. 定义函数并赋值给 HTML 元素的 onXX 属性

```
<script language="javascript">
    function click(){alert("欢迎访问");}
</script>
<div onclick="click ()">Div Element</div>
```

首先定义函数 clk()，然后赋值给 HTML 标记<div>的 onXX 属性(本例中为 onclick 属性)，这种方式与第一种方式相比，好处在于把业务逻辑代码使用函数进行封装，从而使 HTML 代码与 JavaScript 代码能够实现一定程度的分离，不至于像第一种那么紧密耦合。同时这种做法可以容纳较为复杂的事件处理代码。

3. 使用 addEventListener 或 attachEvent

```
<div id="d1">Div Element</div>
  <script language="javascript">
    var d = document.getElementById('d1');
    function clk(){alert("欢迎访问")}
    if(d.addEventListener){
      d.addEventListener('click',clk,false);
    }
    if(d.attachEvent){
      d.attachEvent('onclick',clk);
    }
</script>
```

这种方式较前两种方式功能更为强大，可以为元素添加多个事件处理机制，其中“d.addEventListener('click',clk,false);”以及“d.attachEvent('onclick',clk);”都是为<div>元素添加了 click 事件的处理机制，由于不同的浏览器会分别支持上述两种机制中的一种，因此示例代码为了确保兼容性，对两种机制作了判断(“if(d.addEventListener)”和“if(d.attachEvent)”)，实现在不同的浏览器中都能够为<div>元素添加 click 事件处理函数，在 addEventListener 以及 attachEvent 函数中，参数 click 以及 onclick 表示事件类型，clk 表示处理事件的函数名称，而 addEventListener 方法中的第三个参数 false 表示不使用捕获事件机制，由于 IE 系列的浏览器大多不支持事件捕获机制，因此建议读者默认使用 false 参数以确保兼容性。

3.3.2　event 对象

JavaScript 事件机制的核心是处理交互过程中发送的各类事件，JavaScript 使用一个内置对象来对这些事件进行管理，即 event 对象，该对象具有全局属性，通常来说，开发人员无法直接将 event 对象作为参数，传递给相应的事件处理程序，而必须使用 window.event 或者 event 来引用。3.3.1 节中介绍的 onclick 属性本质上是 event 对象所提供的一个 handler 句柄，当它嵌入<div>标记中后，一旦在<div>范围内出现 click 事件，浏览器会自动调用注册好的函数(onclick 属性后的赋值，通常是函数名称或代码)或代码对其进行处理。

浏览器的 event 对象本质上是所有在浏览器环境中所可能产生的事件的状态集合，例如当用户进行操作时，其中操作的元素、键盘按键的状态、鼠标的位置、鼠标按钮的状态等。另外，事件通常与函数结合使用，不过值得注意的是，事件处理函数不会在事件发生前被执行。

与其他 JavaScript 内置对象类似，event 对象也具有自身特有的属性与方法，event 属性的主要内容是各类事件句柄，一般以 onXXXX 表示，对应 XXXX 事件，具体如表 3-4 所示。

表 3-4　event 事件的属性

属性	事件发生时间	属性	事件发生时间
onabort	页面所引用的图像的加载被中断	onmousedown	用户操作鼠标，按钮被按下
onblur	用户操作使页面元素失去焦点	onmousemove	用户操作鼠标，鼠标被移动
onchange	用户操作使域的内容被改变	onmouseout	用户操作鼠标，鼠标从某元素移开
onclick	当用户单击某个对象时调用的事件句柄	onmouseover	用户操作鼠标，鼠标移到某元素之上
ondblclick	当用户双击某个对象时调用的事件句柄	onmouseup	用户操作鼠标，鼠标按键被释放
onerror	在加载文档或图像时发生错误	onreset	用户操作使重置按钮被单击
onfocus	元素获得焦点	onresize	窗口或框架被重新调整大小
onkeydown	用户操作键盘，某个按键被按下	onselect	文本被选中
onkeypress	用户操作键盘，某个按键被按下并释放	onsubmit	确认按钮被单击
onkeyup	用户操作键盘，某个按键被释放	onunload	用户退出页面
onload	页面或其中一幅图像完成加载		

上述属性值的使用方法也很简单，对任意一个 HTML 元素(如<form>、<div>等)，如果需要处理其中的某个用户操作的事件，则可以在表 3-4 中查询相应的事件句柄(onXXXX)名称，然后在该元素的 HTML 标记中嵌入这个 onXXXX 元素，最后设计处理函数(或者简单的代码直接写成字符串)并赋值给其即可，示范代码如下：

```
<html>
  <head>
    <title>我的主页</title>
    <script language="JavaScript">
    <!--
      function greeting(){
        alert("页面加载了！");
      }
    -->
    </script>
```

```
  </head>
  <body onLoad="greeting()">
  </body>
</html>
```

除了事件句柄属性以外，事件对象还有一类属性能够提供事件发生时的鼠标/键盘状态，从而帮助开发人员在事件处理代码中获取用户的操作信息，实现相应的处理逻辑，这些鼠标/键盘状态如表 3-5 所示。

表 3-5　鼠标/键盘状态属性及说明

属性	属性描述
altKey	事件被触发时，返回键盘中的 Alt 键是否被按下
button	事件被触发时，返回鼠标中哪个按钮被单击
clientX	事件被触发时，返回鼠标指针的水平坐标
clientY	事件被触发时，返回鼠标指针的垂直坐标
ctrlKey	事件被触发时，返回键盘中的 Ctrl 键是否被按下
metaKey	事件被触发时，返回 Meta 键是否被按下
relatedTarget	返回与事件的目标节点相关的节点
screenX	事件被触发时，返回鼠标指针的水平坐标
screenY	事件被触发时，返回鼠标指针的垂直坐标
shiftKey	事件被触发时，返回键盘中的 Shift 键是否被按下

对于这类属性，其应用方法可以直接获取其值，从而可以得到用户的键盘输入内容(按了哪个按键)或鼠标位置等信息，具体用法如例 3-28 所示。

【例 3-28】 鼠标事件示例。

```
<html>
  <head><title>鼠标事件演示 </title>
    <script language="JavaScript">
    function mouseEvent(arg){
      switch(arg){
      case 1:
        document.myForm.txtInput1.value="你单击了按钮";
        break;
      case 2:
        document.myForm.txtInput2.value="你双击了按钮";
        break;
      case 3:
        document.myForm.txtInput3.value="你按下了按钮";
        break;
      case 4:
        document.myForm.txtInput4.value="你放开了按钮";
        break;
      case 5:
        document.myForm.txtInput5.value="你在按钮上移动了鼠标指针";
        break;
      case 6:
        document.myForm.txtInput6.value="鼠标指针离开按钮区域";
```

```
        break;
      case 7:
        document.myForm.txtInput7.value="鼠标指针进入按钮区域";
        break;
    }
  }
  </script>
  </head>
  <body bgColor="lightgrey">
  <h3>请将鼠标指针移动到按钮上、<br>
     移出按钮、单击按钮，看看<br>
     单行文本框中的文字有什么变化 <br></h3>
  <form name="myForm">
     <input type=text name="txtInput1" size="30" >单击事件(onClick)<br>
     <input type=text name="txtInput2" size="30" >双击事件(onDblClick)<br>
     <input type=text name="txtInput3" size="30" >按下事件(onMouseDown)<br>
     <input type=text name="txtInput4" size="30" >放开事件(onMouseUp)<br>
     <input type=text name="txtInput5" size="30" >移动事件(onMouseMove)<br>
     <input type=text name="txtInput6" size="30" >离开事件(onMouseOut)<br>
     <input type=text name="txtInput7" size="30" >进入事件(onMouseOver)<br>
     <br>
     <button onClick="mouseEvent(1)";
            onDblClick="mouseEvent(2)";
            onMouseDown="mouseEvent(3)";
            onMouseUp="mouseEvent(4)";
            onMouseMove="mouseEvent(5)";
            onMouseOut="mouseEvent(6)";
            onMouseOver="mouseEvent(7)"; >
   <font size=6>"测试鼠标事件"</font>
     </button><br><br>
     <input type=reset>
  </form>
 </body>
</html>
```

例 3-28 的运行结果如图 3-27 所示。

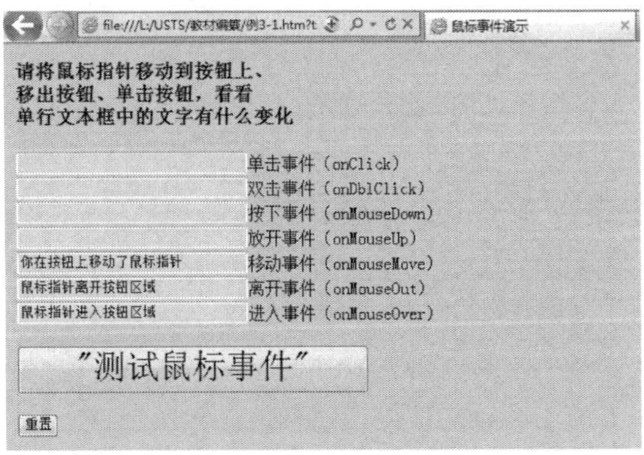

图 3-27　例 3-28 运行结果

在该例中，JavaScript 代码主要处理按钮控件范围内发生的用户鼠标事件，无论是移动鼠标还是单/双击，只要在按钮范围内发生，相应的状态信息就会显示在文本框中。

除了鼠标、键盘的信息以外，对于 IE 浏览器来说，还有以下属性是 event 对象所支持的，如表 3-6 所示。

表 3-6　event 对象所支持的属性

属性	属性描述
cancelBubble	如果调用者想阻止事件被传播到包容对象，可以把该属性设为 true
fromElement	主要针对 mouseover 和 mouseout 两个事件，该属性可用于引用移出鼠标的元素
keyCode	主要针对 keypress 事件，该属性返回用户操作键盘时所按的键对应的 Unicode 字符码。而对于 keydown 和 keyup 事件，该属性则返回了所按键的虚拟键盘码。该结果可能和使用的键盘的布局相关
offsetX、offsetY	返回发生事件的地点在事件源页面元素坐标系统中的 x 和 y 坐标值
returnValue	若设置该属性为 ture，则其值比返回值优先级高。若其为 false，则可取消发生事件的源元素的默认动作
srcElement	该属性用于引用生成事件时的 window 对象、document 对象或 element 对象
toElement	主要针对 mouseover 和 mouseout 事件，该属性可用于引用移入鼠标的元素
x,y	返回事件发生位置的 x 和 y 坐标

例如，键盘按键事件的示例如例 3-29 所示，可以通过上下左右箭头键来控制页面中的蓝色方块。

【例 3-29】 键盘按键事件示例。

```
<html><head><title>光标移动——捕获键盘按键并处理按键 </title>
   <script language="JavaScript">
      function move(){
         var ek=event.keyCode;
         if(ek==37) DIV1.style.posLeft-=5;   //左箭头
         if(ek==39) DIV1.style.posLeft+=5;   //右箭头
         if(ek==38) DIV1.style.posTop-=5;    //上箭头
         if(ek==40) DIV1.style.posTop+=5;    //下箭头
      }
   </script>
   </head>
   <body onKeyDown="move();">
   <div id="DIV1" style="position:absolute;top:100;left:100;
      height:20;width:20;background-color:#0000ff"></div>
   </body>
</html>
```

例 3-29 的运行结果如图 3-28 所示。

图 3-28　例 3-29 运行结果

3.3.3 事件处理机制实例——表单验证

JavaScript 的事件处理机制用途极为广泛，相对最为常见的主要是验证用户的输入，特别是在用户使用表单进行输入时，用来验证用户的输入数据是否具备合法性。这是因为 Web 应用在接收到用户通过表单传输来的数据后，往往需要将其存储到数据库中，而数据库系统往往对用户输入的数据类型是否匹配、是否为空值等性质极为敏感，如果用户忘了填写或者填写了错误的数据内容，而 Web 应用程序忘了对其进行检验，轻则造成程序工作不正常，重则导致数据库系统崩溃等，所以 Web 程序往往需要对用户数据进行检验，但仅仅依靠 Web 服务器端的程序进行检验也存在不足，这是因为用户表单数据需要通过网络传输到 Web 服务器端，检验完成后结果要通过网络传递回去，一旦网络速度不理想，这个过程会非常消耗时间，给用户体验带来不利影响。因此人们更常使用在浏览器端运行的 JavaScript 代码来实现表单数据的验证，如例 3-30 所示，这段代码对用户输入的用户名、密码、密码确认以及电子邮箱进行检验，其中用户名长度不少于 3 个字符，密码不少于 8 个字符且必须与密码确认栏输入结果相同，电子邮箱格式需满足特定要求等，具体代码如下。

【例 3-30】 表单验证实例。

```
<html>
    <head>
    <script language="JavaScript">
        var em=false;
        var name=false;
        var pwd1=false;
        var pwd2=false;
        function emailCheck()
        {
            if(document.theform.email.value=="")
            {
                alert("请输入您的 email.");
                document.theform.email.focus();
                return false;
            }
            var validchars = "abcdefghijklmnopqrstuvwxyz0123456789@.-";
            var email = document.theform.email.value;
            for(var i=0; i < email.length; i++)
            {
                var letter = email.charAt(i).toLowerCase();
                if(validchars.indexOf(letter) == -1)
                {
                    alert("e-mail 中有非法字符: " + letter);
                    document.theform.email.focus();
                    return false;
                }
            }

            var indexa=document.theform.email.value.indexOf("@");
```

```
        var indexd=document.theform.email.value.indexOf(".")
        if(indexa==-1||indexd==-1||(indexd-indexa)<2)
        {
            alert("您输入的 email 中必须为 xxx@xxx.xxx 格式！");
            document.theform.email.focus();
            return false;
        }
        em=true;
    }
    function nameCheck()
    {
        if(document.theform.user_name.value == "")
        {
            alert("请输入您的名字.");
            document.theform.user_name.focus();
            return false;
        }
        if(document.theform.user_name.value.length<3)
        {
            alert("名字太短，至少需要 3 个字符.");
            document.theform.user_name.focus();
            return false;
        }
        name=true;
    }
    function pwdCheck()
    {
        if(document.theform.pwd1.value == "")
        {
            alert("请输入密码");
            document.theform.pwd1.focus();
            return false;
        }
        if(document.theform.pwd1.value.length<8)
        {
            alert("密码太短，至少需要 3 个字符");
            document.theform.pwd1.focus();
            return false;
        }
        pwd1=true;
    }
    function pwdConfirm()
    {
        if(document.theform.pwd1.value != document.theform.pwd2.value)
        {
            alert("两次输入密码错误");
            document.theform.pwd2.focus();
```

```
                return false;
            }
            pwd2=true;
        }
        function formCheck()
        {
            alert(""+em+name+pwd1+pwd2)
            if(em&&name&&pwd1&&pwd2)
                return true;
            else
            {
                alert("您的输入有误，请检查");
                return false;
            }
        }
        function init()
        {
            document.theform.user_name.focus();
            document.theform.user_name.value="";
            document.theform.email.value="";
            em=false;
            name=false;
            pwd1=false;
            pwd2=false;
        }
    </script>
</head>

<body onload="init();">
<form name="theform" method="post" action="mailto:" onSubmit="return
            formCheck();">
    <table width="60%" border="0" cellspacing="0" cellpadding="0" align="center">
    <tr>
        <td colspan="2" align="center">用户信息</td>
    </tr>

    <tr>
        <td align="right"> 请输入用户名(用户名不能少于 3 个字符)</td>
        <td align="left"><input type="text" name="user_name" size="20"
                    onblur="nameCheck();"></td>
    </tr>
    <tr>
        <td align="right">请输入密码(密码不能少于 8 个字符)</td>
        <td align="left"><input type="password" name="pwd1" size="20"
                    onblur="pwdCheck();"> </td>
    </tr>
    <tr>
        <td align="right">请重新输入密码</td>
        <td align="left"><input type="password" name="pwd2" size="20"
```

```
                  onblur="pwdConfirm();"> </td>
    </tr>
    <tr>
        <td align="right">电子邮箱</td>
        <td align="left"><input type="text" name="email" onblur=
                  "emailCheck();" size="20"></td>
    </tr>
    <tr>
        <td align="center" colspan=2>
            <input type="submit" name="Submit" value="Submit">
            <input type="reset" name="Submit" value="Reset">
        </td>
    </tr>
    </table>
  </form>
 </body>
</html>
```

例 3-30 的运行结果如图 3-29 所示。

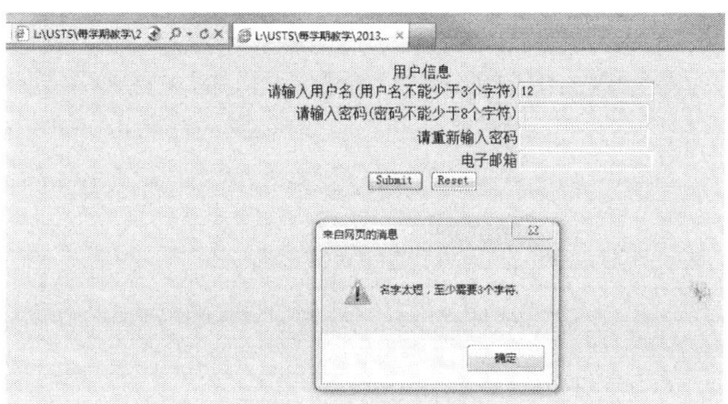

图 3-29　例 3-30 运行结果

3.4　JavaScript 的文档对象模型

为了支持 Web 应用开发，JavaScript 除了向开发人员提供了事件处理机制以响应用户的交互操作之外，还提供了各种文档操作方面的接口，如文档对象模型，通过文档对象能够将 Web 页面内容有效地组织起来，并通过文档对象的各种方法方便地实现对文档元素及其内容信息的读写和调整，文档对象模型与事件处理机制相结合，共同构成了 JavaScript 支撑 Web 应用开发的强大能力。

3.4.1　文档对象模型的简介

所谓文档对象模型(Document Object Model，DOM)，是世界网络标准制定组织 W3C 所推荐的用于处理可扩展标记语言的标准编程接口，该模型提供了一种与平台和语言无关的应用程序接口(API)，而使用这些接口，开发人员可以很方便的动态访问各类以文档形式存在的对象(如 Web 页面，甚至动态的程序、脚本等)，更新其内容、结构和文档风格等。目前市场上大部分互联网浏览器都以各种形式实现了 DOM，使用 DOM 模型可以将 HTML 文档直接转化为一个对象，结合事件处理机制，使用 JavaScript 对其进行操作和调整时更加直观和方便，例如，下面给出了一个 HTML 文档 example.html：

```
<html>
  <head><title>文档标题</title></head>
  <body>
    <a href="">我的链接</a>
    <h1>我的标题</h1>
  </body>
</html>
```

该文件使用文档模型图进行分析，其示意图如图 3-30 所示。

如图 3-30 所示，对于 JavaScript 来说，浏览器可看成一个 window 对象，在浏览器尚未打开页面时即对象尚未初始化，而当其打开页面 example.html 后，window 对象被实例化，首先赋予一个根节点 document[]，用于引用所打开的页面对应 HTML 文档对象，该 HTML 文档对象即根元素<html>。然后根据 HTML 页面的构造(根据 HTML 页面中的各类标记)，根元素按层次结构展开，分别存储 HTML 文档中各种构造元素(如表单、图像、超链接等)，如示例中第一层次的<head>元素，其第二层次元素<title>，接下来继续展开第三层次的元素文本元素（“文档标题”）等，最后构成完整的 DOM 模型即呈这样一个分层管理的结构。

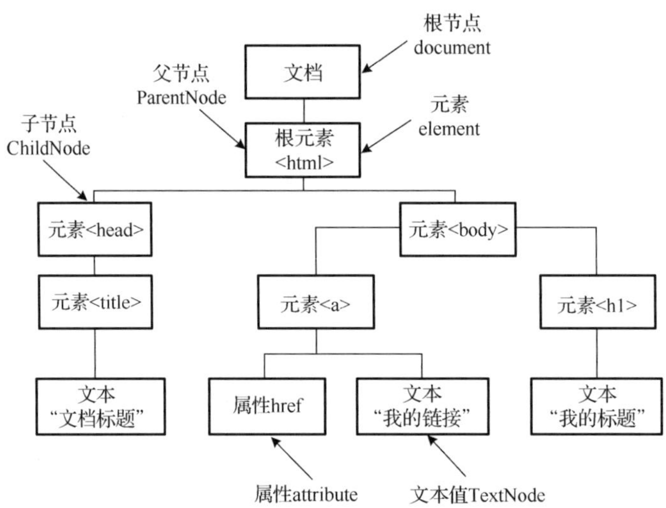

图 3-30　文档对象模型示意图

图 3-30 示例的结构大致为：根节点为 document[]文档对象，然后以<HTML>为根元素，其下分别管理文档头元素<head>、文档体元素<body>(除此以外的常见元素还包括图片 image、表单 form、嵌入式内容 embed、链接 link 等)，这些元素下面再进一步管理下一层次的元素，如<head>元素下有<title>元素等、<body>元素下有超链接元素<a>和标题元素<h1>等，这些元素实际上对应了 HTML 文档中的各个标记，除了标记以外，HTML 文档也包含标记的属性以及标记以外的文本，这些内容在文档模型中以元素的属性以及文本来表示，如图中所示的元素<a>中的属性 href 以及相应的文本“我的链接”。

由此可见，使用文档模型可以很方便地将 HTML 文件内容组织起来，并通过 JavaScript 代码进行访问，具体方法和访问 document 对象的属性、方法及其他对象一样，一般先写 window 对象，使用点操作符一级一级地访问。由于 window 是根，在具体实现时往往可以省略不写。在前述的很多例子中，读者能够看到相应的用法，如例 3-30 中的 document.theform.email. value 等。

3.4.2　获取文档的对象元素

DOM 对象的主要方法在前面的浏览器对象中已经进行了大致的介绍，本节主要介绍如何基于 DOM 对象来获取包括 document、form 等元素的方法，在应用开发中，获取元素往往是进行业务逻辑设计的第一步。首先介绍 DOM 对象中与获取元素相关的几个相关属性名和方法名，如表 3-7 所示。

表 3-7　DOM 对象中与获取元素相关的属性名/方法名

属性名/方法名	作用
getElementsByTagName()	返回指定标签的元素节点，类型为数组
getElementById()	返回指定 ID 的元素节点，类型为单个元素
createElement()	创建一个元素节点，并返回该元素节点
documentElement	返回对文档根元素的引用

根据 DOM 对象的这些基本属性和方法，常用的两种获取元素的基本方法是 getElementById() 和 getElementsByTagName()。

1. 通过 id 获取元素示例

getElementById() 方法是 DOM 中使用最广泛的一个方法。其作用是根据元素对应标记所设置的 id 来检索文档的特定元素并返回一个对它的引用。显然，使用该方法获取元素时必须提供一个 id 参数。具体方法如下：

```
<div id="div1">
    <input id="p1" type="text" value = "第一个元素"/>
    <input id="p2" type="text" value = "第二个元素">
 </div>
<script language="javascript">
    window.onload = function () {
        var str = document.getElementById("p1").value;
        alert(str);        //弹出第一个元素
    }
</script>
```

2. 通过标签名获取元素示例

getElementById() 方法是通过 id 进行精确地检索元素，比较适合检索一个或几个特定元素的场景，但是如果开发人员需要按类型检索元素，或者希望一次能够获取超过一个的元素，getElementsByTagName() 方法更为合适。该方法需要提供一个 TanName 参数说明检索的元素类型，并通过数组或者列表的格式返回指定标签类型的所有元素。

```
<div id="div1">
    <p id="p1">
        第一个元素</p>
```

```
    <p id="p2">
        第二个元素</p>
</div>
<script language="javascript">
window.onload = function(){
        var arr = document.getElementsByTagName("p");
        for(var i = 0; i < arr.length; i++){
            alert(arr[i].innerHTML);//依次弹出类型为 p 的元素的文本内容值
            //即依次弹出“第一个元素”和“第二个元素”
        }
    }
</script>
```

3.4.3 对 DOM 文档元素的访问

开发人员在获取 DOM 文档对象中的需要进行操作的元素之后，接下来的任务是对这些元素进行各种操作，包括属性的读写以及节点对象的操作，其具体方法介绍如下。

1. 属性的读写

属性的读写是 DOM 文档元素最基本的操作之一。JavaScript 可以通过 DOM 对象的 getAttribute()与 setAttribute()两个方法对文档元素的内容进行读取与修改，顾名思义，其中 getAttribute()是读取属性内容，setAttribute()方法则是对文档元素内容进行修改，并且修改完成后将使得浏览器内的文档显示内容或动作逻辑等发生相应的变化。值得注意的是，即使通过 setAttribute()方法修改了文档元素的内容，但通过浏览器的 view source(查看源代码)选项去查看文档的源代码时，元素对应的属性值仍将是原来的属性值，这说明 DOM 的工作模式是加载文档内容至内存中，对元素的读写都在内存中完成，而内存中文档内容动态刷新后直接改变浏览器的内容显示，但不影响内存以外原文档的静态内容。这一特性也形成了 DOM 文档操作的最大优势：仅在内存中实现对页面内容的刷新，效率很高，且不需要用户刷新浏览器即可看到更新的效果。

下面给出属性读写的示例，示例如下：

```
<title>Untitled Document</title>
<script language="JavaScript">
    function change(){
        var input = document.getElementById("i1");
        alert(input.getAttribute("title"));
        input.setAttribute("title", "new value");
        alert(input.getAttribute("title"));
    }
</script>
 <ul id="u">
    <li id="li1" title="orgin value">Magci</li>
    <li>Other</li>
</ul>
<input type="button" value="Change" onclick="change();">
```

在该示例中，元素<li>的 title 属性值被 JavaScript 代码动态修改了。

2. 创建、删除、替换、插入节点对象

除了对已有的文档元素进行读写以外，DOM 对象模型还能提供更复杂的操作，即可以为文档添加、删除、替换以及插入元素。下面介绍几种常用的操作 node 对象的方法，如表 3-8 所示。

表 3-8　常用的操作 node 对象的方法

方法名	作用
appendChild(node)	向调用该方法的节点的子节点列表的末尾添加一个新的节点。参数 node 是节点对象而非标签，返回值为新添加的节点对象。另外，如果 node 是文档中已经存在的节点，则该方法会先删去文档中原先存在的这个节点再进行节点的添加
cloneNode()	复制调用该方法的节点本身，可以提供一个 boolean 变量作为参数，当值为 true 时，该节点的所有子节点也会被复制
removeChild(node)	从调用该方法的节点的子节点列表中删除节点 node，如果成功，则返回被删除的节点，否则返回 null
replaceChild(a,b)	从调用该方法的节点的子节点列表中查找目标节点 b，将其替换为节点 a，若成功则返回被替换的节点，否则返回 null
insertBefore(a,b)	从调用该方法的节点的子节点列表中查找目标节点 b，在其之前插入节点 a，若成功则返回插入的节点，否则返回 null

下面分别给出创建、删除、替换以及插入文档节点的示例代码。

(1)创建节点对象的示例代码如下：

```
<div id="div1">
          <p id="p1">我是第一个 P</p>
          <p id="p2">我是第二个 P</p>
</div>
<script language="javascript">
       window.onload = function(){
       var textNode = document.createTextNode("<p>新建的节点</p>");
       document.getElementById("div1").appendChild(textNode);
}
</script>
```

(2)删除节点对象的示例代码如下：

```
<div id="div1">
          <p id="p1">我是第一个 P</p>
          <p id="p2">我是第二个 P</p>
       </div>
 <script language="javascript">
    window.onload = function(){
          var div1 = document.getElementById("div1");
          div1.removeChild(document.getElementById("p2"));
       }
</script>
```

(3)替换节点对象的示例代码如下：

```
<div id="div1">
          <p id="p1">我是第一个 P</p>
```

```
            <p id="p2">我是第二个 P</p>
        </div>
    <script language="javascript">
        window.onload = function(){
            var div1 = document.getElementById("div1");
            var newspan= document.createElement("span");
            newspan.textContent = "新建的 span";
            div1.replaceChild(newspan,document.getElementById("p2"));
        }
    </script>
```

(4)插入节点对象的示例代码如下：

```
    <div id="div1">
            <p id="p1">我是第一个 P</p>
     </div>
     <script language="javascript">
         window.onload = function(){
             var pNode1 = document.createElement("p");
             pNode1.textContent = "insertBefore 插入的节点";
             var pNode2 = document.createElement("p");
             pNode2.textContent = "appendChild 插入的节点";
             document.getElementById("div1").appendChild(pNode2);
             document.getElementById("div1").insertBefore
             (pNode1,document.getElementById("p1"));
             }
     </script>
```

读者可以分别实现上述代码，查看 DOM 对文档对象元素的各类操作的实际效果。

3.4.4 JSON 技术

随着 Web 应用的日益普及和复杂化，基于 Web 的应用往往需要实现浏览器前端与服务器后端之间的复杂数据交换(数据本身有着很复杂的内容和格式，例如，一个购买商品的清单包括商品类型、数量、价格、支付手段、用户信用信息等，而不是原先简单地提供程序参数之类)，并且由于越来越多的 Web 应用实际上需要多方的前、后端应用合作才能完成(例如，网上购物时，电子商务网站需要银行网站提供支付的支持，这就需要实现用户、电子商务网站和银行网站的合作)，这就要求这些复杂的数据必须使用机器可读的数据格式进行信息的发送和接收，从而保证不同的应用(使用不同的技术实现，例如，网上购物时电子商务网站基于 JSP，银行网站使用.NET，客户端则用 JavaScript)能够对数据进行识别和自动处理。

一个较为典型而简单的数据交换示例就是 Ajax 应用程序使用 XML 文件为中介实现了前后端之间的信息交互，在这里，前端的 JavaScript 代码和后端的 Java 代码都能对 XML 文件进行读写操作，而 XML 文件本身是独立于 JavaScript 和 Java 的，这种使用独立的数据描述和组织技术(如 XML)来承载 Web 应用的前后端以及合作者之间的信息交换任务已经成为一种非常普及的方法了。

对 JavaScript 以及 Web 开发者来说，XML 技术相对复杂程度较高，除 XML 以外，选择纯文本这一简单、轻量级的数据格式来实现类似 Ajax 等数据交换的功能更受到开发人员的欢迎，JavaScript 也支持这种做法，通过使用 JSON 技术来实现轻量级、面向纯文本的数据交换功能。所谓 JSON（JavaScript Object Notation）技术，是当前较为主流的一种数据交换格式，它基于文本格式实现，虽然其语法与 Java、C 等传统编程语言的形式较为接近，但仍然是完全独立于具体编程语言的，这些轻量级、中立性等特点使得 JSON 成为 Web 开发环境下非常理想的一种数据交换语言。既易于开发人员的阅读和编写，也易于基于代码的机器解析和生成。下面首先给出一个简单的 JSON 数据形式的示例。

【例 3-31】 JSON 数据形式示例。

```
{
"student":[
{ "firstName":"San" , "lastName":"Zhang" },
{ "firstName":"Si" , "lastName":"Li" },
{ "firstName":"Wu" , "lastName":"Wang" }
]
}
```

接下来分别从 JSON 的语法规则、基于 JSON 实现数据对象，以及使用 JavaScript 操作 JSON 方法这三个方面对 JSON 技术进行简单介绍。

1. JSON 的语法规则

JSON 的语法规则相对简单，本质上，JSON 语法可以看做是 JavaScript 对象表示语法的子集。其语法规则主要包括下列内容：

① 数据以“名称：值”对形式进行保存；

② 数据之间使用逗号进行分隔；

③ 使用花括号来保存对象；

④ 使用方括号来保存数组。

根据这一规则解释例 3-31，显然这段 JSON 描述了一个对象，其名称为 student，其值为一组对象构成的数组，数组中分别有三个子对象，每个子对象分别有名称 firstName 和 lastName，其值如例中所示。

另外从例中还可以看出，JSON 的书写格式为“名称：值”对，“名称”与“值”分别有双引号包围，如"firstName":"San"表示名称为 firstName，值为 San，这段内容等价于下列 JavaScript 代码：

```
firstName="San"
```

与 JavaScript 类似，JSON 的对象取值类型包括数字类型（包括整型或浮点型数字）、字符串类型（通常使用双引号包围）、逻辑值类型（值为 true 或 false）、数组（使用方括号保存）、对象（使用花括号保存）以及 null。

2. JSON 对象操作

对于简单的“名称：值”对来说，如"firstName":"San"，其形式非常简单，甚至相对 JavaScript 代码占用了更多的数据空间，而真正体现 JSON 在描述组织数据方面的优势的是使用 JSON 来描述较为复杂的数据结构，如描述对象或数组，这些数据结构中往往包含多个“名称：值”，JSON 中可以将这些内容组织起来，用花括号或者方括号包围，构成一个整体，例如：

```
{
"student": [{
        "Name": "Brett",
        "age": "18",
        "address": "1-101"
    }, {
        "Name": "Jason",
        "age": "20",
        "address": "2-101"
    }, {
        "name": "Elliotte",
        "age": "18",
        "address": "1-102"
    }],
"teacher": [{
        "Name": "Isaac",
        "age": "42",
        "department": "computer"
    }, {
        "name": "Tad",
        "age": "41",
        "department": "Math"
    }]
}
```

上例中分别描述了 student 和 teacher 两个对象数组，每个数组中包含若干个 student 或 teacher 对象。而使用这种方式能够有效地将学生以及教师两类不同的多个对象按类型分别有效地组织起来，且可读性和可理解性更好，更容易使用 JavaScript 代码进行处理。

3. 在 JavaScript 中使用 JSON

在了解 JSON 描述数据信息的基本方法之后，接下来介绍如何使用 JavaScript 来对这些信息进行操作，下面分别介绍三种用 JavaScript 代码来读或写 JSON 数据的方法。

(1) 直接使用 JSON 数据对 JavaScript 变量赋值，示例代码如下：

```
var people =
{
"Student": [{"Name": "Brett", "age": "18", "address": "1-101"},
            {"Name": "Jason", "age": "20", "address": "2-101"},
            {"name": "Elliotte", "age": "18", "address": "1-102"}],
"Teacher": [{ "Name": "Isaac", "age": "42", "department": "Computer"},
            { "name": "Tad", "age": "41", "department": "Math"}]
}
```

通过这样的代码，可以将 JSON 的数据直接赋值给 JavaScript 的变量 people。

(2) 使用 JavaScript 访问数据，主要方法是根据 JSON 中的花括号和方括号，使用 JavaScript 的点符号和数组下标来对 JSON 数据进行访问，示例代码如下：

```
var stuage = people.Student[1].age;
```

示例代码中访问的是 people 对象中 Student 对象数组中第二个对象的 age 属性，显然值为 20。

使用 JavaScript 修改数据，具体方法与访问数据类似，同样可以用点符号与下标来实现对 JSON 数据的修改，示例代码如下：

```
people.Teacher[0].department="English";
```

3.5　综合应用实例

本节将提供两个实例，首先以一个具备较强交互性的计算机程序为例，介绍如何综合利用 JavaScript 的知识开发一个具备较为完整功能的程序，然后以一个日历控件为例介绍如何使用现成的 JS 代码与自己的 Web 应用相结合，从而充分利用已有的各类资源，加快开发速度。

3.5.1　基于 Web 的计算器应用

计算器是大家耳熟能详的应用了，虽然其功能简单明了，但在基于 Web 应用来实现的时候还是需要进行规划思考的，并充分利用 JavaScript 的各种知识和技巧。

首先设计计算器的界面，如图 3-31 所示。

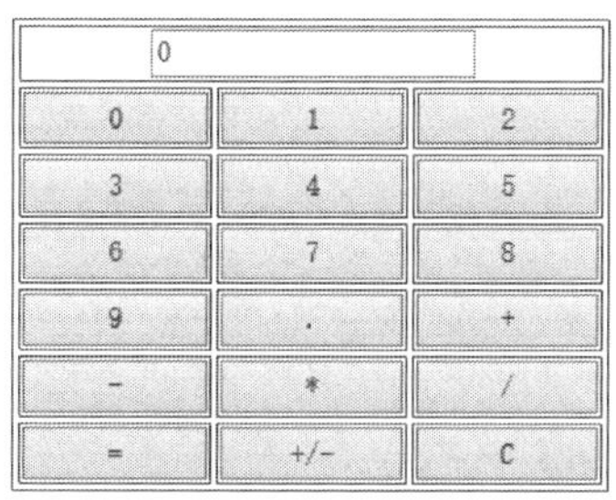

图 3-31　计算器的界面

显然，该界面可以使用 HTML 的表格技术来实现，具体来说是一个 7 行 3 列的表格，并且第一行有合并，具体代码如下：

```
<table border="BORDER" align="center">
    <tr>
        <td colspan=3 align="center"><input type="text" name="total"
                    value=0 size=20></td>
    </tr>
    <tr>
        <td><input type=button name="n0" value="0 " onclick="addDigit
                    (0);"></td>
        <td><input type=button name="n1" value=" 1 " onclick="addDigit(1);
                    "></td>
        <td><input type=button name="n2" value=" 2 " onclick="addDigit(2);"></td>
    </tr>
    <tr>
        <td><input type=button name="n3" value=" 3 " onclick="addDigit
                    (3);"></td>
```

```
        <td><input type=button name="n4" value=" 4 " onclick="addDigit
                        (4);"></td>
        <td><input type=button name="n5" value=" 5 " onclick="addDigit
                        (5);"></td>
    </tr>
    <tr>
        <td><input type=button name="n6" value=" 6 " onclick="addDigit
                        (6);"></td>
        <td><input type=button name="n7" value=" 7 " onclick="addDigit
                        (7);"></td>
        <td><input type=button name="n8" value=" 8 " onclick="addDigit
                        (8);"></td>
    </tr>
    <tr>
        <td><input type=button name="n9" value=" 9 " onclick="addDigit
                        (9);"></td>
        <td><input type=button name="decimal" value=" . " onclick=
                        "adddecimalPoint();"></td>
        <td><input type=button name="plus" value=" + " onclick="performOp
                        ('+');"></td>
    </tr>
    <tr>
        <td><input type=button name="minus" value=" - " onclick="performOp
                        ('-');"></td>
        <td><input type=button name="multiply" value="  * " onclick=
                        "performOp('*');"></td>
        <td><input type=button name="plus" value=" / " onclick=
                        "performOp('/');"></td>
        </tr>
    <tr>
        <td><input type=button name="equals" value=" = " onclick="calc();">
                        </td>
        <td><input type=button name="sign" value=" +/- " onclick=
                        "changeSign('*');"></td>
        <td><input type=button name="clearField" value=" C " onclick=
                        "clearDisplay();"></td>
    </tr>
</table>
```

在表格中除了第一行的文本框作为输出结果的显示屏以外，其他每个格子中都是一个按钮，并且需要响应用户的单击操作，因此需要用事件响应机制设计相应的函数来处理用户单击事件，我们将事件分为数字按钮事件、小数点按钮事件、操作符按钮事件以及等号和C(Clean)功能对应的计算按钮事件，上述代码中已经给出了各个函数的名称，但其具体内容将在后面介绍。

分析思路：计算器除了等号按钮以外，其他所有按钮可以看成用户在输入一个算术计算式，而且可以把算术计算式视为一个形式为 A op B 的三部分构成的字符串，其中 A、B 为数字，具有整型(Integer)或浮点型(Float)两类，op 为中间的计算符号。最后如果字符串满足一个合法计算式的形式，当等号按钮被单击时可以直接计算该计算式，将结果显示在文本框中，并将其作为新计算式的 A 部分。C 按钮对应的功能是将计算式字符串清空。另外还有一种快捷计算方式，即如果 A 和 B 为相同的数字，可以直接用 A op 形式的字符串代替 A op A，即用户只用单击完第一个数字(如 2)和计算符号(如+)之后，直接单击等号按钮就可以计算 A op A(2+2)。

接下来分别介绍相应的代码，首先设计所用到的数据结构，我们使用一个长度为 2 的数组 r 来存储 A 和 B，r[0]存储 A，r[1]存储 B，然后使用变量 operand 存储 op 计算符，使用变量 ix 来标识用户输入了 A 还是 B 的数字(用户输入的数字存储在 r[ix]中，当用户输入 A 之前 ix 为 0，此时获取的数字将存入 r[0]，而输入了 A 之后 ix 为 1，此时输入的数字将存入 r[1])，最后用 state 状态变量来存储状态，包括输入数字是整型(state=gettingInteger)还是浮点型(state=gettingFloat)、是否已经计算过了(若是则 state=haveOperand)、是否已经输入过了计算符号等(已经输入了 A 和 op，目前需要输入 B，此时 state=getOperand2)。然后给出这些变量定义及初始化函数如下：

```
r=new Array(2)
    function setStartState(){
        state="start"
        r[0]="0"
        r[1]="0"
        operand=""
        ix=0
}
```

显示用的文本框打印内容的函数如下：

```
function display(s){
    document.calculator.total.value=s
}
```

清除按钮的功能即初始化的功能，其函数如下：

```
function clearDisplay(){
    setStartState()
    display(r[0])
}
```

其次介绍小数点按钮处理的代码，代码思路是判断当前的数字类型是否为浮点型，如果已经是浮点型则忽略该按钮单击事件，否则将当前 r[ix]数字后附加小数点符号“.”，另外如果状态为 haveOperand 或 getOperand2，说明此时用户尚未输入数字内容，默认数字为 0，那么附加小数点符号的数字为“0.”，处理结束后将状态改为 gettingFloat，并显示增加小数点符号后的数字内容到显示控件中，这段代码如下：

```
function addDecimalPoint(){
    if(state!="gettingFloat"){
        decimal=true
        r[ix]+="."
```

```
        if(state=="haveOperand"||state=="getOperand2")
            r[ix]="0."
        state="gettingFloat"
        display(r[ix])
    }
}
```

接下来介绍数字处理函数的代码，其主要思路是判断当前状态是否为 gettingInteger 或 gettingFloat，如果是则说明已经输入过数字了，因此可以直接将当前按钮数字合并至 r[ix]中，否则说明是当前 r[ix]的第一个数字，需要初始化，并且设置状态为 gettingInteger(想一想为什么)，最后显示数字至显示控件中，为了方便，合并数字的代码整合为一个函数 appendDigit()，在该函数中实现了在初始化时将默认的 0 去除的功能。其代码如下：

```
function addDigit(n){
    if(state=="gettingInteger"||state=="gettingFloat")
        r[ix]=appendDigit(r[ix],n)
    else{
        r[ix]=""+n
        state="gettingInteger"
    }
    display(r[ix])
}
function appendDigit(n1,n2){
    if(n1=="0")
        return ""+n2
    var s=""
    s+=n1
    s+=n2
    return s
}
```

之后介绍操作符处理代码，其主要思路是判断状态是否为初始化 start 时直接存储操作符 op，如果是已经输入过内容(状态为 gettingInteger 或 gettingFloat)，甚至计算过一次算术式(状态为 haveOperand)了，那么如果 ix 为 0(只有算数 A)则存储操作符 op，如果 ix 为 1(已有 A op B 的情况)，则操作符按钮对应的处理方法则为将原算术式 A op B 计算完毕，将结果存入 A，继续存入操作符 op。其代码如下：

```
function performOp(op){
    if(state=="start"){
        ++ix
        operand=op
    }else if(state=="gettingInteger"||state=="gettingFloat"||state==
                    "haveOperand"){
            if(ix==0){
                ++ix
                operand=op
            }else{
```

```
                r[0]=calculateOperation(operand,r[0],r[1])
                display(r[0])
                operator=op
            }
        }
        state="getOperand2"
        decimal=false
    }
```

接着介绍等号按钮的处理代码，主要思路是判断状态，如果是普通的 A op B 形式(状态为 gettingInteger、gettingFloat 或 haveOperand)则直接计算，如果是 A op A 形式(状态为 getOperand2)则使用参数 A op 进行计算，计算完毕后设置状态为 haveOperand、小数点状态为 false(想一想为什么)，并显示结果。为了方便，计算算术式的代码另用函数表示，并在其中处理了除数为 0 的错误。具体代码如下：

```
function calc(){
if(state=="gettingInteger"||state=="gettingFloat"||state=="haveOperand"){
        if(ix==1){
            r[0]=calculateOperation(operand,r[0],r[1])
            ix=0
        }
    }
    else if(state=="getOperand2"){
        r[0]=calculateOperation(operand,r[0],r[0])
        ix=0
    }
    state="haveOperand"
    decimal=false
    display(r[ix])
}
function calculateOperation(op,x,y){
    var result=""
    if(op=="+"){
        result=""+(parseFloat(x)+parseFloat(y))
    }else if(op=="-"){
        result=""+(parseFloat(x)-parseFloat(y))
    }else if(op=="*"){
        result=""+(parseFloat(x)*parseFloat(y))
    }else if(op=="/"){
        if(parseFloat(y)==0){
            alert("除数不能为零")
            result=0
        }else
            result=""+(parseFloat(x)/parseFloat(y))
    }
    return result
}
```

最后介绍正负符号(+/–)按钮的处理代码，其主要思路是将当前数字的正负符号进行对换，因此需要先判断当前数字的正负，然后根据判断结果进行处理，具体代码如下：

```
function changeSign(){
    if(r[ix].charAt(0)=="-") r[ix]=r[ix].substring(1,r[ix].length)
    else if(parseFloat(r[ix])!=0) r[ix]="-"+r[ix]
    display(r[ix])
}
```

完整的基于 Web 应用的计算器程序代码如下：

```
<html>
    <head>
    <script language="JavaScript">
        r=new Array(2)
        function setStartState(){
            state="start"
            r[0]="0"
            r[1]="0"
            operand=""
            ix=0
        }
        function addDigit(n){
            //alert(n)
            if(state=="gettingInteger"||state=="gettingFloat")
                r[ix]=appendDigit(r[ix],n)
            else{
                r[ix]=""+n
                state="gettingInteger"
            }
            display(r[ix])
        }
        function appendDigit(n1,n2){
            if(n1=="0")
                return ""+n2
            var s=""
            s+=n1
            s+=n2
            return s
        }
        function display(s){
            document.calculator.total.value=s
        }
        function addDecimalPoint(){
            if(state!="gettingFloat"){
                decimal=true
                r[ix]+="."
                if(state=="haveOperand"||state=="getOperand2")
```

```
                r[ix]="0."
            state="gettingFloat"
            display(r[ix])
        }
    }
    function clearDisplay(){
        setStartState()
        display(r[0])
    }
    function changeSign(){
        if(r[ix].charAt(0)=="-") r[ix]=r[ix].substring(1,r[ix].length)
        else if(parseFloat(r[ix])!=0) r[ix]="-"+r[ix]
        display(r[ix])
    }
    function calc(){
        if(state=="gettingInteger"||state=="gettingFloat"||state==
                "haveOperand"){
            if(ix==1){
                r[0]=calculateOperation(operand,r[0],r[1])
                ix=0
            }
        }
        else if(state=="getOperand2"){
            r[0]=calculateOperation(operand,r[0],r[0])
            ix=0
        }
        state="haveOperand"
        decimal=false
        display(r[ix])
    }
    function calculateOperation(op,x,y){
        var result=""
        if(op=="+"){
            result=""+(parseFloat(x)+parseFloat(y))
        }else if(op=="-"){
            result=""+(parseFloat(x)-parseFloat(y))
        }else if(op=="*"){
            result=""+(parseFloat(x)*parseFloat(y))
        }else if(op=="/"){
            if(parseFloat(y)==0){
                alert("除数不能为零")
                result=0
            }else
                result=""+(parseFloat(x)/parseFloat(y))
        }
        return result
    }
```

```
        function performOp(op){
            if(state=="start"){
                ++ix
                operand=op
            }else if(state=="gettingInteger"||state=="gettingFloat"||
                     state=="haveOperand"){
                if(ix==0){
                    ++ix
                    operand=op
                }else{
                    r[0]=calculateOperation(operand,r[0],r[1])
                    display(r[0])
                    operator=op
                }
            }
            state="getOperand2"
            decimal=false
        }
    </script>
    </head>
    <body>
    <script>
        setStartState();
    </script>
    <form name="calculator">
        <table border="BORDER" align="center">
        <tr>
        <td colspan=3 align="center"><input type="text" name="total"
                                value=0 size=20></td>
        </tr>
        <tr>
        <td><input type=button name="n0" value=" 0 " onclick="addDigit
                    (0);"></td>
        <td><input type=button name="n1" value=" 1 " onclick="addDigit
                    (1);"></td>
        <td><input type=button name="n2" value=" 2 " onclick="addDigit
                    (2);"></td>
        </tr>
        <tr>
        <td><input type=button name="n3" value=" 3 " onclick="addDigit
                    (3);"></td>
        <td><input type=button name="n4" value=" 4 " onclick="addDigit
                    (4);"></td>
        <td><input type=button name="n5" value=" 5 " onclick="addDigit
                    (5);"></td>
        </tr>
        <tr>
```

```
        <td><input type=button name="n6" value=" 6 " onclick="addDigit
                (6);"></td>
        <td><input type=button name="n7" value=" 7 " onclick="addDigit
                (7);"></td>
        <td><input type=button name="n8" value=" 8 " onclick="addDigit
                (8);"></td>
        </tr>
        <tr>
        <td><input type=button name="n9" value=" 9 " onclick="addDigit
                (9);"></td>
        <td><input type=button name="decimal" value=" . " onclick=
                "adddecimalPoint();"></td>
        <td><input type=button name="plus" value=" + " onclick="performOp
                ('+');"></td>
        </tr>
        <tr>
        <td><input type=button name="minus" value=" - " onclick="performOp
                ('-');"></td>
        <td><input type=button name="multiply" value=" * " onclick=
                "performOp('*');"></td>
        <td><input type=button name="plus" value=" / " onclick="performOp
                ('/');"></td>
        </tr>
        <tr>
        <td><input type=button name="equals" value=" = " onclick="calc();
                "></td>
        <td><input type=button name="sign" value=" +/- " onclick=
                "changeSign('*');"></td>
        <td><input type=button name="clearField" value=" C " onclick=
                "clearDisplay();"></td>
        </tr>
    </body>
```

3.5.2　可视化日历控件应用

从 Web 计算器的实例中可以看出，设计一个基于 JavaScript 完备、有效的 Web 应用程序需要考虑的方面很多，也需要较大的开发工作量，并且我们也发现，在 Web 应用中有很多不同领域的应用都通用的功能，而目前也有很多开发人员将开发好的各类通用控件发布出来供大家使用，这样能够极大地节约开发人员的精力和时间，并保证项目的开发质量，因此掌握应用已有控件的 JavaScript 开发技巧也是 Web 应用开发人员应该具备的能力，下面以日历控件为例，介绍如何应用已有 JavaScript 代码来开发自己的应用。

本节提供已经开发好的日历控件，其 Web 页面为 calendar.html，另外包含一个 Images 目录存放日期控件用到的图片，值得注意的是，日期控件中的 JavaScript 代码已经嵌入了 HTML 代码，目前也有一些已有控件将 JavaScript 代码构建在 JS 代码中，因此在应用这些控件时要注意将所有目录和文件都包含在内。calendar.html 代码如下：

```
<html>
<head>
  <title>日期</title>
  <meta http-equiv="Content-Type" content="text/html; charset=gb2312">
<script>
<!--
var CurY,CurM,CurC;
var WeekStr="SunMonTueWedThuFriSat";
function ClearCalender()
{
  for(i=0;i<=5;i++)
  {
    for(j=0;j<19;j+=3)
    {
      CmdStr = "document.getElementById('"+WeekStr.substr(j,3)+i+"').
               innerHTML = ' '";
      eval(CmdStr);
      CmdStr = "document.getElementById('"+WeekStr.substr(j,3)+i+"').style.
               backgroundColor='lavender';";
      eval(CmdStr);
    }
  }
}

function ShowPrevNext()
{
  document.getElementById('PreYear').innerHTML = "<INPUT type=image src=
    'images/left.gif' id=prevY name=prevY onclick=SetCale(-1,0) alt='去年'>";
  document.getElementById('ThisYear').innerHTML = "<font color=#000000>"
    +CurY +"年</font>";
  document.getElementById('NextYear').innerHTML = "<INPUT type=image src=
    'images/right.gif' id=nextY name=nextY onclick=SetCale(1,0) alt='明年'>";
  document.getElementById('PreMon').innerHTML = "<INPUT type=image src=
    'images/left.gif' id=prevM name=prevM onclick=SetCale(0,-1) alt='上月'>";
  document.getElementById('ThisMon').innerHTML = "<font color=#000000>"+
    CurM +"月</font>";
  document.getElementById('NextMon').innerHTML = "<INPUT type=image src=
    'images/right.gif' id=nextM name=nextM onclick=SetCale(0,1) alt='下月'>";
}

function SetCale(y,m)
{
  CurY -= -y;
  CurM -= -m;
  if(CurM == 0)
  {
    CurM = 12;
```

```
    CurY--;
  }
  if(CurM == 13)
  {
    CurM = 1;
    CurY++;
  }

  SetCalender()
}

function SetCalender()
{
  ClearCalender();
  ShowPrevNext();

  var Mydate = new Date(CurY,CurM-1,1);
  FirstDayInWeek = Mydate.getDay();

  var Mydate1 = new Date(CurY,CurM,0)
  DaysNumber = Mydate1.getDate();

  AddValue = FirstDayInWeek;
  for(i=1;i<=DaysNumber;i++)
  {
    Temp = i - 1 + AddValue;

    WeekRow = Math.round(Temp/7-0.5);
    RowName = WeekStr.substr((Temp % 7)*3,3);

    CmdStr = "document.getElementById('"+RowName+WeekRow+"').innerText =i;";
    eval(CmdStr);
    CmdStr = "document.getElementById('"+RowName+WeekRow+"').style.cursor='hand';";
    eval(CmdStr);
  }
  var datenow = new Date();
  if(CurY==datenow.getYear() && CurM==datenow.getMonth() + 1)
  {
    Temp = datenow.getDate() - 1 + AddValue;

    WeekRow = Math.round(Temp/7-0.5);
    RowName = WeekStr.substr((Temp % 7)*3,3);

    CmdStr = "document.getElementById('"+RowName+WeekRow+"').style.
             backgroundColor='#99FF33';";
    eval(CmdStr);
  }
```

```
}

function tdover(tag)
{
  CurC=tag.style.backgroundColor;
  tag.style.backgroundColor="#9999ff";
}

function tdout(tag)
{
  tag.style.backgroundColor=CurC;
}

function G(y,m,d)
{
  alert(y*10000+m*100+d);
  close();
}

function GoToDate(dd)
{
  if(dd.innerText==" ")
    return false;

  var day=dd.innerText;
  var returnedData = new Array();
  dateValue = CurY * 10000 + CurM * 100 + day * 1;
  var d=dateValue.toString()
  var f=d.substr(0,4)+'-'+d.substr(4,2)+'-'+d.substr(6,2);
  returnedData["Date"]=f;
  window.returnValue = returnedData
  window.close();
}

function ShowCalendar(date)
{
  if(date=="")
  {
    var datenow = new Date();
    CurY = datenow.getYear();
    CurM = datenow.getMonth() + 1;
  }
  else
  {
    CurY = date.substr(0,4)*1;
    CurM = date.substr(5,2)*1;
  }
```

```
  SetCalender();
}
function window_onload()
{
  var args=window.dialogArguments;
  ShowCalendar(args);
}
//-->
</SCRIPT>
</HEAD>
<body language="javascript" onload="return window_onload()" MS_
    POSITIONING="GridLayout">
  <form id="Calendar" method="post">
    <table id="Table1" style="BORDER-COLLAPSE: collapse" borderColor=
              "#111111" cellSpacing="0" cellPadding="0" border="1">
      <tr>
        <td>
          <table id="Table2" cellSpacing="0" cellPadding="0" width="180"
                 border="0">
            <TBODY>
              <tr bgColor="lavender">
                <td id="PreYear" align="left" width="14"></td>
                <td id="ThisYear" style="FONT-SIZE: 9pt" align="middle"
                     width="72" bgColor="lavender"></td>
                <td id="NextYear" align="right" width="14"></td>
                <td id="PreMon" align="left" width="14"></td>
                <td id="ThisMon" style="FONT-SIZE: 9pt" align="middle"
                     width="52" bgColor="lavender"></td>
                <td id="NextMon" align="right" width="14"></td>
              </tr>
              <tr>
                <td align="middle" colSpan="6">
                  <table id="CalenderTable" style="FONT-SIZE: 9pt; COLOR:
                         black; FONT-STYLE: normal; FONT-VARIANT:
                         normal" height="100%" cellSpacing="0"
                         borderColorDark="#ffffff" cellPadding="0"
                         width="100%" bgColor="lavender" borderColorLight=
                         "#000000" border="1">
                    <tr>
                      <td align="middle">日</td>
                      <td align="middle">一</td>
                      <td align="middle">二</td>
                      <td align="middle">三</td>
                      <td align="middle">四</td>
                      <td align="middle">五</td>
                      <td align="middle">六</td>
                    </tr>
```

```
<tr>
  <td id="Sun0" align="middle" onmouseover="tdover
        (this)" onclick="return GoToDate(this);"
        onmouseout="tdout(this)"> </td>
  <td id="Mon0" align="middle" onmouseover=
        "tdover(this)" onclick="return GoToDate(this);"
        onmouseout="tdout(this)"> </td>
  <td id="Tue0" align="middle" onmouseover=
        "tdover(this)" onclick="return GoToDate(this);
        " onmouseout="tdout(this)"> </td>
  <td id="Wed0" align="middle" onmouseover="tdover
        (this)" onclick="return GoToDate(this);"
        onmouseout="tdout(this)"> </td>
  <td id="Thu0" align="middle" onmouseover="tdover
        (this)" onclick="return GoToDate(this);"
        onmouseout="tdout(this)"> </td>
  <td id="Fri0" align="middle" onmouseover="tdover
        (this)" onclick="return GoToDate(this);"
        onmouseout="tdout(this)"> </td>
  <td id="Sat0" align="middle" onmouseover="tdover
        (this)" onclick="return GoToDate(this);"
        onmouseout="tdout(this)"> </td>
</tr>
<tr>
  <td id="Sun1" align="middle" onmouseover="tdover
        (this)" onclick="return GoToDate(this);"
        onmouseout="tdout(this)"> </td>
  <td id="Mon1" align="middle" onmouseover="tdover
        (this)" onclick="return GoToDate(this);"
        onmouseout="tdout(this)"> </td>
  <td id="Tue1" align="middle" onmouseover="tdover
        (this)" onclick="return GoToDate(this);"
        onmouseout="tdout(this)"> </td>
  <td id="Wed1" align="middle" onmouseover="tdover
        (this)" onclick="return GoToDate(this);"
        onmouseout="tdout(this)"> </td>
  <td id="Thu1" align="middle" onmouseover="tdover
        (this)" onclick="return GoToDate(this);"
        onmouseout="tdout(this)"> </td>
  <td id="Fri1" align="middle" onmouseover="tdover
        (this)" onclick="return GoToDate(this);"
        onmouseout="tdout(this)"> </td>
  <td id="Sat1" align="middle" onmouseover="tdover
        (this)" onclick="return GoToDate(this);"
        onmouseout="tdout(this)"> </td>
</tr>
<tr>
```

```
          <td id="Sun2" align="middle" onmouseover="tdover
                (this)" onclick="return GoToDate(this);"
                onmouseout="tdout(this)"> </td>
          <td id="Mon2" align="middle" onmouseover="tdover
                (this)" onclick="return GoToDate(this);"
                onmouseout="tdout(this)"> </td>
          <td id="Tue2" align="middle" onmouseover=
                "tdover(this)" onclick="return GoToDate
                (this);" onmouseout="tdout(this)"> </td>
          <td id="Wed2" align="middle" onmouseover="tdover
                (this)" onclick="return GoToDate(this);"
                onmouseout="tdout(this)"> </td>
          <td id="Thu2" align="middle" onmouseover="tdover
                (this)" onclick="return GoToDate(this);"
                onmouseout="tdout(this)"> </td>
          <td id="Fri2" align="middle" onmouseover="tdover
                (this)" onclick="return GoToDate(this);"
                onmouseout="tdout(this)"> </td>
          <td id="Sat2" align="middle" onmouseover="tdover
                (this)" onclick="return GoToDate(this);"
                onmouseout="tdout(this)"> </td>
        </tr>
        <tr>
          <td id="Sun3" align="middle" onmouseover="tdover
                (this)" onclick="return GoToDate(this);"
                onmouseout="tdout(this)"> </td>
          <td id="Mon3" align="middle" onmouseover="tdover
                (this)" onclick="return GoToDate(this);"
                onmouseout="tdout(this)"> </td>
          <td id="Tue3" align="middle" onmouseover="tdover
                (this)" onclick="return GoToDate(this);"
                onmouseout="tdout(this)"> </td>
          <td id="Wed3" align="middle" onmouseover="tdover
                (this)" onclick="return GoToDate(this);"
                onmouseout="tdout(this)"> </td>
          <td id="Thu3" align="middle" onmouseover="tdover
                (this)" onclick="return GoToDate(this);"
                onmouseout="tdout(this)"> </td>
          <td id="Fri3" align="middle" onmouseover="tdover
                (this)" onclick="return GoToDate(this);"
                onmouseout="tdout(this)"> </td>
          <td id="Sat3" align="middle" onmouseover="tdover
                (this)" onclick="return GoToDate(this);"
                onmouseout="tdout(this)"> </td>
        </tr>
        <tr>
          <td id="Sun4" align="middle" onmouseover="tdover
```

```
                (this)" onclick="return GoToDate(this);"
                onmouseout="tdout(this)"> </td>
            <td id="Mon4" align="middle" onmouseover="tdover
                (this)" onclick="return GoToDate(this);"
                onmouseout="tdout(this)"> </td>
            <td id="Tue4" align="middle" onmouseover="tdover
                (this)" onclick="return GoToDate(this);"
                onmouseout="tdout(this)"> </td>
            <td id="Wed4" align="middle" onmouseover="tdover
                (this)" onclick="return GoToDate(this);"
                onmouseout="tdout(this)"> </td>
            <td id="Thu4" align="middle" onmouseover="tdover
                (this)" onclick="return GoToDate(this);"
                onmouseout="tdout(this)"> </td>
            <td id="Fri4" align="middle" onmouseover="tdover
                (this)" onclick="return GoToDate(this);"
                onmouseout="tdout(this)"> </td>
            <td id="Sat4" align="middle" onmouseover="tdover
                (this)" onclick="return GoToDate(this);"
                onmouseout="tdout(this)"> </td>
          </tr>
          <tr>
            <td id="Sun5" align="middle" onmouseover="tdover
                (this)" onclick="return GoToDate(this);"
                onmouseout="tdout(this)"> </td>
            <td id="Mon5" align="middle" onmouseover="tdover
                (this)" onclick="return GoToDate(this);"
                onmouseout="tdout(this)"> </td>
            <td id="Tue5" align="middle" onmouseover="tdover
                (this)" onclick="return GoToDate(this);"
                onmouseout="tdout(this)"> </td>
            <td id="Wed5" align="middle" onmouseover="tdover
                (this)" onclick="return GoToDate(this);"
                onmouseout="tdout(this)"> </td>
            <td id="Thu5" align="middle" onmouseover="tdover
                (this)" onclick="return GoToDate(this);"
                onmouseout="tdout(this)"> </td>
            <td id="Fri5" align="middle" onmouseover="tdover
                (this)" onclick="return GoToDate(this);"
                onmouseout="tdout(this)"> </td>
            <td id="Sat5" align="middle" onmouseover="tdover
                (this)" onclick="return GoToDate(this);"
                onmouseout="tdout(this)"> </td>
          </tr>
        </table>
      </td>
    </tr>
```

```
            </table>
          </td>
        </tr>
      </TBODY>
    </TABLE>
  </form>
</body>
</HTML>
```

基于 calendar.html 我们可以对其进行调用，具体代码在 Demo.html 中：

```
<input type=text onclick="getDate(this);">
<script>
function getDate(txt)
{
try{
     var returnValue=window.showModalDialog("Calendar.htm",txt.value,
       "dialogWidth=188px;dialogHeight=154px;help:no;status=no;scroll=no");
     txt.value=returnValue["Date"];
}
catch(e){}
}
</script>
```

如上所示，通过 window 内置对象的 showModalDialog()方法将日期页面嵌入进来，并且可以获得其返回值，即日期结果。具体效果请读者实现上述实例后进行观察。

3.6　小　　结

本章所介绍的 JavaScript 技术在 Web 应用开发中具有非常重要的地位，尤其是在实现复杂灵活的用户界面方面有着不可替代的作用，是 Web 应用开发中得到广泛应用的一项重要技术。

本章在 JavaScript 的基础知识部分主要介绍了 JavaScript 的概述以及基本语法，前者包括 JavaScript 的发展历程、与 Java 语言的区别以及典型应用场景，后者介绍了 JavaScript 的词法规则、数据类型和变量、JavaScript 的表达式与运算符、JavaScript 的基本语句以及 JavaScript 函数等；在 3.2 节中着重介绍了 JavaScript 的常用核心对象，包括浏览器对象、数组对象、日期对象、数学运算对象、字符串对象，以及这些对象的常见应用方法；接下来介绍了 JavaScript 的事件处理机制，包括事件机制的原理、event 对象及方法，并以表单验证为例，介绍了事件处理机制的实践方法；在 3.4 节介绍了 JavaScript 文档对象模型，包括对象模型的简介、各对象元素以及其访问方法，另外还有 JSON 技术及其实践方法；本章最后还给出了包括计算器、可视化日历控件等综合应用实例。

第4章　JS　框　架

本章知识要点

了解主要的JS框架在工程应用中的作用及其主要类型；
了解并掌握EasyUI框架基本知识。

兴趣实践

使用JS框架搭建简单的后台管理系统布局。

探索思考

采用JS框架搭建基于Web管理系统有哪些优势？

预习准备

请预先复习以前学过的脚本语言、HTML技术以及JavaScript等相关知识。

4.1　主要的JS框架简述

基于JS的框架技术可以有效地提高开发人员的工作效率，实现JS的快速开发与应用，目前流行的JS框架主要有Dojo、Prototype、jQuery、ExtJS等。

1. Dojo框架

Dojo是一个开源的DHTML工具包，它包括Ajax、Browser、Event、Widget等跨浏览器API接口函数和完善的UI组件库。其官网地址为http://dojotoolkit.org，可以在官网下载最新版本的DOC学习文档及相应的软件包。具体使用步骤如下。

(1)在Dojo官方网站下载相应版本的Dojo压缩包。
(2)把文件解压缩到你的服务器或测试目录。
(3)在HTML页面上添加JS引用：

```
<script src="../dojo.js"></script>
```

2. Prototype框架

Prototype是一个简单易用的JS框架，占用体积也小，其官网地址为http://prototypejs.org，可以在官网下载最新版本的DOC学习文档及相应的软件包。目前最新版本是2015年9月发布的1.7.3版。

Prototype浏览器兼容性非常好，使用该框架几乎可以对所有主流的浏览器进行兼容，使用方法也很简单，仅仅包含一个JavaScript即可，支持的浏览器要求Firefox大于等于1.5版，IE 6以上版本，Google Chrome 1.0以上版本，使用时，只需要在页面中增加如下引用即可：

```
<script src="../Prototype.js"></script>
```

3. jQuery 框架

jQuery 框架是国内使用较多的一种 JS 框架，它具用简单易用的特点，其官网地址为 http://jquery.com，目前主要有两个版本，一个是 jQuery 1.x，一个是 jQuery 2.x 版本，其中 jQuery 2.x 版本是 1.x 版本的升级版，但是不再支持 IE 6、IE 7、IE 8 等低版本浏览器，对于工程中如果要支持上述版本的浏览器，需要特别注意。目前网上也有对应的中文学习网站，地址为 http://www.jquery123.com，提供 API 中文文档及全套的使用说明，读者可以下载查看学习。

使用时，需要在页面中增加如下引用：

```
<script src="../jquery-1.11.3.min.js"></script>
```

4. Mochikit 框架

Mochikit 框架自称是一个轻量级的 JavaScript 库，其官网地址为 http://www.mochikit.com，它能够以比原始 JavaScript 更友好的方式处理 DOM 对象，并且有自己的 JS 代码解释器，尤其是 Mochikit.DOM 这部分简单实用。

5. ExtJS 框架

ExtJS 框架是一个重量级的 JavaScript 库 ExtJS 框架功能非常丰富，是目前 WEB 应用开发中 UI 设计中的一个非常好的选择。它是一个与后台技术无关的客户端 AJAX 应用，可以广泛应用到.NET、Java、PHP 等各种开发语言的应用中，而且跨浏览器兼容性非常好。采用 JSON/XML 数据源开发，有效减轻服务器端的负荷，底层集成多种 JS 库，满足开发者不同需求。

4.2 EasyUI 框架

4.2.1 概述

EasyUI 是基于 jQuery 的一组 UI 插件集合，其目标是帮助 Web 开发者快速打造出功能丰富并且美观的 UI 界面。开发者不需要编写复杂的 JavaScript，也不需要对 CSS 样式、HTML 语法有深入的了解，开发者只需要了解一些简单的 HTML 标签即可学习使用。其官方网站为 www.jeasyui.com，目前最新的版本是 1.4.3 版，分开源版本和商业版本两套，其中商业版根据需要提供支持服务。需要注意的是，由于 EasyUI 主要用于后台的 UI 或者企业级应用的 UI 而很少应用于 Web 应用的前台页面，因此，自 1.3.5 版本后，它就不再支持 IE 6.0、IE 7.0、IE 8.0 这些低版本的浏览器了。

4.2.2 EasyUI 框架在 VS 中的使用

EasyUI 的官方下载地址是 http://www.jeasyui.com/download/index.php，下载后解压可以看到目录如图 4-1 所示。

各子目录功能如下。

demo：jQueryEasyUI 的一些示例页面，在项目中可以将该目录删除。

demo-mobile：jQueryEasyUI 的一些手机示例页面，在项目中可以将该目录删除。

locale：该目录中是一些本地化文件，用来支持不同的语言，如中文可以引用其中的 easyui-lang-zh_CN.js。

plugins 和 src：这两个目录中是支持 jQueryEasyUI 各种功能的 js 文件。

themes：主题目录，目录中有三种主题，即 default、gray 和 metro，另外还有一个 icons 目录和 icon.css，在页面使用引用 icon.css 即可。

下载完成后将解压后的上述文件夹命名后加入到项目源文件中，以某科技管理系统为例，其在源文件中的引用结构如图 4-2 所示。

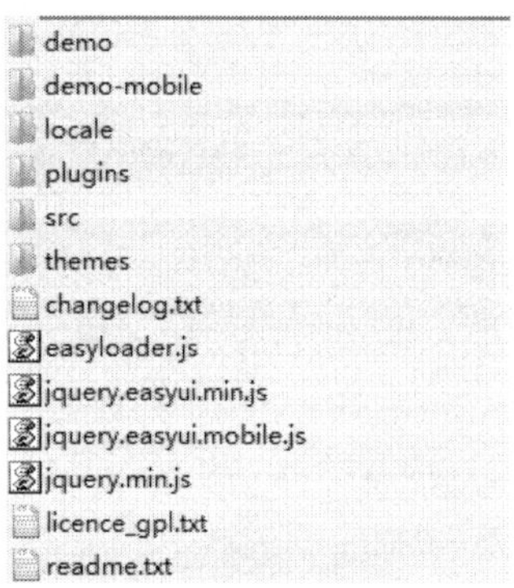

图 4-1　EasyUI 包结构图

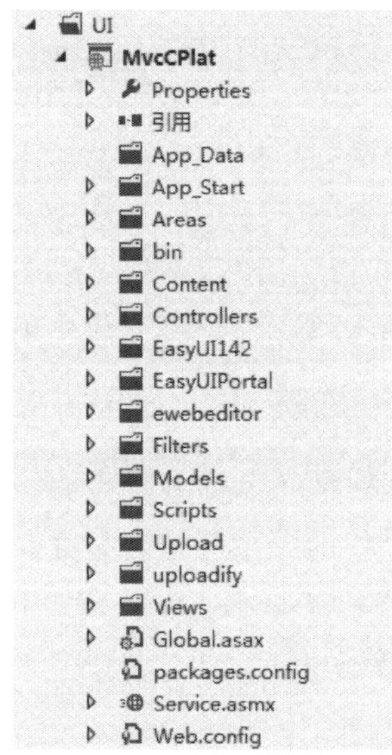

图 4-2　EasyUI 在项目文件中的位置

将 EasyUI 包正确加入到项目源文件中后，使用方法如下。

1. 在需要引用 EasyUI 的页面 HTML 头文件中增加如下引用

(1) 引入 jQuery 核心库，这里采用的是 1.8.2 版本：

```
<scriptsrc="~/Scripts/jquery-1.8.2.min.js"></script>
```

(2) 引入 jQuery EasyUI 核心库，这里采用的是 1.4.2 版本：

```
<script src="~/EasyUI142/jquery.easyui.min.js"></script>
```

(3) 引入 EasyUI 中文语言包：

```
<script src="~/EasyUI142/locale/easyui-lang-zh_CN.js"></script>
```

(4) 引入 EasyUI 的 CSS 样式：

```
<link id="easyuiTheme" href="~/EasyUI142/themes/default/easyui.css"
        rel= "stylesheet" />
```

(5) 引入 EasyUI 的图标 CSS 样式：

```
<link href="~/EasyUI142/themes/icon.css" rel="stylesheet" />
```

2. 在页面中相应的需要使用 EasyUI 的地方直接使用

一般来说，有以下两种方式。

(1) 页面中直接引用，如直接引用 dialog 对话框控件如下：

```
<div class="easyui-dialog" style="width:400px;height:200px"
    data-options="
        title:'My Dialog',
        iconCls:'icon-ok',
        onOpen:function(){}">
    dialog content.
</div>
```

(2) 通过 JS 文件引用方式，如将 combobox 组件以 JS 形式写入 JS 文件，再在 HTML 文件头中增加对 JS 自定义文件的引用：

```
<input id="cc" style="width:200px"/>
$('#cc').combobox({
    url: …,
    required: true,
    valueField: 'id',
    textField: 'text'
});
```

4.2.3 EasyUI 主要组件介绍

EasyUI 提供了大量实用便捷的组件，下面介绍几种常用的组件。

1. Layout 布局组件

该组件将页面分成 5 个区域，即 North、South、East、West 和 center，具体如图 4-3 所示。

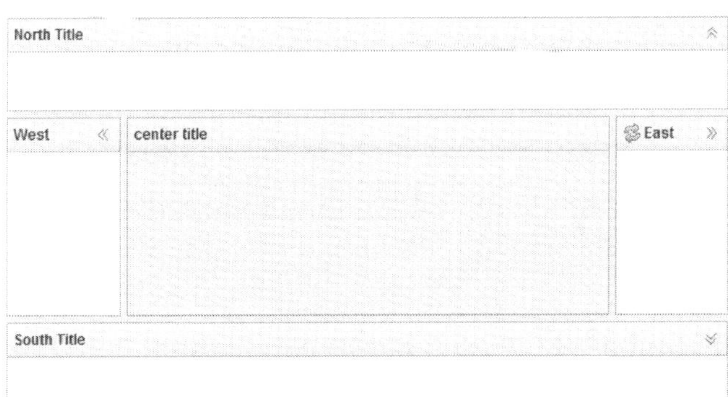

图 4-3 Layout 组件

1) 引用举例

通过标签引用：

```
<div id="cc" class="easyui-layout" style="width:600px;height:400px;">
    <div data-options="region:'north',title:'North Title',split:true" style="height:100px;"></div>
    <div data-options="region:'south',title:'South Title',split:true" style="height:100px;"></div>
    <div data-options="region:'east',title:'East',split:true" style="width:100px;"></div>
    <div data-options="region:'west',title:'West',split:true" style="width:100px;"></div>
    <div data-options="region:'center',title:'center title'" style="padding:5px;background:#eee;"></div>
</div>
```

一般来说，布局通常应用于后台管理系统的总体布局，因此，常常采用如下方式进行引用：

```
<body class="easyui-layout">
    <div data-options="region:'north',title:'North Title',split:true" style="height:100px;"></div>
    <div data-options="region:'south',title:'South Title',split:true" style="height:100px;"></div>
    <div data-options="region:'east',title:'East',split:true" style="width:100px;"></div>
    <div data-options="region:'west',title:'West',split:true" style="width:100px;"></div>
    <div data-options="region:'center',title:'center title'" style="padding:5px;background:#eee;"></div>
</body>
```

当然，根据需要，还有其他更多的引用方式，读者可以参看官网的 DEMO 说明，这里就不再一一赘述。

2) 属性

表 4-1 列出了 Layout 布局属性及其说明。

表 4-1　Layout 布局组件属性列表

属性名	值	说明
title	string	布局面板标题文本。默认值为 null
region	string	定义布局面板位置，可用的值有 north、south、east、west、center。默认值为空
border	boolean	为 true 时显示布局面板边框。默认值为 true
split	boolean	为 true 时用户可以通过分隔栏改变面板大小。默认值为 false
iconCls	string	一个包含图标的 CSS 类 ID，该图标将会显示到面板标题上。默认值为 null
href	string	用于读取远程站点数据的 URL 链接。默认值为 null
collapsible	boolean	定义是否显示折叠按钮。默认值为 true
minWidth	number	最小面板宽度。默认值为 10
minHeight	number	最小面板高度。默认值为 10
maxWidth	number	最大面板宽度。默认值为 10000
maxHeight	number	最大面板高度。默认值为 10000

3) 方法

Layout 布局组件方法如表 4-2 所示。

表 4-2　Layout 布局组件方法列表

方法名	参数	说明
resize	none	设置布局大小
panel	region	返回指定面板，region 参数可用值有 north、south、east、west、center
collapse	region	折叠指定面板。region 参数可用值有 north、south、east、west、center
expand	region	展开指定面板。region 参数可用值有 north、south、east、west、center
add	options	添加指定面板。属性参数是一个配置对象
remove	region	移除指定面板。region 参数可用值有 north、south、east、west、center

2. Dialog 对话框组件

Dialog 对话框组件是一个包括工具条和按钮的特殊的窗口，具体如图 4-4 所示。

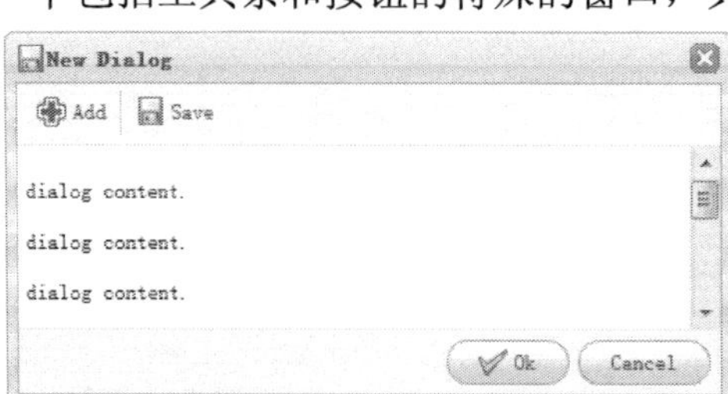

图 4-4　Dialog 对话框组件

1) 引用举例

可以采用页面内直接引用方式如下：

```
<div id="dd" class="easyui-dialog" title="My Dialog" style="width:400px;height:200px;"
        data-options="iconCls:'icon-save',resizable:true,modal:true">
    Dialog Content.
</div>
```

也可以采用 JS 引用方式如下：

```
<div id="dd">Dialog Content.</div>
```

```
$('#dd').dialog({
    title: 'My Dialog',
    width: 400,
    height: 200,
    closed: false,
    cache: false,
    href: 'get_content.php',
    modal: true
});
$('#dd').dialog('refresh', 'new_content.php');
```

2) 属性

Dialog 对话框属性及说明见表 4-3。

表 4-3　Dialog 对话框组件属性列表

属性名	值	说明
title	string	对话框标题文本。默认值为 New Dialog
collapsible	boolean	定义是否显示可折叠按钮。默认值为 false
minimizable	boolean	定义是否显示最小化按钮。默认值为 false
maximizable	boolean	定义是否显示最大化按钮。默认值为 false
resizable	boolean	定义是否可以改变对话框大小。默认值为 false
toolbar	array,selector	设置对话框顶部工具栏，可用值有： (1) 一个数组，每一个工具栏中的工具属性都和 linkbutton 相同 (2) 一个选择器指定工具栏。默认值为 null
buttons	array,selector	对话框底部按钮，可用值有： (1) 一个数组，每一个按钮的属性都和 linkbutton 相同 (2) 一个选择器指定按钮栏。默认值为 null

3) 方法

Dialog 对话框方法及其说明见表 4-4。

表 4-4　Dialog 对话框组件方法列表

方法名	参数	说明
dialog	none	返回外部对话框对象

3. DataGrid 数据表格组件

DataGrid 以表格形式展示数据，并提供了丰富的选择、排序、分组和编辑数据的功能支持，具体如图 4-5 所示。

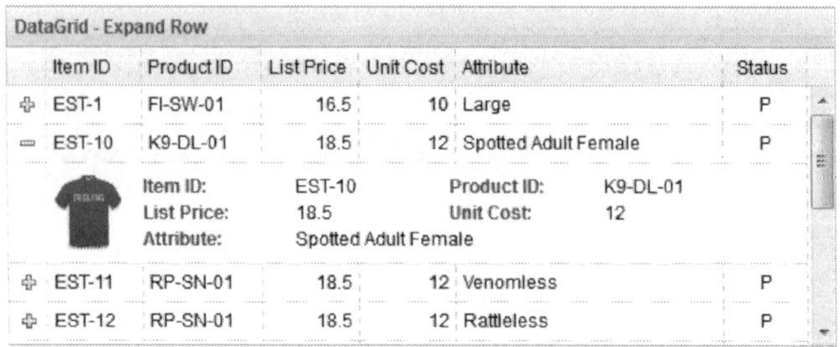

图 4-5　DataGrid 数据表格组件

1) 引用举例

可以采用页面内直接引用方式如下：

```
<table class="easyui-datagrid" style="width:400px;height:250px"
        data-options="url:'datagrid_data.json',fitColumns:true,singleSelect:true">
    <thead>
        <tr>
            <th data-options="field:'code',width:100">Code</th>
            <th data-options="field:'name',width:100">Name</th>
            <th data-options="field:'price',width:100,align:'right'">Price</th>
        </tr>
    </thead>
</table>
```

也可以采用 JS 引用方式如下：

```
<table id="dg"></table>
```

```
$('#dg').datagrid({
    url:'datagrid_data.json',
    columns:[[
        {field:'code',title:'Code',width:100},
        {field:'name',title:'Name',width:100},
        {field:'price',title:'Price',width:100,align:'right'}
    ]]
});
```

2) 属性(部分)

DataGrid 数据表格组件属性及其说明见表 4-5。

表 4-5　DataGrid 数据表格组件属性列表

属性名	值	说明
url	string	从远程请求数据。默认值为 null
columns	array	DataGrid 列配置对象。默认值为 undefined
pagination	boolean	设置为 true，在 DataGrid 组件底部显示分页工具栏。默认值为 false
pageNumber	number	设置分页时初始化页码。默认值为 null
pageSize	number	分页时设置每页多少条。默认值为 10
pageList	array	设置分页时初始化条数选择大小。默认值为[10,20,30,40,50]
pagePosition	string	设置分页工具栏的位置。可选值为 top、bottom、both，默认值为 bottom
title	string	列标题名称。默认值为 undefined
field	string	列字段名称。默认值为 undefined
width	number	列的宽度。没有设置则自适应。默认值为 undefined

3)方法(部分)

DataGrid 数据表格组件方法及其说明见表 4-6。

表 4-6 DataGrid 数据表格组件方法列表

方法名	参数	说明
load	param	加载和显示第一页的所有行，即刷新当前页
loading	none	显示载入状态
loaded	none	隐藏载入状态
unselectAll	none	取消所有当前页中的所有行
getChanges	type	从上一次的提交获取改变的所有行。类型参数指明用哪些类型改变的行，可以使用的值有 inserted、deleted、updated 等。当类型参数未配置的时候返回所有改变的行

4.3 综合应用实例——农民培训监管系统

农民培训监管系统是一个针对农民培训工作进行管理的信息系统，系统采用 EasyUI 1.4.2 进行系统 UI 搭建。

系统采用 VS 2012 搭建 ASP.NET+MVC 基本框架，在 EasyUI 官方网站下载最新的 1.4.2 版本到本地解压，并按前述方法引入系统。

4.3.1 登录 UI 的实现

登录界面是系统的第一个窗口，实现效果如图 4-6 所示。

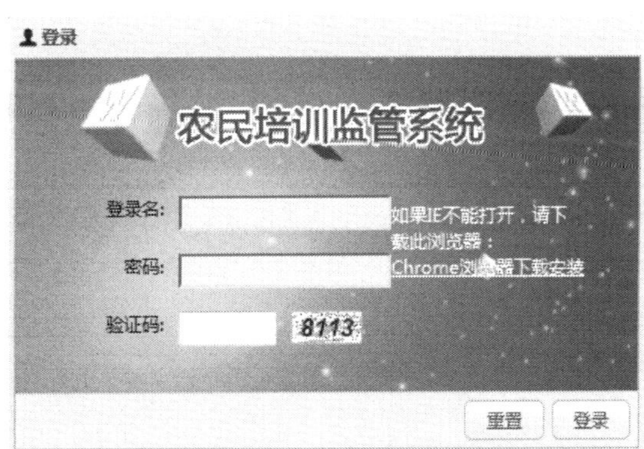

图 4-6 农民培训监管系统登录窗口

具体实现步骤如下。

(1)在页面中引入相关的 JS 文件库：

```
<!--jQuery 库-->
<scriptsrc="~/Scripts/jquery-1.8.2.min.js"></script>

<!--EasyUI142 库-->
<linkhref="~/EasyUI142/themes/icon.css"rel="stylesheet"/>
<linkhref="~/EasyUI142/themes/default/easyui.css"rel="stylesheet"/>
<scriptsrc="~/EasyUI142/jquery.easyui.min.js"></script>
<scriptsrc="~/EasyUI142/locale/easyui-lang-zh_CN.js"></script>
```

(2)主页面是一个表单，引用了 Form(表单)组件和 ValidateBox(验证框)组件：

```
<formid="loginInputForm"method="post">
<p><label>登录名:</label>
<inputname="cname"class="easyui-validatebox"data-options="required:tr
            ue"/></p>
<divclass="cl"></div>
<p><label>密码:</label>
<inputname="cpwd"type="password"class="easyui-validatebox"data-option
            s="required:true"/></p>
<divclass="cl"></div>
<p><label>验证码:</label>
<inputname="cyzm"class="easyui-validatebox code"style="width:
            60px"/>    <imgsrc="/AdminLogin/CheckCode?
            Id=1"id="imgCode"alt="单击可刷新"onclick="ClickRemoveChangeCode
            ();"></p>
</form>
```

(3)引用 Dialog(对话框)实现主窗口：

```
/*登录窗体*/
loginDialog = $('#loginDialog').show().dialog({
    closable: false,
    title: '登录',
    modal: true,
    iconCls: 'icon-man',
    buttons:[
        {
            text: '重置',
            handler: function(){
                loginInputForm.find('input').val('');
            }
        }, {
            text: '登录',
            handler: function(){
                loginInputForm.submit();
            }
        }
    ],
    onOpen: function(){
        window.setTimeout(function(){
            $(this).find('input[name]=cname').focus();
        }, 4);
    }
});
```

4.3.2　主框架 UI 的实现

当用户成功登录后，系统采用 EasyUI 进行主框架的搭建，一般都采用 Layout 布局组件进行管理系统首页的搭建，主页面显示效果图如图 4-7 所示。

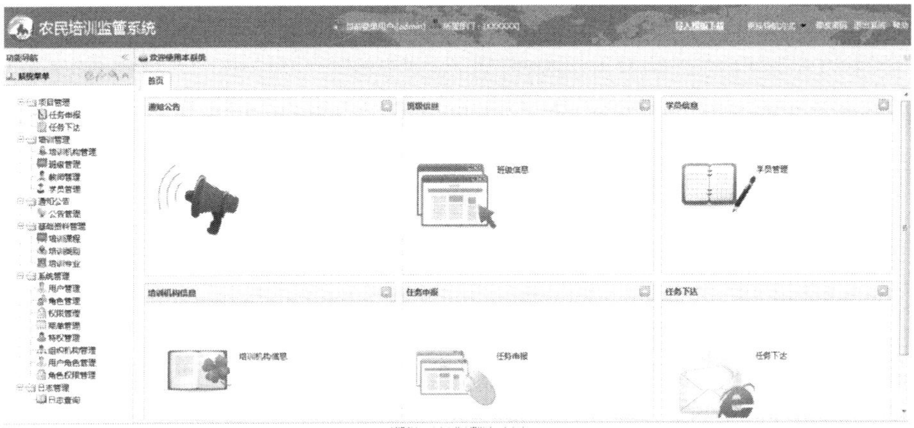

图 4-7 农民培训监管系统主页面

具体实现步骤如下。

(1)采用 Layout 布局组件构建主框架 UI，代码如下：

```
<bodyclass="easyui-layout">
<divdata-options="region:'north'"style="height: 62px">
<divclass="top">
<divclass="logo">农民培训监管系统</div>

<divclass="topright">
<divid="userInfo">
@if (ViewData["cUser"] != null)
                    {
SysUserInfo cUser = ViewData["cUser"] asSysUserInfo;
<span>
<imgsrc="~/Content/images/AdminIndex/Person.png"/>
当前登录用户:[@cUser.LoginName] 
<imgsrc="~/Content/images/AdminIndex/DepartMent.png"/>
所属部门: [@cUser.SysDepartment.DepName]
</span>
                    }
</div>
<aid=" ">帮助</a>
<aid="logout_btn">退出系统</a>
<aid="modifyPwd_btn">修改密码</a>
<ahref="javascript:void(0);"class="easyui-menubutton t-nav"title="更换导
  航方式"data-options="menu:'#navMenu',iconCls:'icon-c5'">更换导航方式</a>
<ahref="/Upload/Template/导入模板.rar"><b>导入模板下载</b></a>
</div>
</div>
</div>

<divdata-options="region:'west',title:'功能导航'"style="width: 200px;
                    overflow: hidden;">
```

```
<divid="center"data-options="region:'center',title:'欢迎使用本系统
       ',tools:'#ttHf',iconCls:'icon-welcome'"style="padding: 5px;
       background: #eee;">
<divid="centerTabs">
<divtitle="首页"style="overflow: hidden;">
<divid="portal"style="position: relative">
<div></div>
<div></div>
<div></div>
</div>
</div>
</div>
</div>
</body>
```

(2)采用 Accordion(分类)组件和 Tree(树)组件进行导航菜单设置，具体实现代码如下：

```
<!--树型导航菜单-->
<divid="actree"class="easyui-accordion"data-options="fit:true,border:false">
<divtitle="系统菜单"data-options="iconCls:'icon-menu',tools:[
{
iconCls:'icon-reload',
handler:function(){
                   menuTree.tree('reload');
                 }
},
{
iconCls:'icon-redo',
handler:function(){
var node = menuTree.tree('getSelected');
if(node){
menuTree.tree('expand',node.target);
}else{
menuTree.tree('expandAll'); }
}
}
  ,
{
iconCls:'icon-undo',
handler:function(){
var node = menuTree.tree('getSelected');
if(node){
menuTree.tree('collapse',node.target);
}else{
menuTree.tree('collapseAll');
                     }
                }
```

```
                }
            ]">
<ulid="menuTree"style="margin-top: 5px;"></ul>
</div>
</div>

<!--手风琴导航菜单-->
<divid="wnav"></div>
```

(3)采用 EasyUI portal 组件进行首页布局:

```
var portal;//与页面引用的 id 相关联
var panels;
$(function(){
panels = [{
id: 'p1',
       title: '通知公告',
height: 260,
collapsible: true,
href: '/Train/FNews/ShowNewsView'
   }, {
id: 'p2',
       title: '培训机构信息',
height: 260,
collapsible: true,
href: '/Train/FTrainDep/ShowDepView'
   }, {
id: 'p3',
       title: '班级信息',
height: 260,
collapsible: true,
href: '/Train/FTrainClass/ShowClaView'
   }, {
id: 'p4',
       title: '任务申报',
height: 260,
collapsible: true,
href: '/Train/FProject/ShowProView'
   }, {
id: 'p5',
       title: '学员信息',
height: 260,
collapsible: true,
href: '/Train/FTrainStu/ShowStuView'
   }, {
id: 'p6',
       title: '任务下达',
height: 260,
```

```
collapsible: true,
href: '/Train/FProjectAssign/ShowAssignView'
    }];

portal = $('#portal').portal({
border: false,
fit: true,
onStateChange: function(){
           $.cookie('portal-state', getPortalState(),{
expires: 7
           });
       }
    });
var state = $.cookie('portal-state');
if(!state){
       state = 'p1,p2:p3,p4:p5,p6';/*冒号代表列，逗号代表行*/
    }
addPanels(state);
portal.portal('resize');

});

function getPanelOptions(id){
for(var i = 0; i < panels.length; i++){
if(panels[i].id == id){
return panels[i];
       }
    }
return undefined;
}
function getPortalState(){
var aa = [];
for (var columnIndex = 0; columnIndex < 2; columnIndex++){
var cc = [];
var panels = portal.portal('getPanels', columnIndex);
for(var i = 0; i < panels.length; i++){
cc.push(panels[i].attr('id'));
       }
aa.push(cc.join(','));
    }
return aa.join(':');
}
function addPanels(portalState){
var columns = portalState.split(':');
for(var columnIndex = 0; columnIndex < columns.length; columnIndex++){
var cc = columns[columnIndex].split(',');
for(var j = 0; j < cc.length; j++) {
```

```
var options = getPanelOptions(cc[j]);
if(options){
var p = $('<div/>').attr('id', options.id).appendTo('body');
p.panel(options);
portal.portal('add', {
panel: p,
columnIndex: columnIndex
            });
        }
    }
  }
}
```

4.4 小　　结

JS 框架是适应当前基于 Web 的信息管理系统开发需要而由不同机构开发实现的前端页面框架。本章将目前流行的六类 JS 框架进行了简单介绍，并提供了相应的网址，供读者参考。

本章所介绍的 EasyUI 是一个轻量级的 JS 框架，该框架基于 jQuery 语法构建，因其简单适用的特点，在目前大多数的基于 Web 的信息管理系统中得到应用。该框架可以应用于各类技术开发的 Web 系统，本书以 VS 作为开发工具，重点介绍了 EasyUI 在.NET 中的应用，并对其主要组件进行了简述。

本章最后以一个实际案例——农民培训监管系统作为 EasyUI 实现的例子，详细描述了如何将 EasyUI 框架应用于系统开发。

第 5 章　ASP.NET 基础

本章知识要点

掌握 IIS 的安装与配置方法；
掌握 VS 创建 Web 应用程序；
掌握通过 IIS 发布 Web 应用程序；
掌握 ASP.NET 常用内置对象的使用。

兴趣实践

通过常用内置对象实现网站访问次数的统计等。

探索思考

Application、Session 和 Cookie 都可以用来记录客户的信息，它们之间有什么区别？

预习准备

预习 HTML 的相关知识及服务器控件的使用。

5.1　ASP.NET 概述

ASP.NET 是.NET Framework 中的一部分内容，是微软公司的技术之一，是一种可由因特网服务器执行的服务器端脚本技术，在网页中嵌入脚本，可以通过 HTTP 请求在 Web 服务器上动态创建。ASP 指 Active Server Pages（动态服务器页面），是运行于 IIS（Internet Information Server）之中的程序。

5.1.1　ASP.NET 简介

2002 年 3 月，Microsoft 公司正式推出了 Visual Studio.NET 中文版，在 ASP.NET 中提供了统一的 Web 开发模型，其中包括企业级 Web 应用所需的各种服务。ASP.NET 中允许开发者以非常灵活的方式创建 Web 应用程序，并把常用的代码封装到面向对象控件中，同时，ASP.NET 中也提出了隐藏代码的概念，把逻辑代码和界面分离开来，使 Web 开发者很容易用后台代码来控制前台页面的逻辑功能，大大提高了开发效率。本章所有例子都是在 Visual Studio.NET 2010 中完成的。

5.1.2　IIS 的安装与配置

IIS 是一个 Web 服务器，用于管理 Web 页面，使得客户端能够通过网络浏览这些页面，不管客户端是否和服务器是同一台机器。

ASP.NET 2010 中采用了虚拟机技术，在安装软件时并不要求安装 IIS，在开发时，也不需要 Web 服务器的支持。但是在发布网站时，如果想让所有的网络用户访问你的网站，就需要安装 IIS 服务器。

(1) 若操作系统中还没有安装 IIS 服务器，可打开“控制面板”，选择“程序和功能”选项，如图 5-1 所示。

图 5-1　控制面板

(2) 单击左侧的“启用或关闭 Windows 功能”链接，如图 5-2 所示。

(3) 找到“Internet 信息服务”选项，按照图 5-3 选中其中的复选框即可。

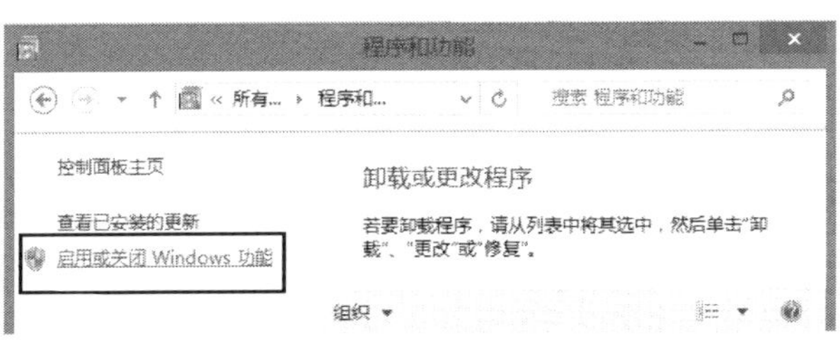

图 5-2　启用 Windows 功能

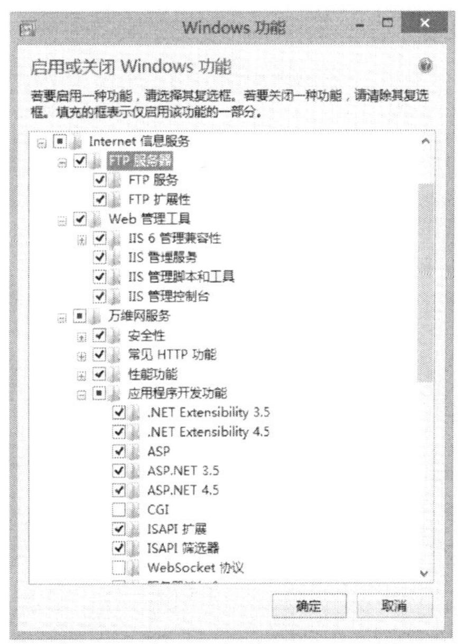

图 5-3　安装 IIS 组件

(4) 单击“确定”按钮，安装完成后，再回到“控制面板”，单击“管理工具”项，双击“Internet 信息服务(IIS)管理器”即打开 IIS，如图 5-4 所示。如果经常需要使用 IIS，建议鼠标指针指向“Internet 信息服务(IIS)管理器”，并右击，选择“发送到”→“桌面快捷方式”命令，这样就能从桌面进入 IIS，而不用每次都打开控制面板。

(5) 打开 IIS 管理器后，选择右侧的浏览，就可以看到如图 5-5 所示的界面，说明 IIS 安装成功。

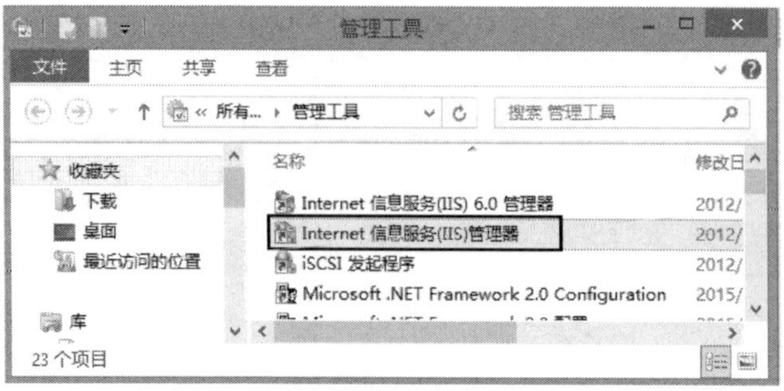

图 5-4　IIS 界面

图 5-5　默认 IIS 首页

5.1.3　Visual Studio 2010 的基本操作

Visual Studio 2010 的基本操作具体如下。

(1) 新建一个 ASP.NET Web 应用程序，输入项目名称和位置，如图 5-6 所示，单击“确定”按钮。

图 5-6　新建项目

(2) 网站创建后，可以看到如图 5-7 所示的界面。

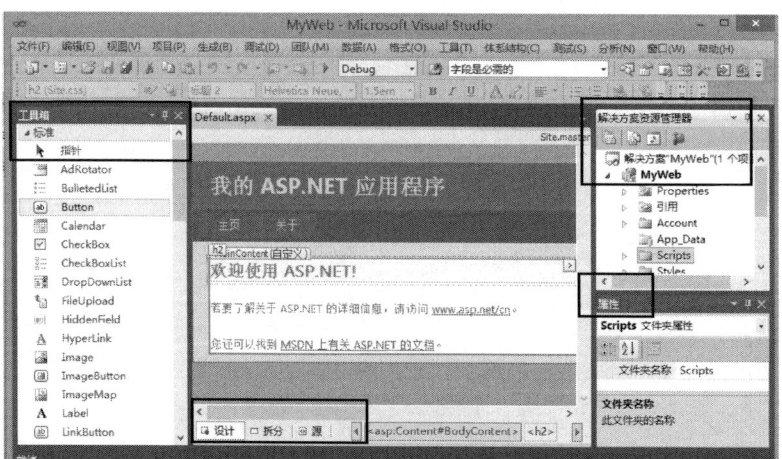

图 5-7　运行界面

左侧的“工具箱”窗口是开发 Web 页面控件，拖动工具箱中的各控件到页面中，页面将自动创建该控件；右侧的“解决方案资源管理器”窗口主要显示网站上的文件，通过该窗口可以快速浏览目录；右侧“属性”窗口主要设置控件的相关属性，当选择不同的控件时，会自动显示相关的属性，可以在这里对属性进行修改；中间的“页面设计”窗口主要对页面进行设置，单击下面的“源”选项卡，可以切换到该页面的源代码视图。

从“解决方案资源管理器”中可以看到程序添加了一些示例页面，如果不需要这些内容，可以选择图 5-6 中的“ASP.NET 空 Web 应用程序”。表 5-1 列出了常用文件类型和文件夹的说明。

表 5-1　常用文件类型及说明

类型	名称	说明
.cs	C#源代码文件	C#源程序文件、类文件、接口文件、窗体文件等
.aspx	Web 窗体文件	表示 Web 窗体，由 HTML 标记、Web Server 控件、脚本等组成
.sln	解决方案文件	为解决方案资源管理器提供显示管理文件的图形接口信息
.csproj	C#项目文件	主要控制项目的生成，是一个特殊的 XML 文档
Web.config	配置文件	用来存储 ASP.NET Web 应用程序的配置信息
App_Data	文件夹	主要保存数据库文件和数据文件
Scripts	文件夹	主要存放 JS 文件
Styles	文件夹	主要存放 CSS 文件
Account	文件夹	文件夹包含登录和安全文件

(3) 选择“项目”菜单下的“添加新项”命令(或者在“解决方案资源管理器”中的项目上右击选择“添加”子菜单中的“新建项”命令)，在“添加新项”对话框中选择“Web 窗体”选项，在“名称”文本框中输入 Index.aspx，单击“添加”按钮添加用户自己的页面，如图 5-8 所示。

图 5-8　添加新项

(4) 从工具箱中拖拽一个标签、一个按钮到页面中，这个标签的名称(ID)属性为 Message，设置按钮的 Text 属性为“确定”，名称属性为 BtnOK，如图 5-9 所示，源代码如代码 5-1 所示。

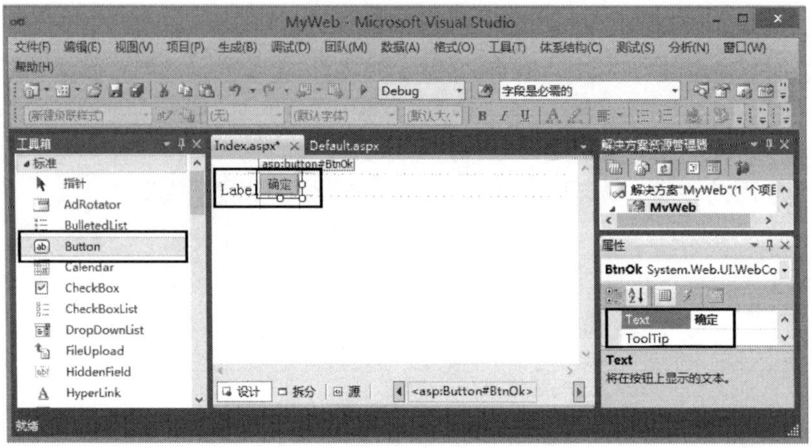

图 5-9　添加控件

代码 5-1　Index.aspx

```
<html>
  <body>
<form id="form1" runat="server">
<asp:Label ID="Message" runat="server" Text="Label"></asp:Label>
<asp:Button ID="BtnOK" runat="server" onclick="BtnOK_Click" Text="确定" />
</form>
  </body>
</html>
```

(5) 双击“确定”按钮进入按钮默认的事件过程，输入代码 5-2 中的内容。

代码 5-2　Index.aspx.cs

```
protected void BtnOK_Click(object sender, EventArgs e)
{
    //在标签中显示"Hello ASP.NET"的字符
    Message.Text = "Hello ASP.NET";
}
```

(6) 在“解决方案资源管理器”中右击 Index.aspx，在弹出的快捷菜单中选择“设为起始页”命令，如图 5-10 所示。

(7) 单击“调试”下的“运行程序”菜单命令运行程序，单击“确定”按钮，执行事件过程中的代码，运行结果如图 5-11 所示。

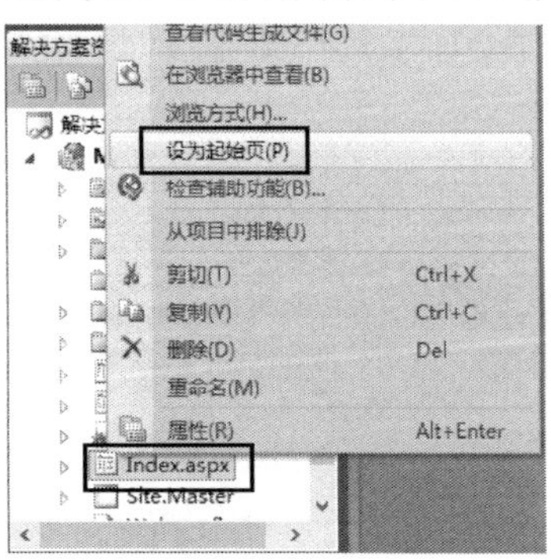

图 5-10　设置起始页

图 5-11　程序运行结果

(8) 发布网站。在“解决方案资源管理器”中，在 MyWeb 项目上右击，从弹出的快捷菜单中选择“发布”命令，在“发布”对话框中设置好发布的方法和发布的位置，单击“发布”按钮，就可以完成网站的发布工作，如图 5-12 所示。

(9) 打开 IIS，右击“默认网站”项，从弹出的快捷菜单中选择“添加应用程序”命令，如图 5-13 所示。

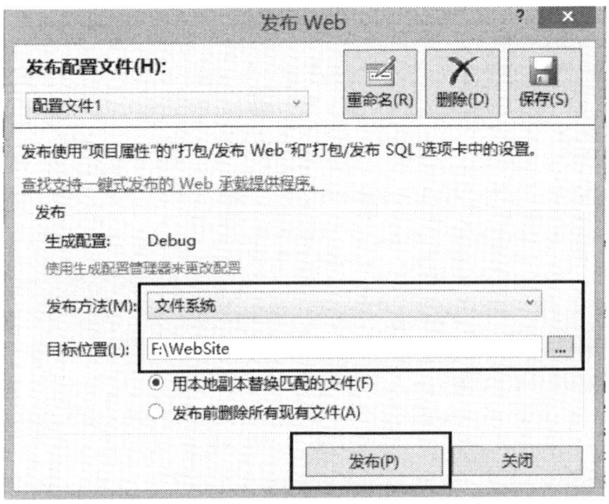

图 5-12 发布网站

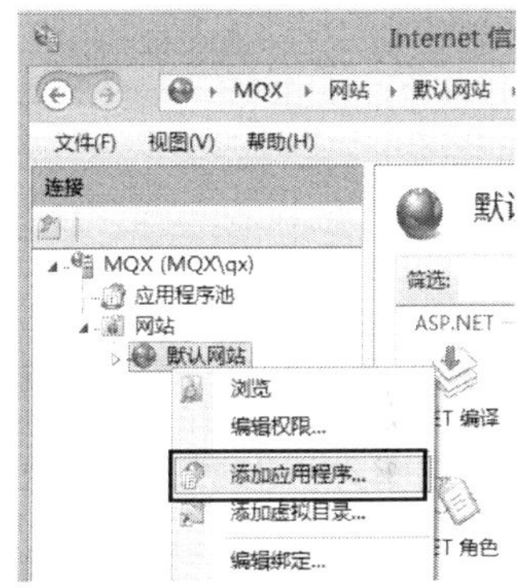

图 5-13 在 IIS 中添加默认应用程序

(10) 在“添加应用程序”对话框中输入别名“mqx”(可以自行命名)，选择前面项目的位置，单击“确定”按钮，如图 5-14 所示。

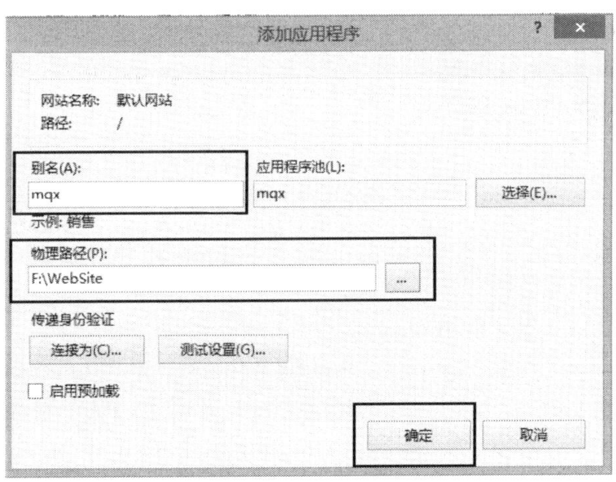

图 5-14 设置网站参数

(11) 双击“默认文档”图标，如图 5-15 所示。

(12) 在打开的“添加默认文档”对话框中输入起始页面的名称 index.aspx，如图 5-16 所示。

(13) 单击右侧的“浏览应用程序”选项就可以运行网站了，如图 5-17 所示。

(14) 也可以在浏览器中直接输入如下网址来运行，运行结果如图 5-18 所示。

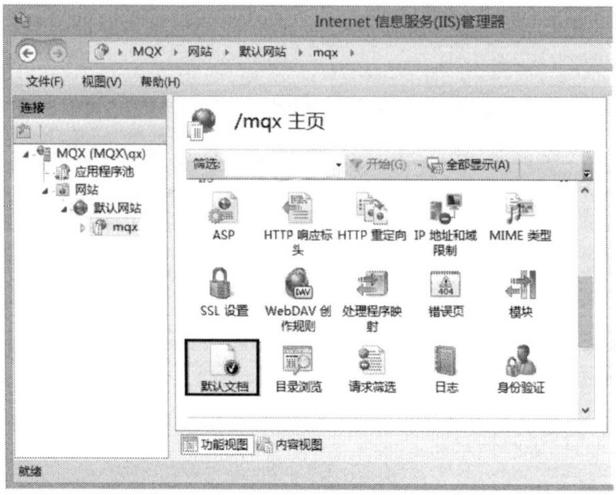

图 5-15　添加起始页

图 5-16　设置起始页面名称

图 5-17　运行程序

图 5-18　运行结果

5.2　ASP.NET 内置对象

ASP.NET 提供了 Response、Page、Request、Session、Application、Cookie、Service 等内置对象，这些对象使用户更容易更方便地收集通过浏览器请求发送的信息、响应浏览器请求以及存储用户的相关信息，以实现其他的状态管理和页面信息的传递，完成各种复杂的功能，常用的内置对象如表 5-2 所示。

表 5-2　ASP.NET 常用内置对象

对象名称	功能描述	对象名称	功能描述
Page	用来操作整个页面	Session	在服务器端保留客户端信息
Response	从浏览器获取信息	Cookie	在客户端保留客户端信息
Request	向浏览器输出信息	Service	获取服务器端信息
Application	为所有用户提供共享信息		

5.2.1　Page 对象

Page 对象提供的常用属性、事件如表 5-3 所示。

表 5-3　Page 对象常用属性和事件

类别	名称	功能描述
属性	IsPostBack	判断页面是否是回发过来的
事件	Init	当网页初始化时触发该事件
	Load	当网页被载入时触发该事件

简单来说，Page_Init 事件只在页面第一次调用时触发，对于当前用户来说，只会进行一次。Page_Load 事件在页面每次刷新时触发，Web Form 网页在执行时会进行网页初始化，此时会触发 Page_Init 事件，然后加载网页并触发 Page_Load 事件，客户端每提交一次或是刷新一次，Page_Load 事件就重新绘制页面，将当前页面当成新页面来处理。通常在 Page_Load 中，通过 IsPostBack 获取一个布尔值，该值指示该页是否正被首次加载和访问，或者它是否正为响应客户端回发而加载，如果是为响应客户端回发而加载该页面，则为 true，否则为 false。

【例 5-1】 新建一个名为 Index.aspx 的网页，可以从列表框中选出一个城市，并显示出来。

(1) 在 Index.aspx 页面上放置一个列表框和一个按钮，源文件代码如代码 5-3 所示。

代码 5-3　Index.aspx

```
<html>
<body>
<form id="form1" runat="server">
<asp:ListBox ID="ListBoxCity" runat="server" >
</asp:ListBox>
<asp:Button ID="BtnOK" runat="server" onclick="BtnOK_Click" Text="确定" />
</form>
</body>
</html>
```

(2) 双击页面空白处，会自动进入 Page_Load() 事件，在编辑窗口输入代码 5-4 的内容。

代码 5-4　Page_Load 事件

```
protected void Page_Load(object sender, EventArgs e)
{
    if(!IsPostBack)
    {
ListBoxCity.Items.Add("北京");
ListBoxCity.Items.Add("上海");
```

```
ListBoxCity.Items.Add("南京");
    }
}
```

(3)双击按钮，在 BtnOK_Click()事件中输入代码 5-5 的内容。

代码 5-5　BtnOK_Click 事件

```
protected void BtnOK_Click(object sender, EventArgs e)
{
    Response.Write("你选择的城市是: " + ListBoxCity.SelectedItem);
}
```

(4)运行结果如图 5-19 所示。

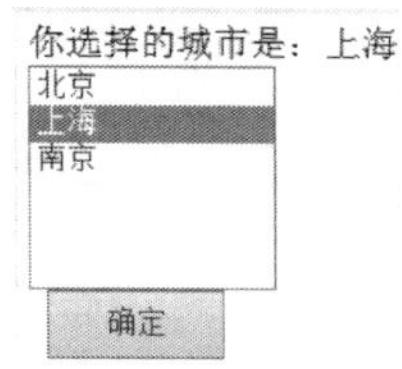

图 5-19　运行结果

运行程序，首先触发 Page_Load 事件，利用 Page 对象的 IsPostBack 属性来判断是否为第一次加载，如果是，则运行 Load 事件中的代码，为列表框添加选项，在选择某一项后，单击“确定”按钮，会在页面上显示选择的城市。如果把 Load 事件中的 if 语句去掉，修改成代码 5-6，请读者自己运行程序查看结果。

代码 5-6　Form_Load 事件

```
protected void Page_Load(object sender, EventArgs e)
{
    ListBoxCity.Items.Add("北京");
    ListBoxCity.Items.Add("上海");
    ListBoxCity.Items.Add("南京");
}
```

5.2.2　Response 对象

Response 对象主要用来将服务器端的信息传递给客户端。常用的方法如表 5-4 所示。

表 5-4　Response 对象常用方法

类别	名称	功能描述
方法	Write	向客户端输出数据
	Redirect	重定向到程序指定的 URL
	Clear	消除缓冲区，终止信息输出
	Flush	将缓冲区的数据显示到客户端，页面继续执行
	End	将缓冲区的数据显示到客户端，停止页面执行

1. Write 方法的使用

【例 5-2】 新建一个空的 ASP.NET Web 应用程序，添加 write.aspx 页面，双击空白处，输入代码 5-7 的内容，并查看运行结果。

代码 5-7　write.aspx.cs

```
protected void Page_Load(object sender, EventArgs e)
{
```

```
    Response.Write("你好，欢迎学习《WEB 程序设计》");
}
```

2. Redirect 方法的使用

【例 5-3】 新建一个空的 ASP.NET Web 应用程序，添加 redirect.aspx 页面，在页面上放置一个按钮，名称为 BtnOK，源代码见代码 5-8；双击按钮，输入代码 5-9 的内容，并查看运行结果。

代码 5-8　redirect.aspx

```
<html>
  <body>
<form id="form1" runat="server">
<asp:Button ID="BtnOK" runat="server"onclick="BtnOK_Click" Text="金陵科技学院" />
</form>
  </body>
</html>
```

代码 5-9　redirect.aspx.cs

```
protected void Button1_Click(object sender, EventArgs e)
{
    Response.Redirect("http://www.jit.edu.cn");
}
```

在新的窗口打开一个页面，添加代码 5-10 的内容。

代码 5-10　在新窗口中打开页面

```
protected void Page_load(object sender, EventArgs e)
{
    Btn_OK.Attributes.Add("onclick", "this.form.target='_newName'");
}
```

5.2.3　Request 对象

Request 对象主要用于获取客户端的相关信息，最大的用途在于提交表单。常用的属性如表 5-5 所示。

表 5-5　Request 对象常用属性

类别	名称	功能描述
属性	Form	获取客户端变量的集合
	Params	获取 QueryString、Form、Cookie 等全部集合
	QueryString	获取附在网址后面的参数内容

1. From 属性

form 表单的 method 属性的默认值为 post。在这种情况下，当用户提交网页时，表单数据将以 HTTP 标头的形式发送到服务器端。此时，可以使用 Request 对象的 Form 属性来读取窗体变量。

【例 5-4】 使用 Request.Form 属性读取窗体变量。

(1)新建一个 Login.aspx 页面和 Result.aspx 页面，Login.aspx 界面如图 5-20 所示，页面具体控件和控件的名称参考代码 5-11。

图 5-20　Login.aspx 界面

代码 5-11　Login.aspx

```
<html>
<body>
<form id="form1" runat="server"  action="Result.aspx" method="post">
<asp:Label ID="LabUserName" runat="server" Text="用户名: "></asp:Label>
<asp:TextBox ID="TxtUserName" runat="server"></asp:TextBox>
<asp:Button ID="BtnOK" runat="server" onclick="BtnOK_Click" Text="提交" />
</form>
</body>
</html>
```

注：表单中的 method 方法即表单的提交方法，method 属性的默认值为 post，可省略不写；表单中的 action 方法指定表单的提交目标。

(2)双击按钮，添加代码 5-12 的内容。

代码 5-12　Login.aspx.cs

```
protected void BtnOK_Click(object sender, EventArgs e)
{
    Response.Redirect("Result.aspx");
}
```

(3)双击 Result.aspx 页面，添加代码 5-13 的内容，并查看运行结果。

代码 5-13　Result.aspx.cs

```
protected void Page_Load(object sender, EventArgs e)
{
    string UserName=Request.Form["TxtUserName"];//以 post 方法传递数据
    Response.Write(TxtUserName);
}
```

2. QueryString 属性

将 form 表单的 method 属性设置为 get，则当用户提交网页时，表单数据将附加在网址后面发送到服务器端。在这种情况下，可以使用 Request 对象的 QueryString 属性读取窗体变量。

【例 5-5】 使用 Request.QueryString 属性读取窗体变量。

(1)在例 5-4 的基础上修改代码，修改 Login.aspx 中的 method 为 get，修改后的源代码如代码 5-14 所示。

代码 5-14　修改后的 Login.aspx

```
<html>
<body>
<form id="form1" runat="server"  action="Result.aspx" method="get">
```

```
<asp:Label ID="LabUserName" runat="server" Text="用户名: "></asp:Label>
<asp:TextBox ID="UserName" runat="server"></asp:TextBox>
<asp:Button ID="BtnOK" runat="server" onclick="BtnOK_Click" Text="提交" />
</form>
</body>
</html>
```

(2) 修改后的 Login.aspx.cs 代码如代码 5-15 所示。

代码 5-15　Login.aspx.cs

```
protected void BtnOK_Click(object sender, EventArgs e)
{
    Response.Redirect("Result.aspx?UserName="+UserName.Text);
}
```

(3) 修改后的 Result.aspx.cs 代码如代码 5-16 所示。

代码 5-16　Result.aspx.cs

```
protected void Page_Load(object sender, EventArgs e)
{
    string UserName=Request.QueryString["UserName"];//以 get 方法传递数据
    Response.Write(UserName);
}
```

(4) 当在文本框中输入 mqx 时，用 get 方法传递数据，注意浏览器中会显示参数的内容，运行结果如图 5-21 所示。所以，get 安全性非常低，post 安全性较高，但是 get 的执行效率比 post 方法好。

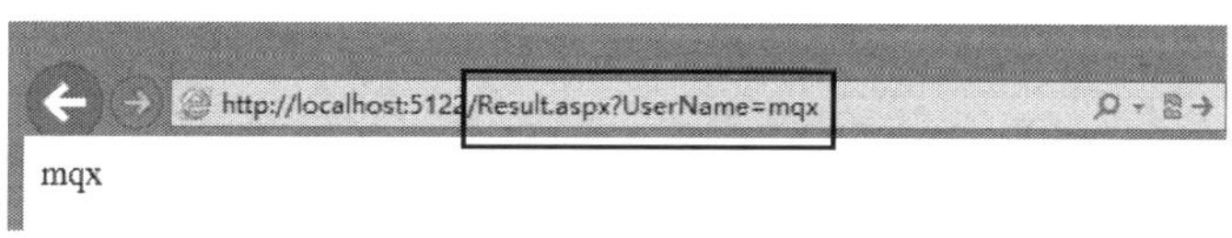

图 5-21　运行结果

3. Params 属性

不论 form 表单的 method 属性取什么值，都可以使用 Request 对象的 Params 属性来读取窗体变量的内容。

【例 5-6】 使用 Request.Params 属性读取窗体变量。

修改例 5-5 中的 Result.aspx.cs 为代码 5-17，并查看运行结果。

代码 5-17　Result.aspx.cs

```
protected void Page_Load(object sender, EventArgs e)
{
    string UserName=Request ["UserName"];//省略属性
    Response.Write(UserName);
}
```

5.2.4　Application 对象

Application 状态是整个应用程序全局的，Application 对象在服务器内存中存储数量较少并且独立于用户请求的相关数据。由于它的访问速度非常快，只要应用程序不停止，数据一直存在，我们通常在全局性文件 Global.asax 中使用 Application 对象。常用的属性和方法如表 5-6 所示。

表 5-6　Application 对象常用属性和方法

类别	名称	功能描述
属性	Count	获取 Application 对象变量的数量
方法	Lock	锁定全部 Application 对象
	UnLock	解除锁定的 Application 对象

使用 Application 对象保存信息的格式如下：

```
Application["名称"] = 值
```

获取 Application 对象信息的格式如下：

```
变量名 = Application["名称"]
```

为了防止多个用户修改同一个 Application 对象，造成数据不一致的问题，Application 对象提供了 Lockf() 方法用来锁定该对象，用 UnLock() 方法解除锁定。

【例 5-7】 实现网站访问次数的统计。

(1) 执行“网站”→“添加新项”菜单命令。

(2) 在弹出的“添加新项”对话框中选择“全局应用程序类”项，使用默认的名称，单击“添加”按钮，如图 5-22 所示。

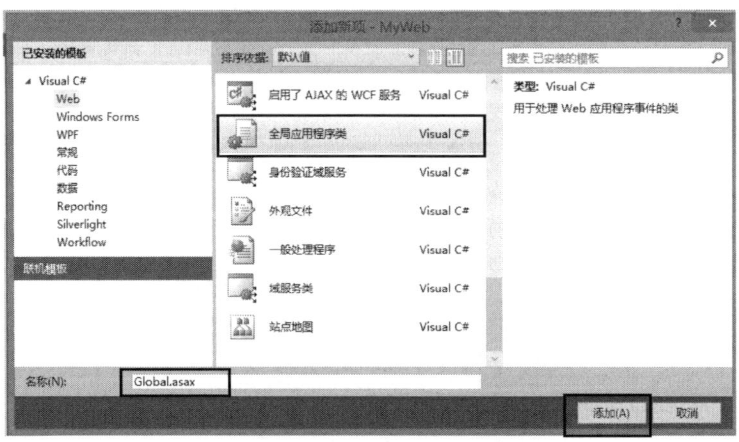

图 5-22　添加 Global.asax

(3) 可以看到 Global.asax 文件中已经帮我们定义了一些事件。Application_Start 事件只要应用程序不关闭，Application 里的数据就不会丢失，可以在这里进行数据的初始化工作。Session_Start 事件只要有新的会话，就会触发该事件，我们在事件中添加了网站访问计数的代码，而不是刷新页面就增加计数。添加代码 5-18 的内容。

代码 5-18　Global.asax

```
protected void Application_Start(object sender, EventArgs e)
{
    //在应用程序启动时运行的代码
    Application["Mycounter"] = 0;//初始化计数器
}
voidSession_Start(object sender, EventArgs e)
{
    //在新会话启动时运行的代码
    Application.Lock();
    Application["Mycounter"] = (int)Application["Mycounter"] + 1;
    Application.UnLock();
}
```

(4) 在网站中添加一个 Index.aspx 页面，双击页面，在 Page_Load 事件中添加代码 5-19。

代码 5-19　Index.aspx

```
protected void Page_Load(object sender, EventArgs e)
{
    Response.Write("你是第"+Application["Mycounter"]+"位访问者");
}
```

(5) 两次访问该网站后，可以看到运行结果如图 5-23 所示。

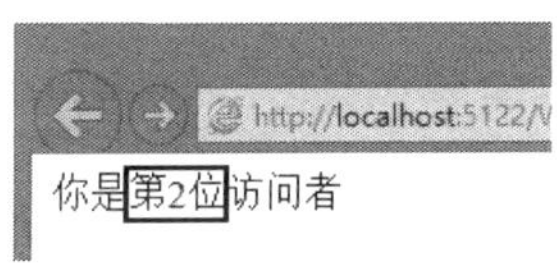

图 5-23　运行结果

5.2.5　Session 对象

用户在浏览网页时，或者让登录的用户信息在其他网页上也可以使用，可以通过前面学习的 Request 对象来实现数据之间的传递，但是这样一页一页地传递很麻烦，这时可以用 Session 对象存储在多个页面之间调用的特定用户信息，在网站的任何一个页面都可以存取 Session 信息，它保存在服务器端，不同的客户端之间无法互相访问。Session 对象和 Application 对象一样，都有全局性作用，但是 Application 对象是对所有用户的，而 Session 对象是针对某一个用户的。

因为每个和服务器连接的客户端都有独立的 Session，所以服务器需要一定的资源来管理这些 Session，客户端把网页打开后，可能由于某些原因一直没有操作，而服务器还在管理这些 Session，会造成服务器资源浪费，可以通过设定 TimeOut 属性来释放超过一定时间而没有操作的 Session。Session 对象常用的属性和方法如表 5-7 所示。

表 5-7　Session 常用属性和方法

类别	名称	功能描述
属性	Count	返回 Session 对象变量的个数
方法	TimeOut	设定 Session 对象的有效时间，默认为 20ms
	Clear	清除所有的 Session 对象变量
	Remove	通过名称来移除 Session 对象变量

使用 Session 对象保存信息的格式如下：

```
Session["名称"] = 值
```

【例 5-8】 通过 Session 来获取用户名。

(1) 新建一个网站，添加一个 Login.aspx 页面，界面如图 5-24 所示，页面具体控件和控件的名称参考代码 5-20。

图 5-24　Login.aspx 界面

代码 5-20　Login.aspx

```
<html>
 <body>
  <form id="form1" runat="server"  action="Result.aspx" method="post">
    <asp:Label ID="LabUserName" runat="server" Text="用户名："></asp:Label>
      <asp:TextBox ID="UserName" runat="server"></asp:TextBox>
      <asp:Button ID="BtnOK" runat="server" onclick="BtnOK_Click" Text="提交" />
</form>
  </body>
</html>
```

(2) 双击“提交”按钮，在 Login.aspx.cs 中加入代码 5-21 的内容。

代码 5-21　Login.aspx.cs

```
protected void BtnOK_Click(object sender, EventArgs e)
{
    Session["UserName"] = UserName.Text;//设置 Session 值
    Response.Redirect("DoLogin.aspx");
}
```

(3) 新建一个 DoLogin.aspx 页面，双击页面，在 Form_Load() 事件中添加代码 5-22 的内容。

代码 5-22　DoLogin.aspx.cs

```
protected void Page_Load(object sender, EventArgs e)
{
    Response.Write("你的姓名是："+Session[0]);//获取 Session 值
}
```

(4) 在 Login.aspx 页面中输入用户名 mqx 提交后，运行结果如图 5-25 所示。

图 5-25　运行结果

5.2.6　Service 对象

Service 对象主要用来处理页面请求编码转换、虚拟路径和物理路径转换等方法。常用方法如表 5-8 所示。

表 5-8　Service 对象常用的方法

类别	名称	功能描述
方法	HTMLEncode	将字符串转换成 HTML 格式输出
	URLEncode	将字符串转换成 URL 编码输出
	MapPath	获取服务器上的物理路径

【例 5-9】 实现文件上传功能。

(1) 新建一个网站，添加 Index.aspx 页面，在页面上添加一个标签、一个文件上传控件和一个按钮，界面如图 5-26 所示，页面具体控件和控件的名称参考代码 5-23。

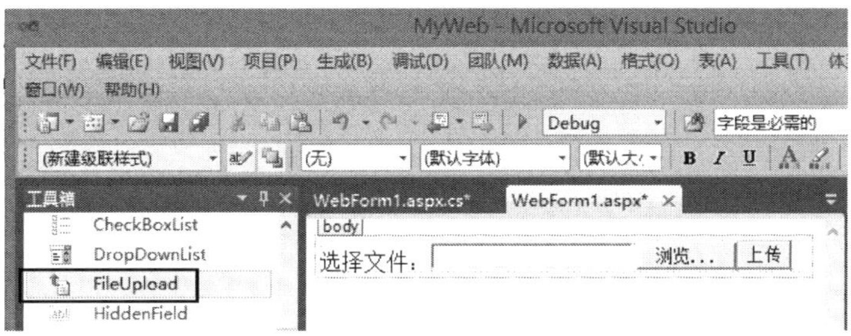

图 5-26　Index.aspx 界面

代码 5-23　Index.aspx

```
<html>
<body>
<form id="form1" runat="server">
<asp:Label ID="Label1" runat="server" Text="选择文件: "></asp:Label>
<asp:FileUpload ID="FileUpload1" runat="server" />
<asp:Button ID="BtnOK" runat="server" onclick="Button1_Click" Text="上传" />
</form>
</body>
</html>
```

(2) 双击“上传”按钮，添加代码 5-24 的内容。

代码 5-24　Index.aspx.cs

```
using System.IO;//注意添加 Directory 所需的命名空间
public partial class Index : System.Web.UI.Page
{
    protected void Button1_Click(object sender, EventArgs e)
    {
        if(IsPostBack)
        {
            string path = Server.MapPath("~/UpFiles/");//获取服务器的物理路径
            if(!Directory.Exists(path))//判断路径是否存在
            {
                Directory.CreateDirectory(path);//如果不存在，则建立路径
            }
            if(FileUpload1.HasFile)//判断上传文件控件是否选择了文件
```

```
            {
                //把文件保存到服务器中
                FileUpload1.PostedFile.SaveAs(path + FileUpload1.FileName);
                Response.Write("<script>alert('文件上传成功')</script>");
            }
        }
    }
}
```

(3) 运行后发现，目录下多了文件夹以及刚才选择的文件，运行结果如图 5-27 所示。

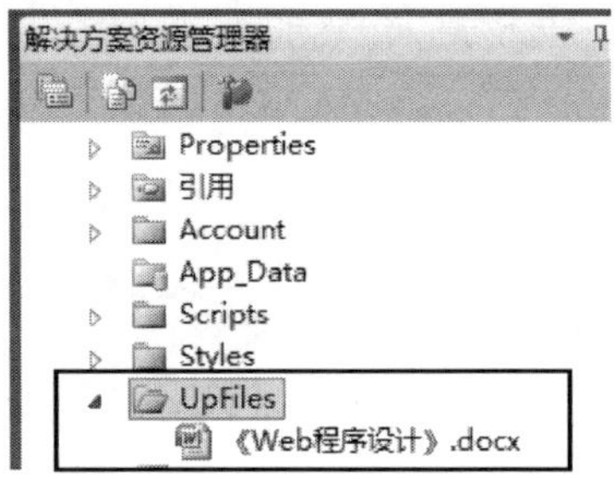

图 5-27　运行结果

5.2.7　Cookie 对象

Cookie 为 Web 应用程序保存用户信息提供了一种非常有用的方法。例如，当用户首次访问站点时，可以利用 Cookie 保存用户的相关信息，这样，当用户下次再访问这个站点时，应用程序就可以检索到以前保存的信息。由于 Cookie 是保存在客户端的，因此，尽量不要在 Cookie 中保存比较重要的保密信息。

服务器可以使用 Response 对象的 Cookies 集合向客户端 Cookie 写入信息，再通过 Resquest 对象的 Cookies 集合来检索 Cookie 信息；也可以通过 HttpCookie 类来创建对象，然后设置其子键的名称和值，最后通过 Response 对象将数据写入客户端。Cookie 对象常用的属性和方法如表 5-9 所示。

表 5-9　Cookie 对象常用的属性和方法

类别	名称	功能描述
属性	All	返回全部 Cookie 变量
	AllKeys	返回全部 Cookie 变量名称
	Value	设定或获取 Cookie 变量的值
	Name	获取 Cookie 变量名称
	Expires	设定 Cookie 变量有效时间
	Count	返回 Cookie 变量数量
方法	Add	新增一个 Cookie 到 Cookies 集合中
	Clear	清除所有 Cookie

Cookie 的写入和读取有以下两种方法。

方法 1：

```
Response.Cookies["username "].value=mqx;//写入 Cookie 对象
string name= Request.Cookies["username"].Value; //读取 Cookie 对象
```

方法 2：创建一个名为 username 的 Cookie 对象。

```
HttpCookienewcookie = new HttpCookie("username");
newcookie.Value= "mqx";                              //给 Cookie 赋值
Response.Cookies.Add(newcookie);                     //写入到 Cookies 集合中
Response.Write(Request.Cookies["username"].Value); //读取 Cookie 值
```

【例 5-10】 实现统计用户访问网站的次数，以及记录上次访问网站的时间。

(1) 新建一个网站，在网站中添加一个 Index.aspx 页面。

(2) 双击页面，添加代码 5-25 的内容。

代码 5-25　Index.aspx.cs

```
protected void Page_Load(object sender, EventArgs e)
{
    int counter;//访问次数变量
    if(Request.Cookies["counter"] == null)
          counter = 1;//如果第一次访问，赋值为 1
    else
    {
        //每次访问在原来的基础上加 1
        counter = int.Parse(Request.Cookies["counter"].Value) + 1;
        //显示上次的访问时间
        Response.Write("上次访问的时间为"+Request.Cookies["time"].Value +"<br>");
    }
    //保存访问次数
    Response.Cookies["counter"].Value = counter.ToString();
    //设置有效期为 1 年
    Response.Cookies["counter"].Expires = DateTime.Now.AddYears(1);
    //保存当前访问时间
    Response.Cookies["time"].Value = DateTime.Now.ToShortDateString();
    Response.Cookies["time"].Expires = DateTime.Now.AddYears(1);
    Response.Write("你是第" + counter + "次访问网站");
}
```

(3) 运行结果如图 5-28 所示。

图 5-28　运行结果

【例 5-11】 将多个值写入 Cookie 中。

(1) 新建一个网站，在网站中添加一个 Index.aspx 页面。

(2) 双击页面，添加代码 5-26 的内容。

代码 5-26　Index.aspx.cs

```
protected void Page_Load(object sender, EventArgs e)
{
    //创建一个名为 userinfo 的 Cookie
    HttpCookieusercookie = new HttpCookie("userinfo");
    usercookie.Values["name"] = "mqx"; //添加 name 子键
    usercookie.Values["sex"] = "女";    //添加 sex 子键
    Response.Cookies.Add(usercookie);   //添加到 Cookie 中
    //读取
    HttpCookie cookies = Request.Cookies["userinfo"];
    for(inti=0;i<cookies.Values.Count;i++)
    {
    Response.Write(cookies.Values.AllKeys[i]+"="+cookies.Values[i]+"<br>");
    }
}
```

(3)运行结果如图 5-29 所示。

图 5-29　运行结果

5.3　小　　结

本章主要介绍了 ASP.NET 的程序结构，IIS 服务器的安装、配置以及如何把 ASP.NET 程序发布到 IIS 中，还介绍了 ASP.NET 常用内置对象。该对象向用户提供了基本的请求、响应、会话等处理功能。

第 6 章　数据库技术基础

本章知识要点

了解数据库的基本概念和创建数据库及表的方法；
熟悉数据库表的查询、添加、删除、修改的方法；
熟悉 SQL Server 2012 的安装和使用方法；
掌握.NET 数据库操作的基础知识；
掌握通过 ADO.NET 访问数据库的技术。

兴趣实践

SQL Server 2012 的安装；通过 ADO.NET 访问数据库的实例；成绩分析系统的实现。

探索思考

ASP.NET 应用程序中通过 ADO.NET 访问数据需要引入哪些命名空间？

预习准备

请先复习以前学过的数据库及 SQL 基础知识，以及.NET 中数据源控件与数据绑定控件。

6.1　数据库概述

随着信息技术在工业，农业等领域的应用，如何有效地管理和利用各类信息资源，是科学研究和决策管理需要解决问题。数据库及其相关技术是办公自动化系统、计算机辅助设计、管理信息系统和决策支持系统等各类信息系统的核心部分，已成为人们进行科学研究和决策管理时处理信息数据的主要软件工具之一。

6.1.1　数据库简介

1. 数据库的定义

20 世纪 50～60 年代，人们把要运行的数据制成穿孔卡片，计算机通过运行数百万穿孔卡片来进行数据的处理，运行结果被打印输出或制成新的穿孔卡片。数据管理就是对所有这些穿孔卡片进行物理的存储和处理。然而，雷明顿兰德公司(Remington Rand Inc)于 1950 年成功研制出了Univac I计算机，它一秒钟可以输入数百条记录的磁带驱动器，引发了数据管理的革命。1956 年IBM公司生产出第一个磁盘驱动器——Model 305 RAMAC。它有 50 个盘片，每个盘片的直径是 2 英尺，可以存储 5MB 的数据。可以随机存取数据是磁盘的最大好处，而穿孔卡片和磁带只能顺序存取数据。随着信息技术的发展，特别是 20 世纪 90 年代以后，数据管理从简单的存储和管理数据，已转变成人们所需要的各种数据管理的方式。从简单的存储各种数据表格到能够存储海量数据的大型数据库系统都在各个方面得到了广泛的应用。

数据库(Database)是按照数据结构来组织、存储和管理数据的仓库。简单来说，数据库是用来存储电子文件的文件柜，用户可以对文件中的数据进行新增、截取、更新、删除等操作。数据库中的数据以一定方式存储在一起，能为多个用户共享，具有尽可能小的冗余度，是与应用程序彼此独立的数据集合。

例如，某高校的人事管理部门常常要把所有教职工的基本情况，包括职工号、姓名、年龄、性别、籍贯、职称、工资、所在院系等存放在数据表中，这张表就可以看成一个数据库。用户可以根据需要随时在表中查询某教职工的基本情况，也可以查询工资在某个范围内的教职工人数等情况。此外，图书管理、商品销售管理、医疗信息管理等也需要建立众多的这种数据库，使人们可以利用计算机实现图书、商品、医疗信息的自动化管理。

Martin 给数据库下了一个比较完整的定义：数据库是存储在一起的相关数据的集合，这些数据是结构化的，无有害的或不必要的冗余，并为多种应用服务；数据的存储独立于使用它的程序；对数据库插入新数据，修改和检索原有数据均能按一种公用的和可控制的方式进行。当某个系统中存在结构上完全分开的若干个数据库时，该系统包含一个“数据库集合”。

所谓数据库是依照某种数据模型组织起来并长期存放在计算机内，可共享的数据集合。数据库中的数据尽可能不重复，以一定的数据模型组织和存储，具有较小的数据冗余度，其数据结构独立于相应的应用程序，可管理和控制对数据的增加、删除、修改和检索。

2. 数据库系统

数据库系统最早出现于 20 世纪 60 年代，计算机已经开始广泛应用于数据管理，传统的文件系统已经不能满足人们的需要，对数据共享也提出了更高的要求，能够统一管理和共享数据的数据库管理系统(Database Management System，DBMS)应运而生。数据模型是数据库管理系统的核心和基础，各种数据库管理系统都是基于某种数据模型的。通常，按照数据模型的特点将传统数据库系统分成**网状数据库**、**层次数据库**和**关系数据库**三类。

1)网状数据库

1961 年，美国通用电气公司(General Electric Co.)的 Charles Bachman 成功研发出世界上第一个网状数据库管理系统——**集成数据存储**(Integrated Data Store，IDS)，它是最早出现的网状DBMS，并在当时得到了广泛的发行和应用。集成数据存储具有数据模式和日志的特征，但它只能在 GE 的主机上运行，并且数据库只有一个文件，数据库所有的表必须通过手工编码生成。之后，GE 的一个客户 Goodrich Chemical 公司根据自己的需求不得不重写了整个系统，并将新系统命名为集成数据管理系统(IDMS)。

按照网状数据结构建立的数据库系统称为**网状数据库系统**，其典型代表是DBTG(Database Task Group)。用数学方法可将网状数据结构转化为层次数据结构。

用网状结构表示实体及其之间的联系的模型称为**网状模型**。允许节点有多于一个的父节点，可以有一个以上的节点无父节点，适合用于表示多对多的联系。

2)层次数据库

层次数据库是在网络数据库之后出现的。1968 年 IBM 公司开发的信息管理系统(Information Management System，IMS)是最有代表性、适合主机的层次数据库，是最早的大型数据库系统产品。从 20 世纪 60 年代末到如今已经发展至 IMSV 6，提供对群集、N 路数据共享、消息队列共享等特性的支持，在今天的 WWW 应用连接、商务智能应用中仍然扮演着重要的角色。

层次结构模型实质上是一种有根节点的定向有序树(无回路的连通图)。例如，在一个高校管理系统中，教师、学生、课程等信息可以形成一个层次组织结构图。这个组织结构图像一棵树，学院/学校是树根(或称根节点)，各系、专业、教师、学生等为枝点(或称节点)，树根与枝点之间的联系称为边，树根与边之比为 1∶N，即树根只有一个，树枝有 N 个。

按照层次模型建立的数据库系统称为**层次模型数据库系统**。

3) 关系数据库

网状数据库和层次数据库能很好地解决数据的集中和共享问题，但是在数据独立性和抽象级别上仍有很大欠缺。用户在对这两种数据库进行存取操作时，仍然需要明确数据的存储结构，指出存取路径。而后来出现的关系数据库较好地解决了这些问题。

IBM 的研究员 Codd 博士于 1970 年在刊物 *Communication of the ACM* 上发表了一篇名为 *A Relational Model of Data for Large Shared Data Banks* 的论文，提出了关系模型的概念，奠定了关系模型的理论基础。关系模型有严格的数学基础，抽象级别比较高，而且简单清晰，便于理解和使用。随后，IBM公司在 San Jose 实验室开始了一个研究项目——System R，其目标是论证一个全功能的关系数据库系统的可行性。1974 年 IBM 的 Ray Boyce 和 Don Chamberlin 将 Codd关系数据库的 12 条准则的数学定义以简单的关键字语法表现出来，首次提出了结构化查询语言(Structured Query Language，SQL)，并实现了基于SQL的 DBMS。该项目结束于 1979 年，直到 1980 年 System R 才作为一个产品正式推向市场。与此同时，1973 年，加州大学伯克利分校的 Michael Stonebraker 和 Eugene Wong 利用 System R 已发布的信息开始开发自己的关系数据库系统 Ingres。Ingres 项目最后由Oracle公司、Ingres公司以及硅谷的其他厂商商品化。System R 和 Ingres 系统双双获得 ACM 的 1988 年“软件系统奖”。1976 年霍尼韦尔公司(Honeywell)开发了第一个商用关系数据库系统——Multics Relational Data Store。关系型数据库系统以关系代数为坚实的理论基础，经过几十年的发展和实际应用，技术越来越成熟和完善，其代表产品有Oracle、IBM 公司的DB2、微软公司的 SQL Server 等。

关系式数据结构把一些复杂的数据结构归结为简单的二元关系(二维表格形式)。例如，某单位的职工关系就是一个二元关系。**关系数据模型**是以集合论中的关系概念为基础发展起来的，把一些复杂的数据结构归结为简单的二元关系，关系模型中无论是实体还是实体间的联系均由二维表格形式(结构类型-关系)来表示。

由关系数据结构组成的数据库系统被称为**关系数据库系统**。在关系数据库中，对数据的操作几乎全部建立在一个或多个关系表格上，通过对这些关系表格的分类、合并、连接或选取等运算来实现数据的管理。

数据库管理系统的典型代表就是 DB2 数据库系统。对于一个实际的应用问题，如人事管理问题，通常需要多个关系才能实现，可以使用 DB2 为一个关系建立一个数据库(或称数据库文件)，使用多个关系建立的多个数据库文件组成数据库系统。DB2 数据库系统通过建立命令文件来实现对数据库的使用和管理。

因此，一个关系称为一个数据库，若干数据库可以构成一个数据库系统。数据库系统可以派生出各种不同类型的辅助文件和建立它的应用系统。

6.1.2 数据库基本对象

1. 实体和属性

1) 实体

我们把客观存在并且可以相互区别的事物称为**实体**(Entity)。实体是一个抽象名词，是指一个独立的事物个体，自然界的一切具体存在的事物都可以看作一个实体。实体可以是实际事物，也可以是抽象事件，如学生、图书、一场比赛等。同一类实体的集合称为**实体集**，如某学校的全体学生。

数据库管理系统中为了方便管理数据，设定了不同数据管理对象，如数据库表、视图、存储过程等都是数据库实体，这些对象中所存储的数据也是数据库实体。

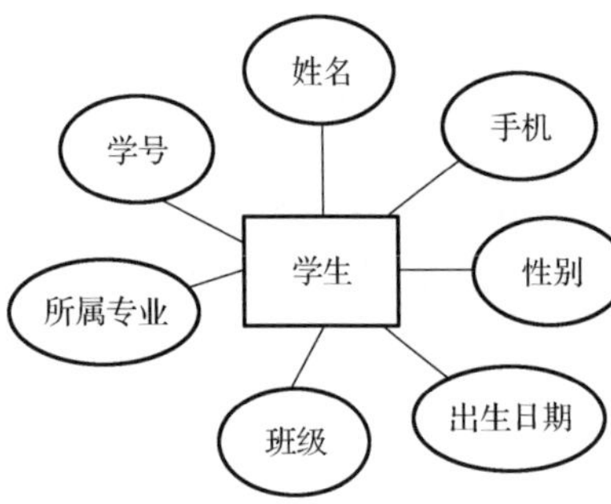

图 6-1 学生实体的属性

2) 属性

描述实体的特性称为**属性**(Property)。实体拥有一个或多个属性，每个属性都有一个名字和一个值，这个值可以是任何一种基本值类型。例如，对于学生实体，其对应的属性就有学生的学号、姓名、性别、所属专业、班级、出生日期等。对于教师实体，它的属性就有职工编号、姓名、性别、工资、职称等，分别如图 6-1、图 6-2 所示。

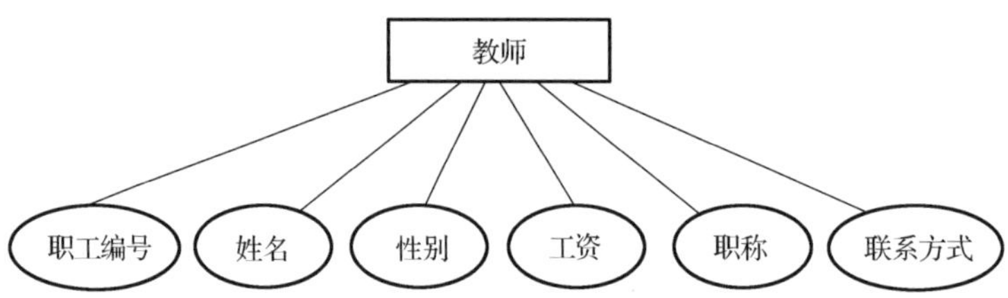

图 6-2 教师实体的属性

如果某个属性或属性组合的值能唯一地标识出实体集中的每一个实体，就可以选作关键字。用作标识的**关键字**也称为码。例如，学号就可作为学生实体的关键字。

2. 实体-关系模型

实体与实体之间有一定的对应关系，反映现实世界不同事物之间的相互关联。这种关系分为两种，一种是实体内部各属性之间的联系；另一种是实体之间的联系。实体-关系模型又称 E-R(Entity-Relationship)模型，是 Peter Chen 在 1976 年提出的。E-R 模型提供了一个“方框与箭头”的绘图工具，帮助用户建立 E-R 图来描绘数据之间的关系，在数据库设计领域得到了广泛的认同。

E-R 图包括实体、属性和关系三个基本要素。

实体：用矩形表示，矩形框内写明实体名。

属性：用椭圆形或圆角矩形表示，并用无向边将其与相应的实体连接起来；多值属性由双线连接；主属性名称下加下划线。

联系：用菱形表示，菱形框内写明联系名，并用无向边与有关实体连接起来，同时在无向边旁标注联系的类型(1:1，1:n，m:n)。

在 E-R 图中实体和属性的关系通常有一对一、一对多和多对多三种类型。

1)一对一关系(1:1)

设 A、B 为两个实体集。若 A 中的每个实体至多和 B 中的一个实体有联系，反过来，B 中的每个实体至多和 A 中的一个实体有联系，称 A 对 B 或 B 对 A 是 1:1 联系，如图 6-3 所示。注意，1:1 联系不一定都是一一对应的关系，可能存在着无对应。例如，一个公司只有一个总经理，一个总经理不能同时在其他公司再兼任总经理，某公司的总经理也可能暂缺；一个班级只有一个班长，一个班长只在一个班级中任职。

2)一对多联系(1:n)

如果 A 实体集中的每个实体可以和 B 中的几个实体有联系，而 B 中的每个实体至多和 A 中的一个实体有联系，那么 A 对 B 属于 1:n 联系，如图 6-4 所示。例如，一个部门有多名职工，而一名职工只在一个部门就职，部门与职工属于一对多联系。

3)多对多联系(m:n)

若实体集 A 中的每个实体可与 B 中的多个实体有联系，反过来，B 中的每个实体也可以与 A 中的多个实体有联系，则称 A 对 B 或 B 对 A 是 m:n 联系，如图 6-5 所示。例如，一个学生可以选修多门课程，一门课程由多个学生选修，学生和课程间存在多对多联系。

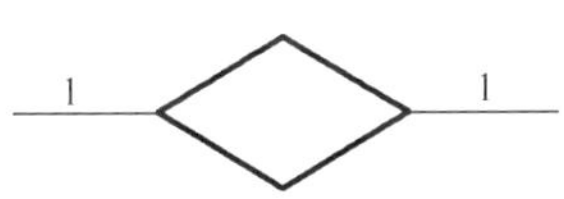

图 6-3　1:1 联系

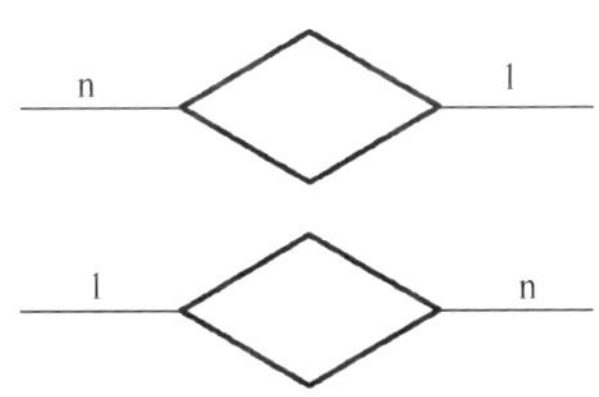

图 6-4　1:n 联系

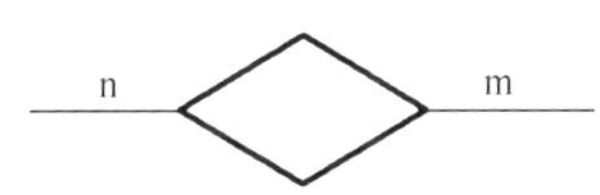

图 6-5　m:n 联系

例如，某高校教务管理系统中有学院、教师、课程等实体，这些实体之间有如下关系：

(1)一门课程可以由若干个教师讲授，使用若干本参考书；

(2)每一个教师只讲授一门课程；

(3)每一本参考书只供一门课程使用，其 E-R 图如图 6-6 所示。

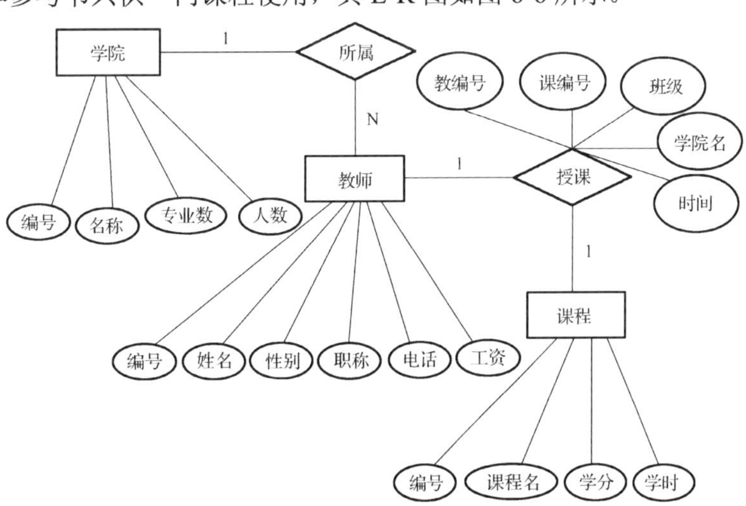

图 6-6　教务管理系统的 E-R 图

3. 数据库基本对象

1) 表

数据库中的表与我们日常生活中使用的表格类似，它也是由行(Row)和列(Column)组成的。列由同类的信息组成，每列又称为一个字段，每列的标题称为字段名。行包括了若干列信息项。一行数据称为一个或一条记录，它表达有一定意义的信息组合。一个数据库表由一条或多条记录组成，没有记录的表称为空表。每个表中通常都有一个主关键字，用于唯一地确定一条记录。

2) 索引(Index)

索引是根据指定的数据库表列建立起来的顺序，它提供了快速访问数据的途径，并且可监督表的数据，使其索引所指向的列中的数据不重复。

3) 视图(View)

视图看上去同表似乎一模一样，具有一组命名的字段和数据项，但它其实是一个虚拟的表，在数据库中并不实际存在。视图是由查询数据库表产生的，它限制了用户能看到和修改的数据。由此可见，视图可以用来控制用户对数据的访问权限，并能简化数据的显示，即通过视图只显示那些需要的数据信息。

4) 图表(Diagram)

图表其实就是数据库表之间的关系示意图，利用它可以编辑表与表之间的关系。

5) 缺省值(Default)

缺省值是当在表中创建列或插入数据时，对没有指定其具体值的列或列数据项赋予事先设定好的值。

6) 规则(Rule)

规则是对数据库表中数据信息的限制。它限定的是表的列。

7) 触发器(Trigger)

触发器是一个用户定义的 SQL 事务命令的集合。当对一个表进行插入、更改、删除操作时，这组命令就会自动执行。

8) 存储过程(Stored Procedure)

存储过程是为完成特定的功能而汇集在一起的一组 SQL 程序语句，经编译后存储在数据库的 SQL 程序中。

9) 用户(User)

用户即数据库的使用者。

6.1.3 常用数据库

1. Access 数据库

Access 数据库被集成在 Office 办公软件中，是世界上最流行的桌面数据库管理系统。Access 是一种关系型数据库管理系统，也称关系型数据库管理软件，功能强大且使用方便，它可运行于各版本的 Windows 操作系统环境中，并继承了 Windows 的易于使用、界面友好的特性，被人们广泛使用。它并不需要数据库管理者具有专业的程序设计水平，任何非专业的用户都可以用 Access 来创建功能强大的数据库管理系统。而且，Access 使用标准的 SQL

作为数据库语言，提供强大的数据处理能力和较好的通用性，已成为一个功能强大且易于使用的桌面型关系型数据库管理软件。

2. MySQL 数据库

MySQL 数据库是一个小型的关系型数据库，由瑞典的 MySQL AB 公司开发，后来被 Sun 公司收购。在 Web 应用方面，MySQL 是最好的关系数据库管理系统(Relational Database Management System，RDBMS)应用软件之一。MySQL 是一种关系数据库管理系统，所有数据不是放在一个大仓库内，而是将数据保存在不同的表中，这样就加快了检索数据的速度，提高了访问数据的灵活性。MySQL 使用标准化语言 SQL 来访问数据库，能对数据进行增加、删除、查询、修改等操作，同时支持结构化查询语言；MySQL 支持AIX、FreeBSD、Windows、Linux、Mac OS和 Solaris 等多种操作系统，并为C/C++、.NET、Python、Java和PHP等编程语言提供了API，提供给用户TCP/IP、ODBC 和 JDBC 等多种数据库连接途径。MySQL 的服务器是 C/S 架构的，服务器端支持多线程，可以为客户端提供所需的程序接口等。

由于其源码的开放性，现在被很多中小型网站使用，这样不仅成本不大，而且 MySQL 数据库的体积也很小，速度也快。不过与一些大型的数据库相比较，MySQL 有很多不足之处，但是 MySQL 数据库并没有因此而减小它的受欢迎程度，由于它的低成本性，很多个人和小型企业使用这样的方式建立自己所需要的既免费又稳定的网站系统。

3. Oracle 数据库

Oracle Database，简称 Oracle，是 Oracle(甲骨文)公司的一款关系数据库管理系统，提供以分布式数据库为核心的一组软件产品，是目前最流行的 C/S 或 B/S体系结构的数据库之一，具有完整的数据管理功能，在数据库领域一直处于领先地位。作为目前流行的关系数据库管理系统，Oracle 数据库系统具有功能强大、移植性好和使用方便的特点，适用于各类大、中、小型微机环境，是一种高率可靠的、可适应高吞吐量的数据库解决方案。

4. SQL　Server 数据库

SQL Server 是 Microsoft 公司开发的一个关系数据库管理系统，是一个全面的数据库平台，使用集成的商业智能(BI)工具提供了企业级的数据管理功能，具有使用方便、可伸缩性好与相关软件集成程度高等优点。SQL Server 数据库以标准的 Transact-SQL 作为查询和编程语言。Transact-SQL 是一种结构化查询语言，支持 ANSI SQL 92 标准，可以在不同的操作平台上运行，支持 TCP/IP、IPX/SPX、Apple Talk 等多种不同类型的网络协议。SQL Server 最多可以定义 32767 个数据库，每个数据库中可以定义 20 亿个表格，每个表格可以有 250 个字段，每个表格的数据个数并没有限制，每一个表格可以定义 250 个索引。

SQL Server 数据库引擎是企业数据管理解决方案的核心，为关系型数据和结构化数据提供了安全可靠的存储功能，方便用户构建和管理用于业务的高可用性、高性能的数据应用程序。

6.2　数据库的搭建——SQL Server 2012 简介

SQL Server 2012 是由微软在 2012 年 3 月正式发布的数据库软件，主要帮助更多企业处理每年大量增长的数据，2012 版本增加了 Windows Server Core 支持、Columnstore 索引、自定义服务器权限、BI 语义模型等多项新功能，十分强大。

SQL Server 2012 是微软发布的新一代的数据库平台，不仅延续了现有数据库平台的强大功能，而且全面支持云平台，帮助企业快速的构建相应的解决方案，并能在内部和公共云端部署方案和扩展数据，也可实现私有云与公有云之间数据的扩展及应用的迁移。SQL Server 2012 还提供对关键业务应用的多种功能及解决方案的最高级别支持，提供来自不同网络环境的数据的交互、全面的自助分析等创新功能以满足不同人群对数据以及信息的需求。针对大数据以及数据仓库，SQL Server 2012 提供从数 TB 到数百 TB 全面端到端的解决方案。作为微软的信息平台解决方案，SQL Server 2012 的发布可以帮助数以千计的企业用户突破性地快速实现各种数据体验，完全释放对企业的洞察力。

SQL Server 2012 包含企业版(Enterprise)、标准版(Standard)，另外新增了商业智能版(Business Intelligence)。微软表示，SQL Server 2012 发布时还包括 Web 版、开发者版本以及精简版。

6.2.1 安装 SQL Server 2012

1. 系统要求

支持 SQL Server 2012 的操作系统有 Windows 7、Windows Server 2008 R2、Windows Server 2008 SP2、Windows Vista SP2。

32 位系统：具有 Intel 1GHz(或同等性能的兼容处理器)或速度更快的处理器(建议使用 2GHz 或速度更快的处理器)的计算机。

64 位系统：1.4GHz 或速度更快的处理器。

内存：最低 1GB RAM(建议使用 2GB 或更大的 RAM)。

硬盘：2.2GB 可用硬盘空间。

2. 软件获取

可以从微软官方网站 http://www.microsoft.com/zh-cn/download/details.aspx?id=29066 下载 SQL Server 2012 安装软件。具体操作说明如下。

(1) 根据微软的提示，64 位的 Windows 7 操作系统只需下载列表的 CHS\x64\SQLFULL_x64_CHS_Core.box、CHS\x64\SQLFULL_x64_CHS_Install.exe 和 CHS\x64\SQLFULL_x64_CHS_Lang.box 三个安装包。然而第一个 CHS\SQLFULL_CHS.iso 包含 32 位和 64 位，如图 6-7 所示。

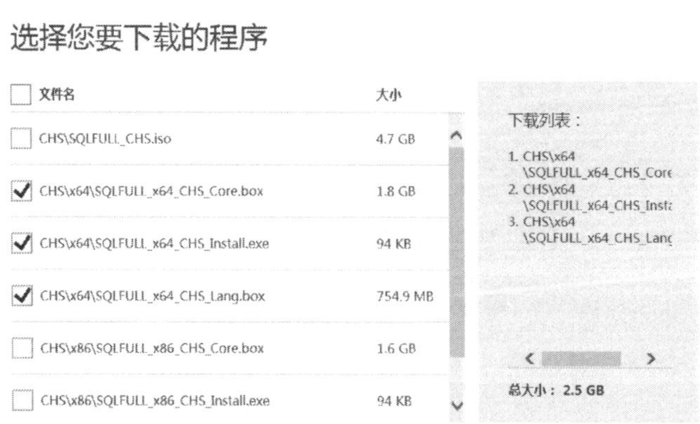

图 6-7 下载文件列表

(2) 将下载的这三个安装包放在同一个目录下，并双击打开可执行文件 CHS\x64\SQLFULL_x64_CHS_Install.exe。系统解压缩之后打开另外一个安装文件夹 SQLFULL_x64_CHS。打开该文件夹，并双击 SETUP.EXE 文件，开始安装 SQL Server 2012，如图 6-8 所示。

3. 安装 SQL Server 2012

(1) 系统打开“SQL Server 安装中心”，说明可以开始正常安装 SQL Server 2012 了。我们可以通过“计划”、“安装”、“维护”、“工具”、“资源”、“高级”、“选项”等进行系统安装、信息查看以及系统设置，如图 6-9 所示。

图 6-8　SETUP.EXE 文件的位置

图 6-9　SQL Server 安装中心

(2) SQL Server 2012 安装前系统检查。在“计划”选项页中，如图 6-10 所示，单击相关的标题，可以在线查看安装 SQL Server 2012 的相关信息，如硬件和软件要求、安全文档以及**系统配置检查器**和安全升级顾问等。在系统安装之前，请务必通过“系统配置检查器”检查系统中阻止 SQL Server 2012 成功安装的条件，以减小安装过程中报错的概率。

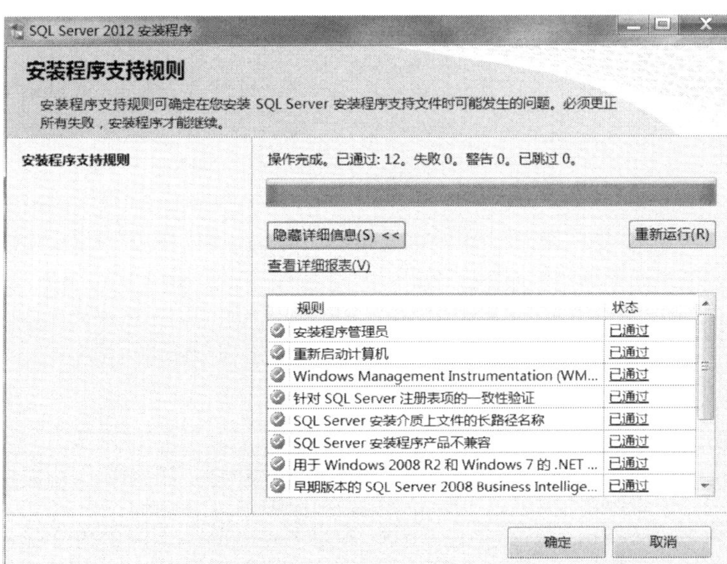

图 6-10　系统配置检查结果的细节

(3) 非集群环境安装 SQL Server 2012，选中图 6-11 界面右侧的第一项“全新 SQL Server 独立安装或向现有安装添加功能”，通过向导一步步在非集群环境中安装 SQL Server 2012。

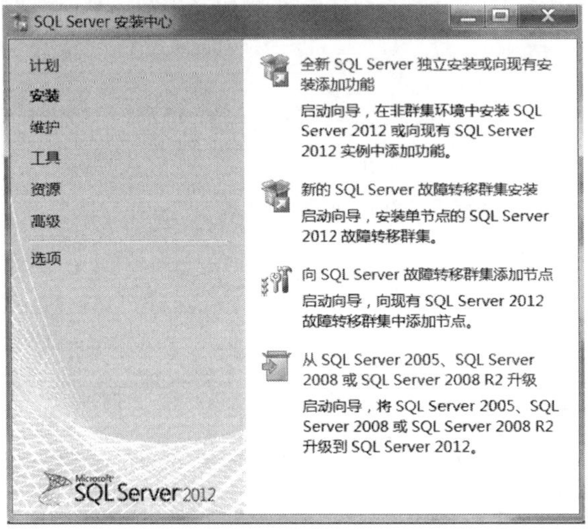

图 6-11　非集群环境中全新独立安装 SQL Server 2012

(4) 安装前的程序支持规则检查。注意查看系统默认的选择是否与自己的处理器类型相匹配，以及指定的安装介质根目录是否正确。接下来进行安装程序支持规则检查，如图 6-12 所示。

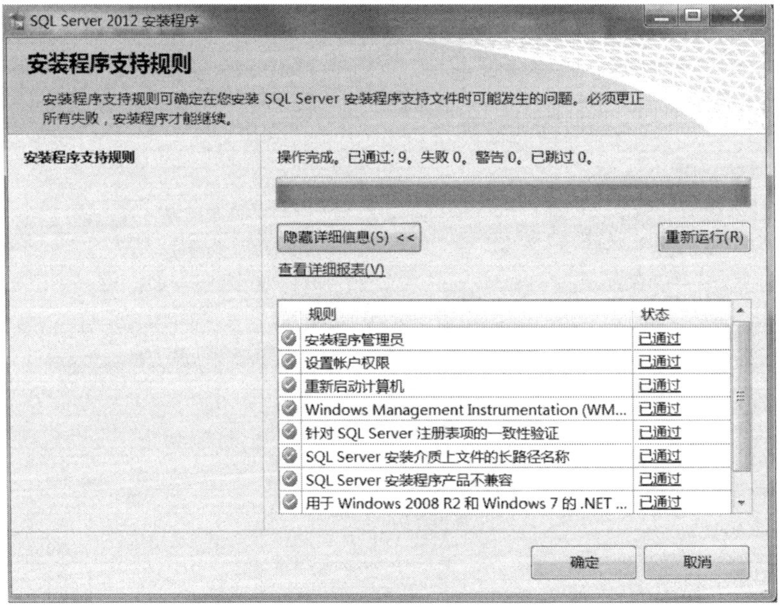

图 6-12　安装程序支持规则检查

(5) 安装 SQL Server 2012 前的角色设置。在图 6-13 的“设置角色”选项中选中“SQL Server 功能安装”单选按钮，单击“确定”按钮，进入“功能选择”。

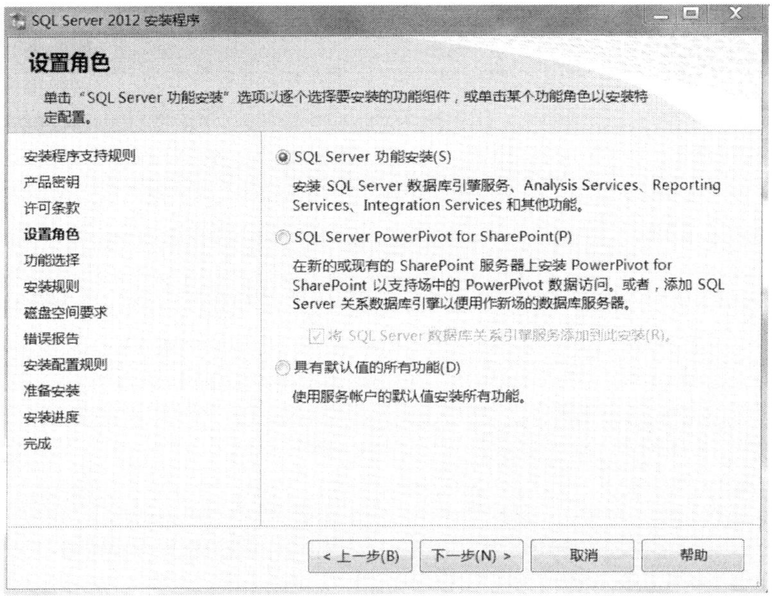

图 6-13　设置角色

在“功能选择”中选择要安装的 Evaluation 功能，选中功能前的复选框，或者单击“全选”按钮选中所有实例功能，如图 6-14 所示。

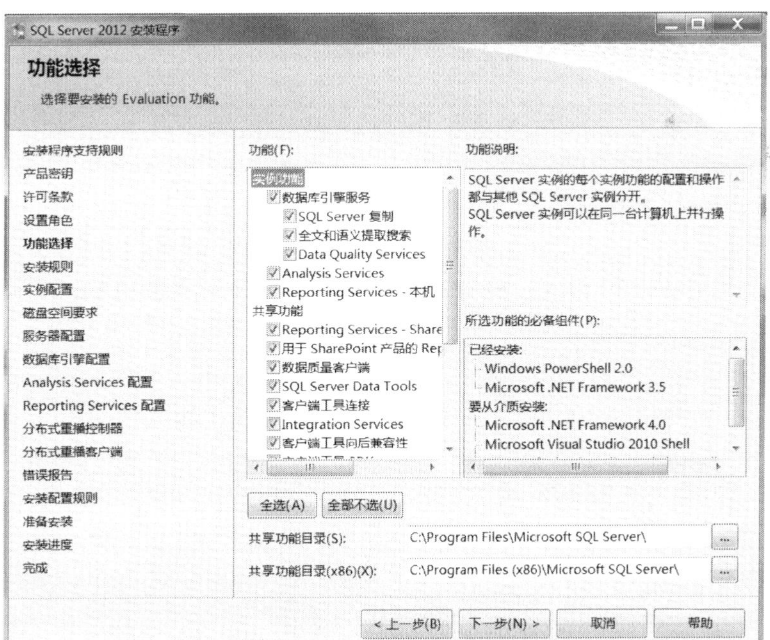

图 6-14　选择要安装的 Evaluation 功能

接下来系统将再次检查是否符合安装规则，如图 6-15 所示。继续“下一步”，进入如图 6-16 所示的“实例配置”，指定 SQL Server 实例的名称和实例 ID(默认为 MSSQLSERVER)，实例 ID 将成为安装路径的一部分，单击“下一步”按钮进行磁盘空间检查，如图 6-17 所示。

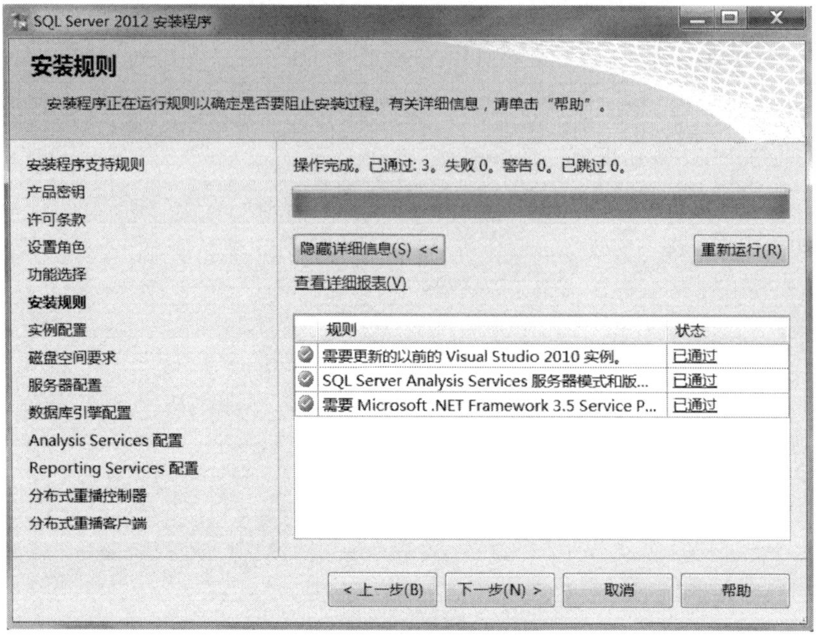

图 6-15　安装规则

图 6-16　实例配置

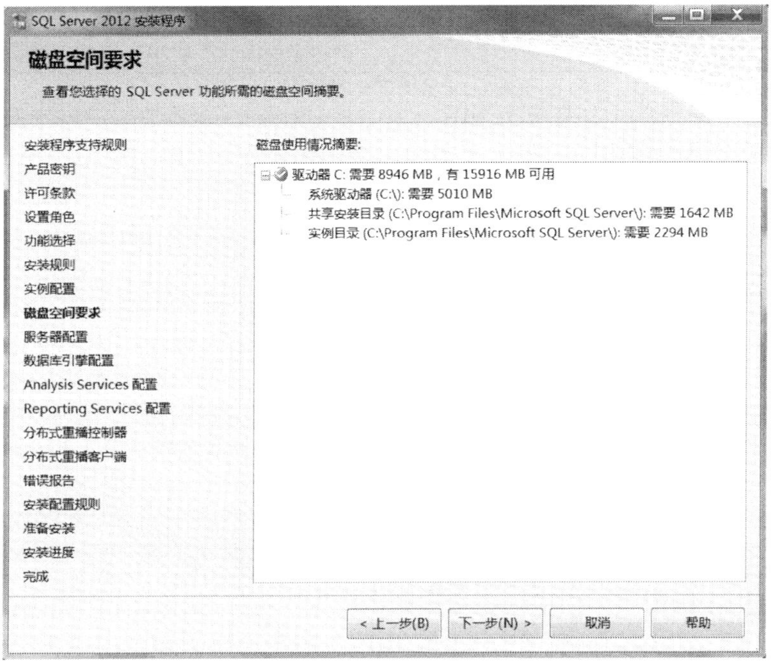

图 6-17　磁盘空间检查

(6)经过如图 6-18 所示的服务器配置窗口，在图 6-19 所示的数据库引擎配置选项页中的“服务器配置”选项卡中选择身份验证模式，SQL SERVER 2012 提供两种身份认证模式：“Windows 身份验证模式”和“混合模式(SQL Server 身份验证和 Windows 身份验证)”。在此我们选择“混合模式”，系统要求为 SQL Server 系统管理员 sa 指定密码。

图 6-18　服务器配置

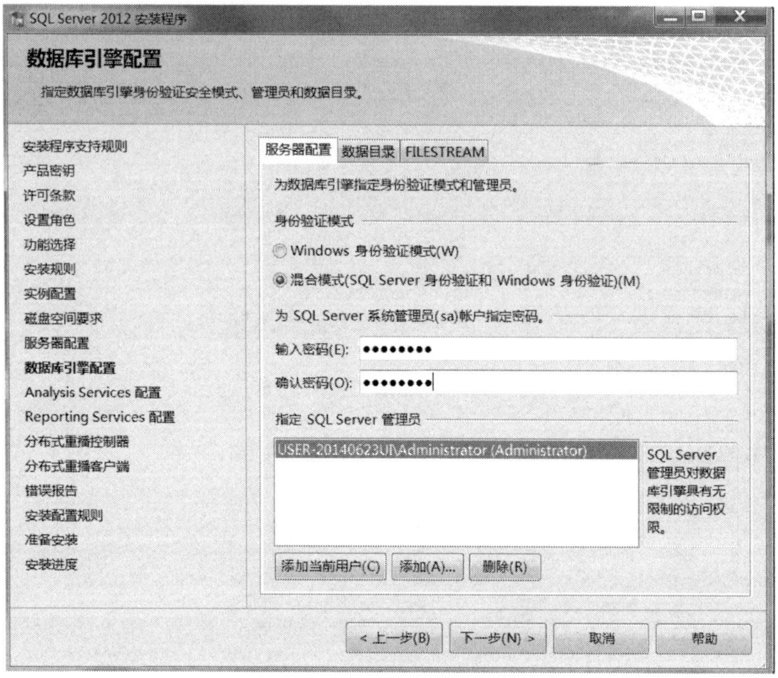

图 6-19　数据库引擎配置

(7) 按照安装向导的提示单击“下一步”按钮，分别经过“Analysis Services 配置”、“Reporting Services 配置”、“分布式重播控制器”、“分布式重播客户端”、“错误报告”、“安装配置规则”、“准备安装”和“安装进度”，直至最后安装完成。具体过程如图 6-20～图 6-28 所示。

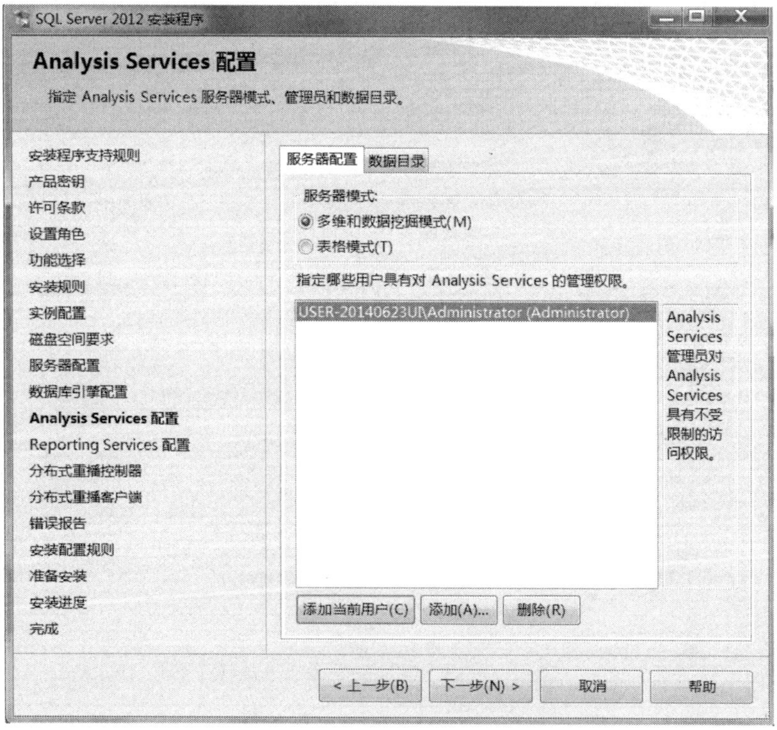

图 6-20　Analysis Services 配置

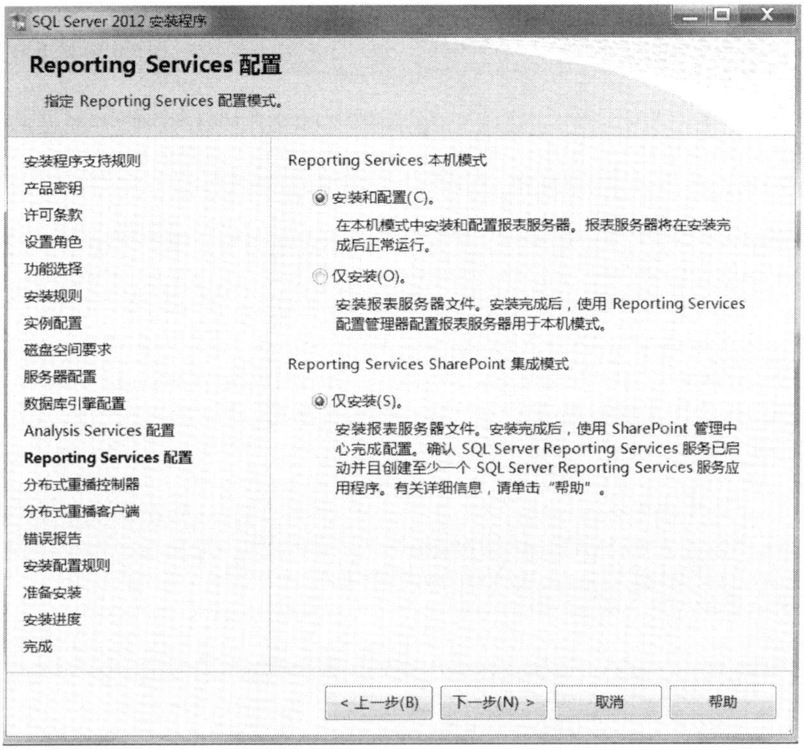

图 6-21　Reporting Services 配置

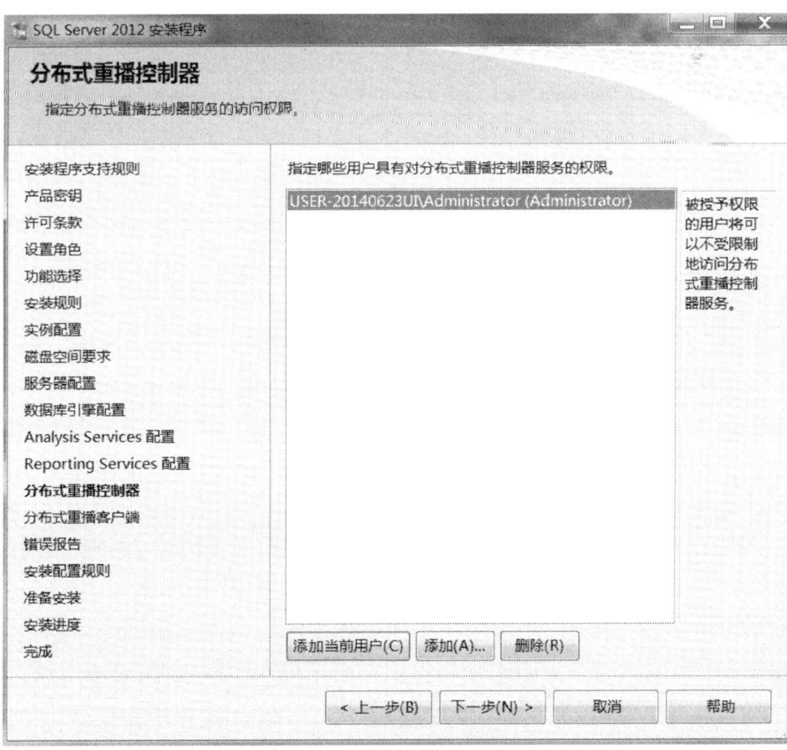

图 6-22　分布式重播控制器

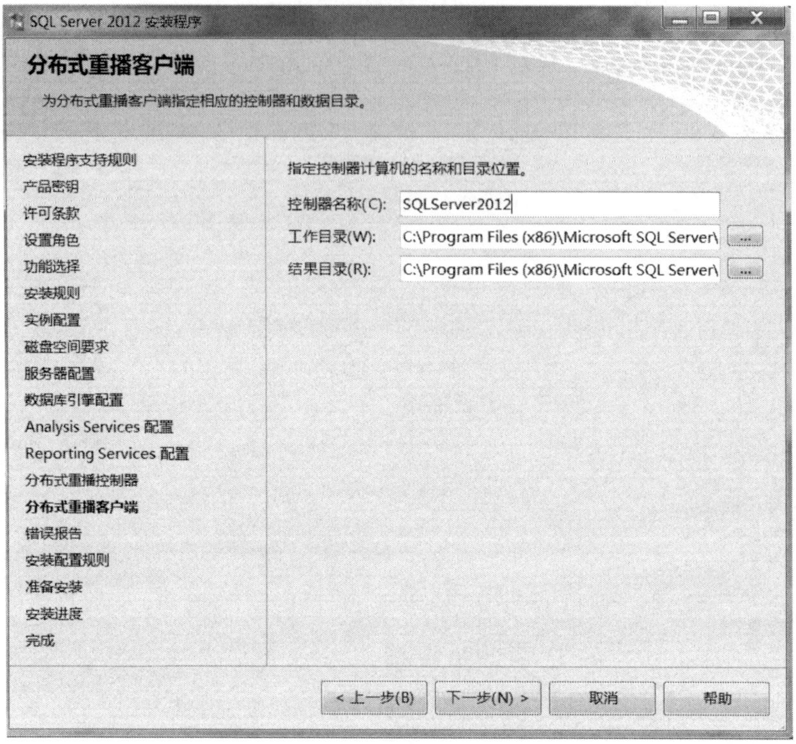

图 6-23　分布式重播客户端

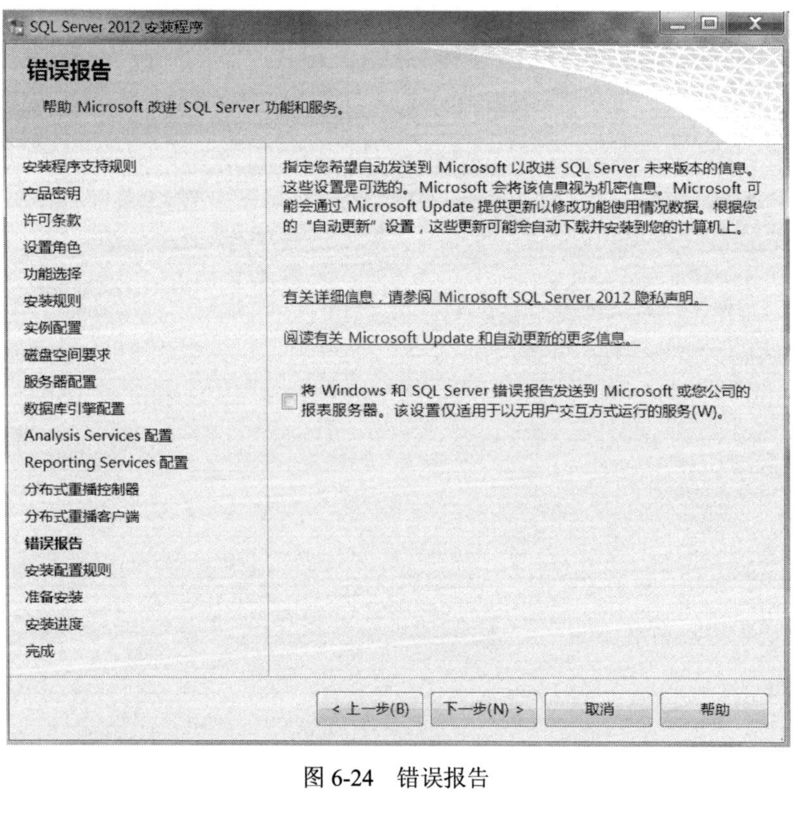

图 6-24　错误报告

图 6-25　安装配置规则

图 6-26　准备安装

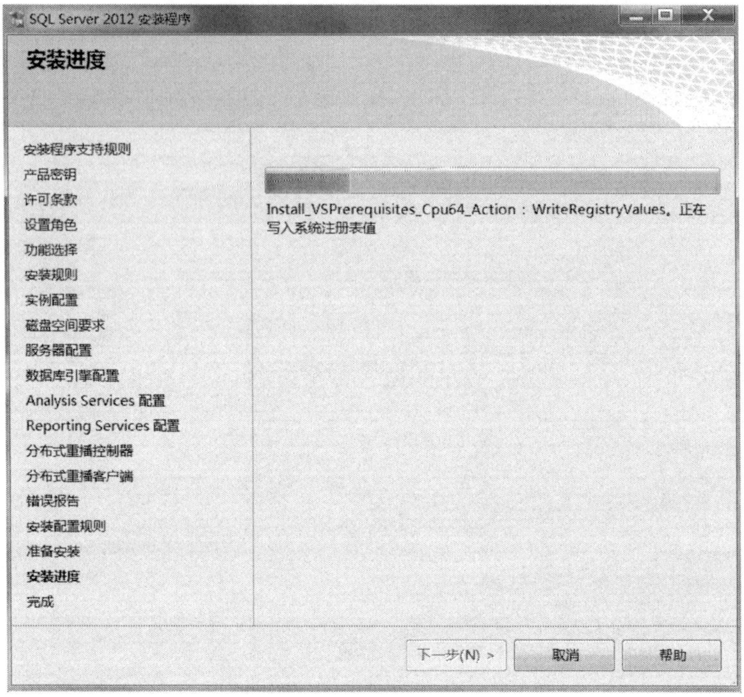

图 6-27　安装进度

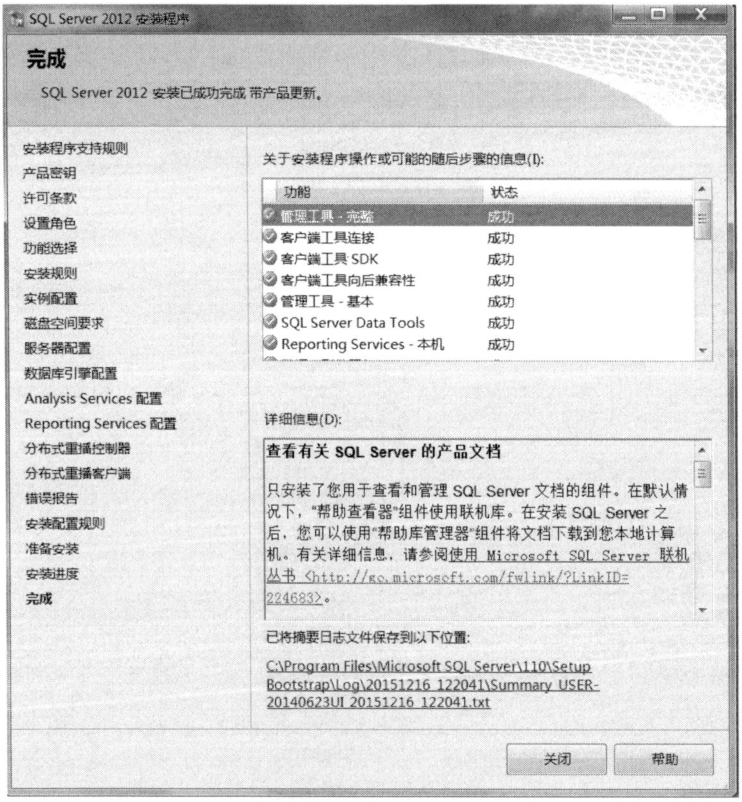

图 6-28　完成安装

6.2.2　SQL Server 2012 服务的启动与停止

当我们在计算机中安装 SQL 数据库后，使用数据库时必须开启服务，具体操作步骤如下。

1. 打开“计算机管理”

打开 Windows 7 的“开始”菜单，在搜索框中输入 compmgmt.msc 命令，打开如图 6-29 所示的“计算机管理”。

2. 找到 SQL Server 服务

打开“计算机管理(本地)”，单击“服务和应用程序”下的“SQL Server 配置管理器”项，在窗口右边出现“SQL Server 服务”、“SQL Server 网络配置”和“SQL Native Client 11.0 配置”等服务，它们都是在数据库安装过程中自行装上的，如图 6-30 所示。

图 6-29　输入 compmgmt.msc 命令

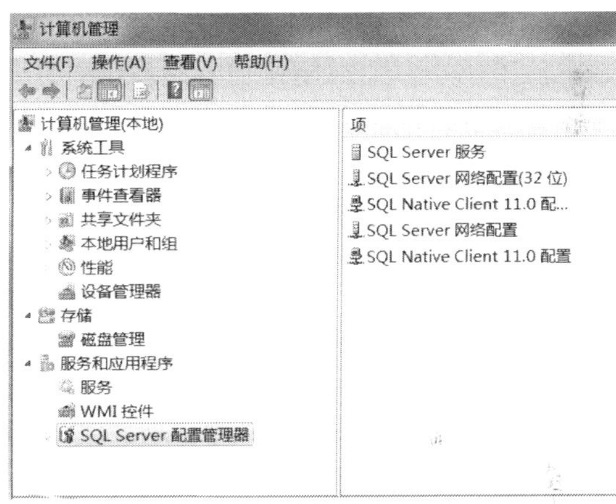

图 6-30　SQL Server 服务

3. 启动/停止 SQL Server 服务

点击并打开“SQL Server 服务”，选中“SQL Server(MSSQLSERVER)”服务并单击鼠标右键，在弹出的对话框中选择“启动”或“停止”命令，就可以启动或停止 SQL Server 服务。如图 6-31 所示。

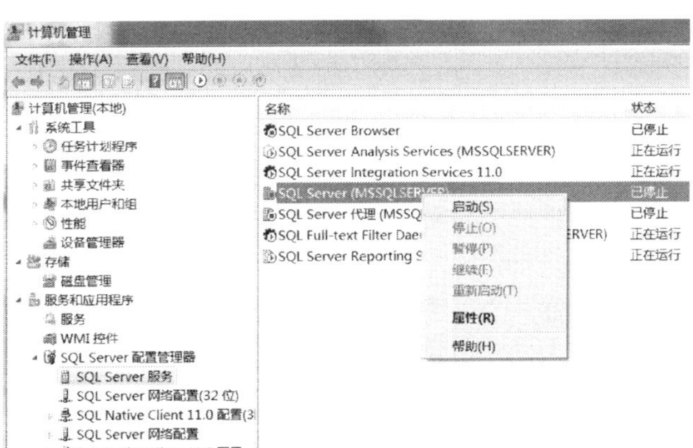

图 6-31　启动或停止 SQL Server 服务

6.2.3　SQL Server 2012 远程连接的启用

如果局域网里的一台本地计算机想通过外网访问远程的存放在异地服务器中的数据库，就必须开启 SQL Server 2012 数据库的远程连接功能，同时需要打开远程连接的 1433 端口。SQL Server 2012 默认是不允许远程连接的，如果想要在本地计算机用 SSMS(SQL Server Management Studio，SSMS 用于管理 SQL Server 基础架构的集成环境和用于配置、监视和管理 SQL Server 实例的工具，还提供了用于部署、监视和升级数据层组件，如应用程序使用的数据库和数据仓库的工具以生成查询和脚本)连接远程异地服务器上的 SQL Server 2012 数据库，用户首先需要确认其本地计算机的工作环境，如果是工作组环境，则需要使用 SQL Server 身份验证方式。

下面介绍在工作组环境下，启用本地计算机上的 SQL Server 2012 远程连接功能的方法。具体步骤如图 6-32～图 6-38 所示。

(1) 打开并登录 SQL Server 2012 的 SSMS，查看并确保 SQL Server 服务器登录名为“sa”，如图 6-32 所示。

(2) 进入用户“sa”的“服务器属性”窗口，打开“连接”属性，选中窗口右边的“允许远程连接到此服务器”复选框，见图 6-33，单击“确定”按钮。

图 6-32　确定“sa”登录名

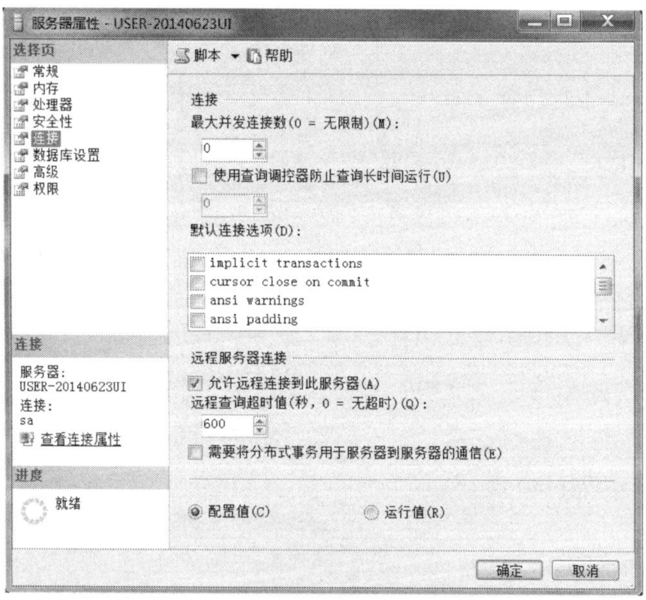

图 6-33　服务器属性设置

(3) 设置服务器的“查看方面”下拉列表框如图 6-34 所示，将 RemoteAccessEnabled 属性值设置为“True”。

(4) 开启“SQL Server Browser”服务。打开“计算机管理(本地)”中的“SQL Server 配置管理器”，单击图 6-35 中的“SQL Server 服务”选项，确定“SQL Server(MSSQLSERVER)”和“SQL Server Browser”服务是正在运行的。

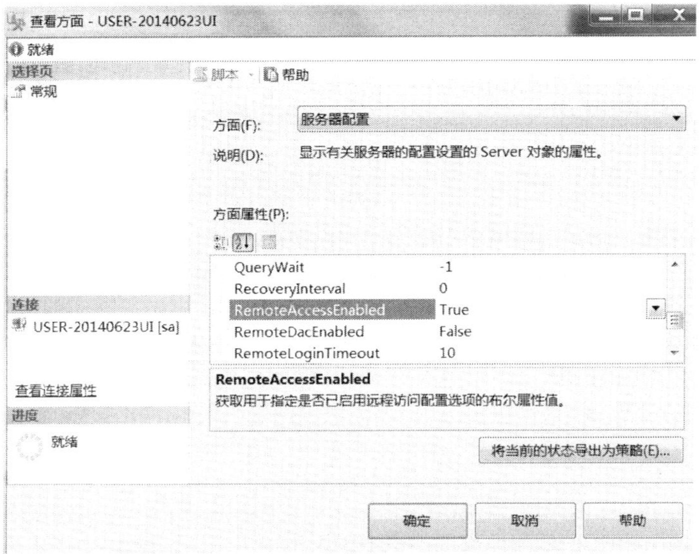

图 6-34　设置 RemoteAccessEnabled 属性

图 6-35　查看 SQL Server 服务运行情况

(5) 启动 TCP/IP，打开 1433 端口。打开如图 6-36 和图 6-37 所示的窗口就可以手动更改 SQL 数据库的连接端口，SQL Server 2012 默认端口号为 1433。

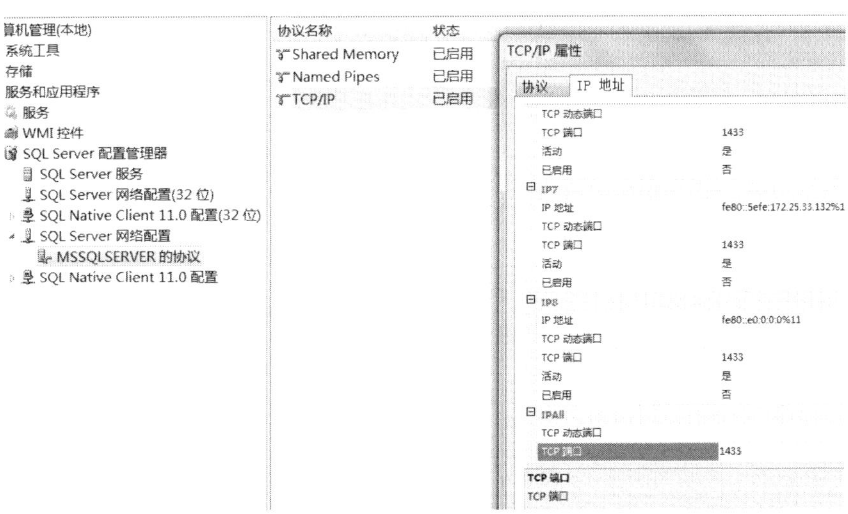

图 6-36　开启 1433 端口

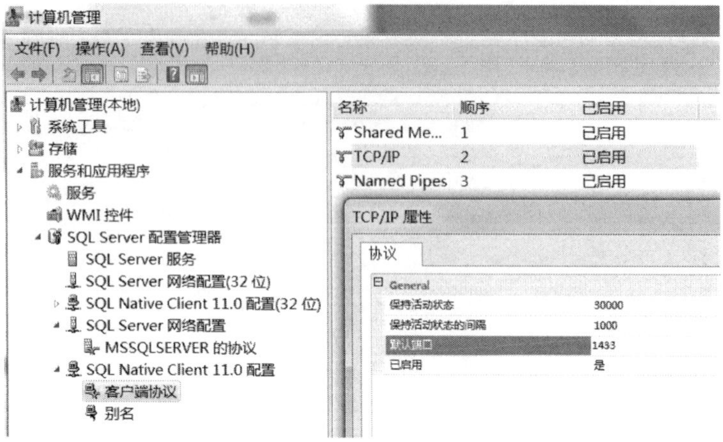

图 6-37　修改端口号

(6)检查 Windows 的防火墙，确保 1433 端口号可访问，或者关闭防火墙。

(7)最后，退出 SQL Server 2012，重新连接 IP 地址为 192.168.1.6 的服务器，如图 6-38 所示，使用 SQL Server 身份验证，输入登录名 sa 和相应的密码，点击连接，成功则表示 sa 账户已启用远程连接功能。

图 6-38　连接远程数据库服务器

6.3　SQL 入门

IBM 公司的 Ray Boyce 和 Don Chamberlin 于 1974 年提出了结构化查询语言 SQL。SQL 主要有查询、操作、定义和控制数据的功能，是一种通用的功能极强的关系数据库语言，同时又是一中高度非过程化的语言，用户只要指出做什么而不需要指出怎么做。SQL 集成了数据库生命周期中的全部操作，并提供了与关系数据库进行交互的方法，可以与标准的编程语言一起使用。SQL 有专门为操作数据库而建立的命令集，功能强大、简单易学、方便用户使用，已经成为程序员操作数据库的基础，几乎所有的数据库都支持 SQL 查询语言。

SQL 语言支持关系数据库三级数据模式结构，如图 6-39 所示。其中，外模式对应视图“视图”(View)和“基本表”(Base Table)，内模式对应“存储文件”(Stored File)。在 SQL 中，把传统关系模型中的关系模式称为基本表，存储模式(内模式)称为存储文件，子模式(外模式)称为视图，元组称为行，属性称为列。

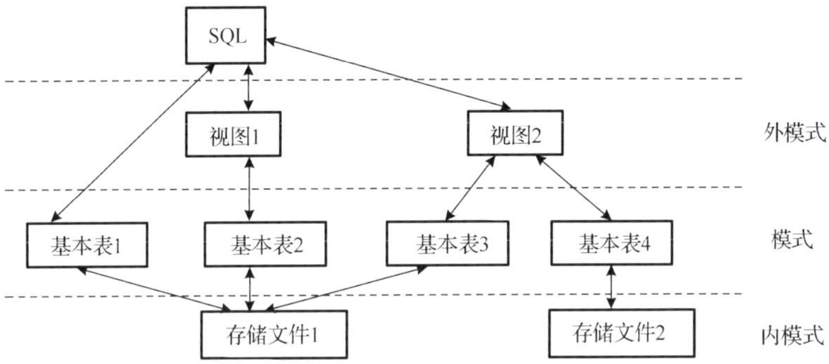

图 6-39　SQL 的三级模式结构

(1)一个 SQL 数据库是表(Table)的集合，一个关系就对应一个表。

(2)一个表可以是一个基本表，也可以是一个视图。基本表是实际存储在数据库中的表，而视图是由若干基本表或其他视图构成的表的定义。

(3)一个 SQL 表由行集构成，一行是列的序列集合，每列与行对应一个数据项。

(4)一个基本表对应一个存储文件，索引也可以放在存储文件中。每个存储文件与外部存储上的一个物理文件对应，对用户是透明的。

(5)用户可以用 SQL 语言对基本表和视图进行查询、插入或删除等操作。从用户角度来看，视图和基本表都是关系。

(6)SQL 语句能够嵌入到高级语言(如 COBOL、JAVA、Pascal、C#、C/C++)的程序中，共程序员设计程序时使用。交互环境下的终端用户直接输入 SQL 命令对数据库进行操作。

6.3.1　数据库及表

数据库有两种存储结构：逻辑存储结构和物理存储结构。数据库的逻辑存储结构指数据库是由哪些性质的信息所组成的，通常是由表、视图、索引等各种不同的数据库对象所组成。数据库的物理存储结构指数据库文件是如何在磁盘上存储的。数据库是以文件为单位存储在磁盘上的，由数据库文件和事务日志文件组成，数据库文件包括主数据库文件和辅助数据库文件。通常，一个数据库应至少包含一个数据库文件和一个事务日志文件。

主数据库文件：包含数据库的相关启动信息并存储数据信息。一个数据库可以形成一个或多个数据库文件，但一个数据库文件只能隶属于一个数据库。当一个数据库形成多个数据库文件时，通常只有一个扩展名为.MDF 的文件被定义为主数据库文件，简称主文件。一个数据库只能有一个主数据库文件。

辅助数据库文件：用于存储主数据库文件未存储的剩余数据和数据库对象，辅助数据库文件的扩展名为.NDF，简称辅助文件。一个数据库可以没有一个辅助数据库文件，也可以同时拥有多个辅助数据库文件。

事务日志文件：用于存储数据库的更新情况等事务日志信息，包含用于恢复数据库的日志信息。当数据库损坏时，管理员使用事务日志文件能很快恢复数据库。每一个数据库必须拥有至少一个事务日志文件，而且允许拥有多个。事务日志文件的扩展名为.LDF，日志文件的大小至少是 512KB。SQL Server 采用提前写入的方式来记录事务日志。

SQL Server 2012 用数据库和表来组织和管理数据的对象。用户使用 SQL Server 2012 设计和实现信息管理系统时，首先应该设计和实现数据的表示和存储，即数据库和表的创建及操作。对数据库进行操作和管理有两种方式，一种是利用可视化的 SSMS 管理器来操作和管理数据库，另外一种是直接编写 SQL 语句来批量完成操作。

1. 数据库的创建、修改和删除

下面将介绍数据库的创建、修改及删除操作的基本方法。

1) 数据库的创建

数据库是一个数据集，它包含了多个基本数据表。程序员可以使用 Transact-SQL 语句创建数据库，也可以使用 SSMS 创建数据库。

(1) 使用 Transact-SQL 创建数据库。

使用 Transact-SQL 创建数据库的基本语法格式如下：

```
CREATE DATABASE database_name
[ ON
<filespec> [ ,…n ]
 [ , <filegroup> [ ,…n ] ]
]
[LOG ON { <filespec> [ ,…n ] } ]
[ COLLATE collation_name ]
[ FOR LOAD| FOR ATTACH ]
```

其中：

```
<filespec> ::=
[PRIMARY]
( [ NAME = logical_file_name,]
   FILENAME = 'os_file_name'
   [ , SIZE = size [ KB | MB | GB | TB ] ]
   [ , MAXSIZE = { max_size [ KB | MB | GB | TB ] | UNLIMITED } ]
   [ , FILEGROWTH = growth_increment [ KB | MB | GB | TB | % ] ]
) [,…n]
<filegroup> ::=
FILEGROUP filegroup_name <filespec> [ ,…n ]
```

说明：

database_name：将要创建的新数据库的逻辑名称，其名称在 SQL Server 的实例中必须唯一，必须符合标识符命名规则，最多可以包含 128 个字符。

ON 子句：指明数据库的数据文件及文件组。用来定义主文件组的数据文件的 <filespec> 项时，需要使用 ON 关键字。主文件组的数据库文件列表以逗号分隔的、用于定义用户文件组及其文件的 <filegroup> 项列表(可选)。

LOG ON 子句：用于指定数据库失误日志文件的属性，其定义格式与数据库文件的格式相同。

COLLATE 子句：用来指定数据库的默认排序规则。FOR LOAD 子句从一个备份库向新建的数据库中加载数据。FOR ATTACH 子句说明从已有的数据库文件向数据库添加数据，使用该子句时，必须指定主数据库文件。

logical_file_name：逻辑文件名。如果未指定逻辑文件名称，则 SQL Server 将通过向 database_name 追加后缀来生成逻辑文件名，此时，数据库名称 database_name 将被限制为 123 个字符，从而保证生成的逻辑文件名称不超过 128 个字符。

os_file_name：定义操作系统文件名，是操作系统在创建物理文件时所使用文件名。

SIZE：指定数据文件的初始大小。

MAXSIZE：指定操作系统文件可以增长到的最大尺寸。

FILEGROWTH：指定数据文件每次的增加量。当指定数据为 0 时，表示文件不增长。增加量可以用 KB、MB 作为后缀的字节数或以%作为后缀的被增加容量文件的百分比来表示，默认后缀为 MB。如果没有指定 FILEGROWTH，则默认值为 10%，每次增加的最小容量值为 64KB。

<filegroup>：定义文件组的属性。文件组中各文件的描述和数据文件描述相同。

通常，在 Transact-SQL 的命令格式中有以下规定。

[　]：表示可选，也可省略。

[，…n]：表示重复前面的内容。

<>：表示应该用相应的内容替代。

{ }：表示是必选的。

A | B：表示 A 和 B 只能选择一个，不能同时选择。

【例 6-1】 创建一个名为 JWCJXT 的数据库。其初始大小为 15MB，最大为 80MB，允许数据库以 15%的比例自动增长，日志文件初始为 3MB，最大可增长到 15MB，按 1M 增长。

```
CREATE DATABASE JWCJXT
ON
(
   NAME ='JWCJXT',     --数据库名称
   FILENAME ='C:\Program Files\Microsoft SQL Server\MSSQL10.MSSQLSERVER\
            MSSQL\DATA\JWCJXT_Data.mdf',
   SIZE = 15MB,
   MAXSIZE = 80MB,
   FILEGROWTH = 15%
)
LOG ON
(
   NAME ='Account_Log',
   FILENAME ='C:\Program Files\Microsoft SQL Server\MSSQL10.MSSQLSERVER\
            MSSQL\DATA\JWCJXT_Log.ldf',
   SIZE = 3MB,
   MAXSIZE = 15MB,
   FILEGROWTH =1MB
)
GO
```

输入完毕，单击“执行查询”按钮，当命令成功执行后，在 SQL Server 上进行刷新，就能看见新建的数据库 JWCJXT 了。

【例 6-2】 创建学生信息管理系统的数据库(Course)，所有参数均取默认值。

```
CREATE DATABASE Course
ON
(
    NAME = 'Course_data',
    FILENAME = 'f:\SQL\data\MSSQL\DATA\Course_Data.mdf'
)
GO
```

分析：本例创建了一个名为 Course 的数据库，数据库只包含一个主数据库文件和一个主日志文件，它们均采用系统默认存储路径和文件名。

(2) 使用 SSMS 创建数据库。

对于一般用户来说，使用 SSMS 管理器更为直观与简便，程序员不需要记复杂的 SQL 语句及语法，就能在图形化操作界面下操作与管理数据库。下面以创建数据库 School 为例，介绍使用 SSMS 创建数据库的步骤。

① 打开 SQL Server 2012 数据库并连接到本地数据库引擎后，右击数据库，从弹出的快捷菜单中选择“新建数据库”命令，如图 6-40 所示。

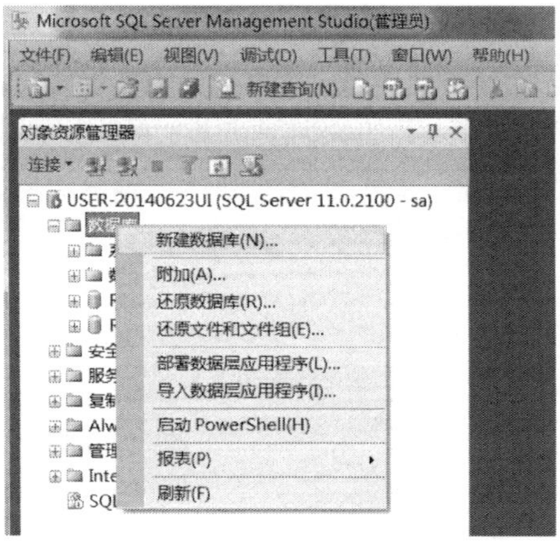

图 6-40　新建数据库

② 在弹出的如图 6-41 所示的对话框中输入数据库名称 School，其他参数保留默认。

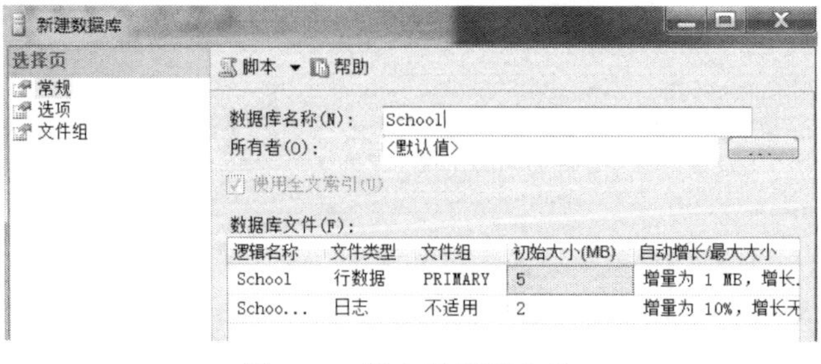

图 6-41　输入数据库名称

③ 刷新左边视图，如图 6-42 所示，可以看到 School 数据库已经建立成功了。

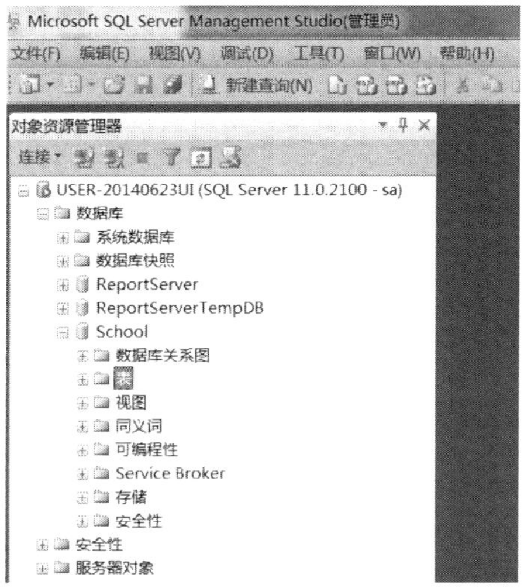

图 6-42　成功创建数据库

2) 使用 ALTER DATABASE 语句修改数据库

使用 ALTER DATABASE 语句可以对数据库进行修改，包括增加或删除数据库文件、改变数据库文件的大小和增长方式、改变日志文件的大小和增长方式、增加或删除日志文件、增加或删除文件组。其语法格式如下：

```
ALTER DATABASE database_name
{ADD FILE <filespec> [, …n][TO FILEGROUP filegroup_name]
|ADD LOG FILE <filespec> [, …n]  /*增加日志文件*/
|REMOVE FILE logical_file_name  /*删除数据库文件*/
|ADD FILEGROUP filegroup _name  /*增加文件组*/
|REMOVE FILEGROUP filegroup _name  /*删除文件组*/
|MODIFY FILE<filespec>  /*更改文件属性*/
|MODIFY NAME = new_dbname  /*更改数据库名称*/
|MODIFYFILEGROUPfilegroup _name{filegroup_property|name=new_filegroup _name}
| SET <optionspec>[, …n][WITH <ternimation>]  /*设置数据库属性*/
| COLLATE <collation_name>  /*指定数据库排序规则*/
}
```

其中：

```
<filespec> :: =
(
   NAME = logical_file_name
   [ , NEWNAME = new_logical_name]
   [ , FILENAME = {'os_file_name' | 'filestream_path'}]
   [ , SIZE = size [ KB | MB | GB | TB ] ]
   [ , MAXSIZE = {max_size [ KB | MB | GB | TB ] | UNLIMITED}]
   [ , FILEGROWTH = growth_increment [ KB | MB | GB | TB| % ]]
   [ , OFFLINE]
)
```

说明：

database_name：要修改的数据库的名称。

ADD FILE：向数据库中添加文件。

ADD LOG FILE：将要添加的日志文件添加到指定的数据库。

REMOVE FILE：从 SQL Server 的实例中删除逻辑文件说明并删除物理文件。 除非文件为空，否则无法删除文件。

ADD FILEGROUP：向数据库中添加文件组。

REMOVE FILEGROUP：从数据库中删除文件组。文件组必须为空，否则无法将其删除。一般先从文件组中删除所有文件，再删除文件组。

MODIFY FILE：指定应修改的文件。一次只能更改一个 <filespec> 属性。必须在 <filespec> 中指定 NAME，以标识要修改的文件。如果指定了 SIZE，那么新大小必须比文件当前大小要大。若要修改数据文件或日志文件的逻辑名称，请在 NAME 子句中指定要重命名的逻辑文件名称，并在 NEWNAME 子句中指定文件的新逻辑名称。

MODIFY NAME：使用 new_database_name 指定的名称重命名数据库。

<filespec>：控制文件属性。其中，NAME 用来指定文件的逻辑名称；NEWNAME 指定文件的新逻辑名称；FILENAME 指定操作系统(物理)文件名称，指定创建文件时操作系统所使用的路径和文件名。SIZE 指定文件大小，SIZE 不适用于 FILESTREAM 文件组。MAXSIZE 指定文件可增大到的最大容量。FILEGROWTH 指定文件的自动增量。文件的 FILEGROWTH 值不能超过 MAXSIZE 设置的最大值。FILEGROWTH 不适用于 FILESTREAM 文件组。

【例 6-3】 将 Test1 数据库的名称更改为 test1dat3。

```
ALTER DATABASE Test1
MODIFY FILE
   (NAME = test1dat3,
SIZE = 20MB)
GO
```

【例 6-4】 为数据库 JWGLXT 增加数据文件 Student_dat。

```
ALTERDATABASE JWGLXT
    ADD FILE
(   NAME=  Student
    FILENAME='D:\DBtest\Student_dat.ndf'
    )
```

【例 6-5】 为数据库 JWGLXT 增加日志文件 JWGLXT_LOG2。

```
ALTER DATABASE  JWGLXT
    ADD LOG FILE
    (
        NAME=JWGLXT_LOG2,
        FILENAME='D:\DBtest\增加的日志文件.ldf',
        SIZE=3MB,
        MAXSIZE=50MB,
        FILEGROWTH=10%
    )
```

3) 使用 DROP DATABASE 删除数据库

将数据库及其全部内容从数据库系统中删除，其语句格式如下：

```
DROP DATABASE database_Name[, …n]
```

当数据库正在使用，或者数据库正在恢复，或者数据库包含用于复制的已经出版的对象时，不能被删除。DROP 语句一次可以删除一个或多个数据库。

例如，删除教务管理系统中的数据库 JWCJXT。其语句如下：

```
DROP DATABASE JWCJXT
```

2. 表的创建、修改和删除

1) 创建表(CREATE TABLE)

使用 SQL 语句创建表，格式如下：

```
CREATE TABLE [ database_name.[ schema_name ].|schema_name.] table_name
(
{   <column_definition>/*列的定义*/
    | column_name AS computed_column_expression    /*定义计算列*/
    |[ <table_constraint> ]  /*指定表的约束*/
}
[ ON { filegroup | "default" } ]
[ TEXTIMAGE_ON { filegroup | "default"} ]
                              /*指定存储 text、ntext 和 image 类型数据的文件组*/
```

其中：

```
<column_definition> ::=
{ column_name data_type| NULL | NOT NULL  } /*指定列名、类型*/
[ COLLATE collation_name ]/*指定排序规则*/
| [ DEFAULT constant_expression ]  /*默认值*/
  | [ IDENTITY[( seed ,increment )][NOT FOR REPLICATION]]]
[ ROWGUIDCOL ] /*指定列为全局标识符*/
 [ <column_constraint> [ …n ] ] /*指定列的约束*/
```

CREATE TABLE 语句的参数及说明如下。

database_name：是数据库名。操作时必须指定数据库的名称，如果未指定，系统默认为当前数据库；schema_name 是新的数据表所属架构的名称；table_name 是创建的数据表名，表名遵循标识符命名规则。除了本地临时表名不能超过 116 个字符外，表名最多可包含 128 个字符。

column_name：数据表中的列名。列名遵循标识符命名规则，在表中是唯一的。

computed_column_expression：定义了计算列值的表达式。说明该列是由同一表中的其他列通过表达式计算得到。计算列是虚拟列，不会真正存储在表中，除非此列使用 PERSISTED 来约束。而表达式是由一个或多个运算符连接非计算列的名称、变量、常量、函数等任意组合而成。表达式不能包含别名数据类型，也不能是子查询。当我们选择列表、WHERE 子句、ORDER BY 子句或任何可使用正则表达式时就可以使用计算列。

<table_constraint>：表的约束。指定表的存储分区架构或文件组。

TEXTIMAGE_ON{filegroup|"default"}：用来指定 text、ntext、image、xml、nvarchar(max)、varchar(max)、varbinary(max)等数据类型的列存储在指定文件组的关键字。

<column_definition>：列的属性定义。其中 column_name 为列名，NULL 表示该列可取空值，NOT NULL 表示该列不可取空值。**ON { filegroup | "default" }**用来指定存储表的文件组。如果指定了 filegroup，则表将存储在指定的文件组(数据库必须存在该文件组)中。如果指定了"default"，则表存储在默认文件组中。**TEXTIMAGE_ON{filegroup|"default"}**指示 text、image、ntext、varchar(max)、nvarchar(max)等数据类型的列存储在指定文件组中。如果表没有这些数据类型的列，则不允许使用 TEXTIMAGE_ON。如果指定了"default"，或者未定义 TEXTIMAGE_ON，则这些列将与表存储在同一默认文件组中。

【例 6-6】 在数据库 School 中创建一张 Student 表，设置学号 Stu_Id 为主码，姓名取值唯一。

```
CREATE TABLE Student(
[Stu_Id] [int] NOT NULLPRIMARY KEY,
[Stu_Name] [char](8)NOT NULLUNIQUE,
[Stu_Phone][nvarchar](50) NOT NULL,
[Stu_Address] [nvarchar](max) NOT NULL,
[Stu_Birthday]  [datetime] NULL,
[Stu_Score] [int] NULL,
)
```

这段脚本不必去记，可以使用 SSMS 生成。不过当用程序创建表的时候，就需要具备手写 SQL 脚本的能力了。除了用 SQL 语句创建表，还可以使用 SSMS 来创建表。使用 SSMS 在数据库 School 中新建一张 Student 表的步骤如下。

(1)展开 School 数据库，如图 6-43 所示，右击“表”节点，从弹出的快捷菜单中选择“新建表”命令。

图 6-43　新建 School 表

(2)输入列名，选择数据类型，如图 6-44 所示。

(3)设置主键 Id，如图 6-45 所示，表示它是不重复的值。

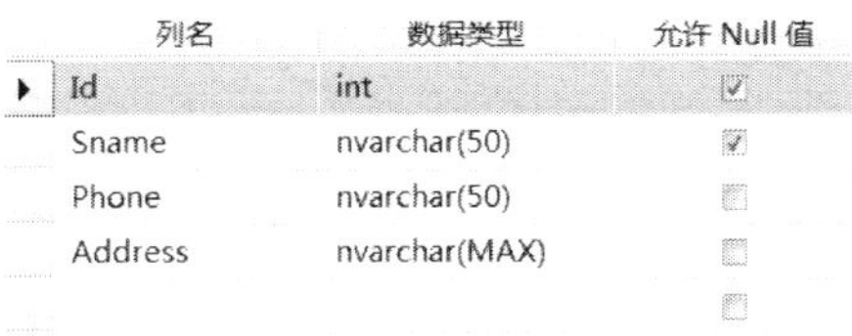

图 6-44　输入列名

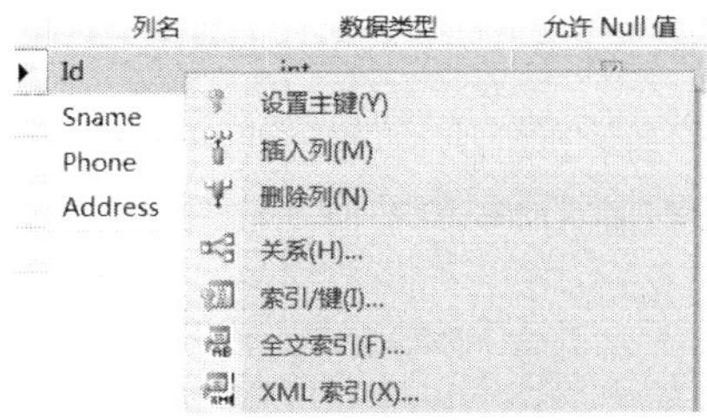

图 6-45　设置主键

(4) 如果要设置主键自增长，则需要在图 6-46 的“标识规范”中的“是标识”行选择“是”选项。

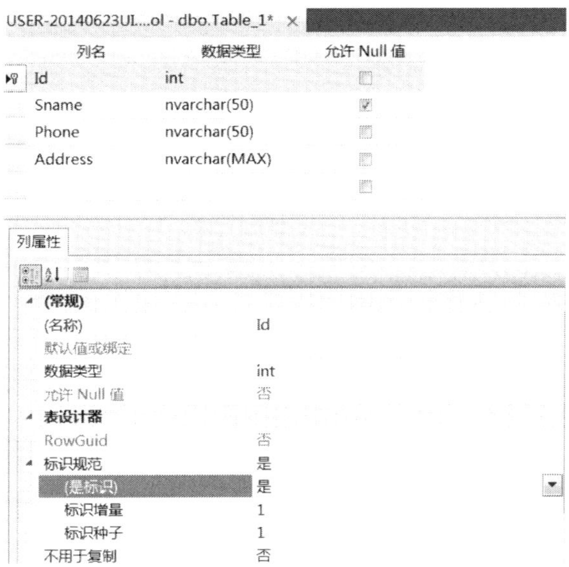

图 6-46　设置主键自增长

(5) 按 Ctrl+S 键，在弹出的图 6-47 的对话框中输入表名 Student，单击“确定”按钮，保存这张表。

(6) 刷新视图，就会看到 Student 表已经建立成功了，如图 6-48 所示。

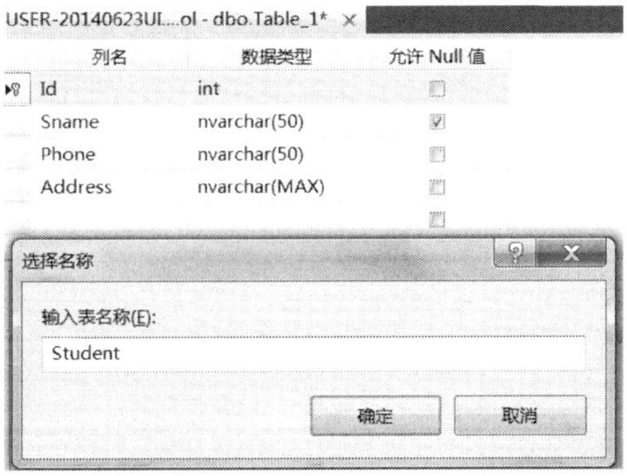

图 6-47　保存表

图 6-48　创建成功

【例 6-7】 建立一个课程表 Stu_Course，设置 Cpno 是外码，被参照表是 Stu_Course，被参照列是 Cno。

```
CREATE TABLE  Stu_Course
         (Cno  CHAR(8) PRIMARY KEY,
          Cname  CHAR(20),
          Cpno  CHAR(8) ,
          Ccredit  SMALLINT,
          FOREIGN KEY (Cpno) REFERENCES  Stu_Course(Cno)
);
```

【例 6-8】 建立一个学生选课表 Stu_SC。

```
CREATE TABLE  Stu_SC
(Stu_no  CHAR(8),
C_no  CHAR(6),
C_Grade  SMALLINT,
PRIMARY KEY (Stu_no, C_no),
/*主码由学号 Stu_no，课程号 C_no 两个属性构成，作为表的完整性进行定义*/
    FOREIGN KEY (Stu_no) REFERENCES Student(Stu_no),
/*表的完整性约束条件，学号 Stu_no 是外码，被参照表是学生 Student 表*/
    FOREIGN KEY (C_no) REFERENCES Course(C_no)
/*表的完整性约束条件，课程号 C_no 是外码，被参照表是课程 Course 表*/
);
```

2) 使用 ALTER TABLE 语句修改表

在创建了一张表后，使用过程中可能需要对表的结构、约束条件、列属性等进行修改。表的修改与表的创建一样，可以通过 SSMS 窗口和 T-SQL 两种方法来进行。下面讨论使用 T-SQL 语句修改数据表的方法。修改表的语法格式如下：

```
ALTER TABLE table_name
{
[ ALTER COLUMN column_name        /* 修改已有列的属性*/
{ type_name [ (precision [ , scale ]) ]
       [ COLLATE collation_name ]
       [ NULL | NOT NULL ]
    | {ADD | DROP } ROWGUIDCOL }
    ]
    | ADD                        /* 增加新列*/
    { [<column_definition>]
      | <computed_column_definition>
      | <table_constraint>
      | <column_set_definition>
    } [ ,… n ]
    | DROP
     {  [ CONSTRAINT ] constraint_name
        | COLUMN column_name
```

```
    } [ ,… n ]
    | { CHECK | NOCHECK } CONSTRAINT
    { ALL | constraint_name [ ,… n ] }
       | { ENABLE | DISABLE } TRIGGER
          { ALL | trigger_name [ ,… n ] }
```

说明：

table_name：要修改的表名。

ALTER COLUMN：指定要更改的列。

COLLATE：指定更改后的列的新排序规则。

ADD 子句：指定添加一个或多个新列，新列的定义方法与创建表 CREATE TABLE 语句定义列的方法相同。

DROP 子句：从表中删除列或约束。column_name 是要被删除的列名，constraint_name 是约束名。

【例 6-9】 向学生表 Student 中增加入学时间 Stu_Year 列，设置其数据类型为日期型。

```
ALTER TABLE Student ADD Stu_Year DATE;
```

无论 Student 表中原来是否已有数据，新增加的列字段值一律为空。

【例 6-10】 将学生表 Student 中年龄字段 Stu_Age 的数据类型由原来的字符型改为整型。

```
ALTER TABLE Student ALTER COLUMN Stu_Age INT;
```

【例 6-11】 在 Course 表中增加课程名称 C_name 字段必须取唯一值的约束条件。

```
ALTER TABLE Course ADD UNIQUE(C_name);
```

3) 使用 DROP TABLE 删除表

执行 DROP 语句与删除在 DROP 语句中引用的任何对象一样。这一操作快而简单，其语法对于所有主要的 SQL Server 对象(表、视图、存储过程及触发器)来说是相同的。其语法格式如下：

```
DROP TABLE table_name
```

其中，table_name 是要删除的表名。

【例 6-12】 删除订单表 Order。

```
DROP TABLE  Order
```

该语句执行成功后，不仅 Order 表的定义及所有数据被删除，而且表上建立的索引、视图、触发器等也一起被删除。

3. 表数据的操作

创建数据库和表后，需要对表中的数据进行操作，对表数据的操作包括插入、删除和修改。打开 SQL 对象资源管理器 SSMS，单击工具栏上的“新建查询”命令，选择需要操作的数据库，在编辑器中输入 SQL 脚本，检查语法正确后，单击“执行”按钮，就可以在“消息”面板上看到执行结果，如图 6-49 所示。因此，可在编辑器中直接输入 SQL 脚本进行插入、更新和删除数据操作。

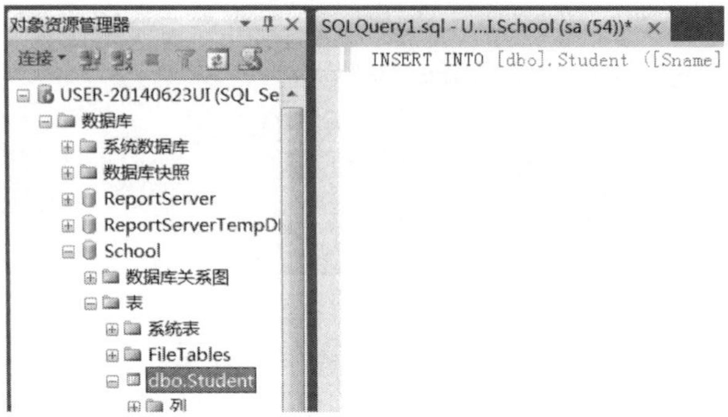

图 6-49　SQL 脚本编辑器

下面介绍对表数据插入、删除和修改的语法。

1) 插入记录 (INSERT)

将新记录插入指定的表中，语法格式如下：

```
INSERT [INTO] <table_name>[(<column_list>)]
VALUES(<data_values>) [,(<data_values>)] [, … n]
```

说明以下几点。

table_name：被操作的表名。

column_list：规定用于接收数据值的列，此处每一个值与被操作表中的列一一对应(第一个值对应第一列，第二个值对应第二列，以此类推)。

VALUES 子句：VALUES 子句后是要插入值 data_values 的列表，圆括号里的各插入值之间用逗号分隔，插入值列表 column_list 中的项数必须与列表中的列数完全匹配。插入值的数据类型必须能匹配或隐式转换成与列对应的数据类型。如果列值 column_list 为空，则值 data_values 必须置为 NULL。

【例 6-13】 向上述已建立的 Student 表中插入一条姓名 Sname 为 Edi，电话 Phone 为 123456，地址 Address 为 ABCDEF 的记录。

```
INSERTINTOStudent ([Sname],[Phone],[Address])
VALUES('Edi','123456','ABCDEF');
```

执行完成后，在对象资源管理器中右击 Student 表，从弹出的快捷菜单中选择“选择前 1000 行”命令，如图 6-50 所示，执行结果如图 6-51 所示。

图 6-50　查看表记录

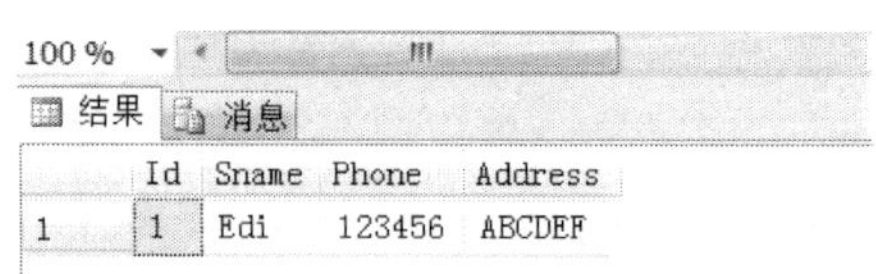

图 6-51　运行结果

【例 6-14】 在 Dept_Age 表中，对每一个系 Stu_Dept，求该系学生的平均年龄 Avg_Age，并把结果存入数据库。

```
INSERT INTO  Dept_Age(Stu_Dept, Avg_Age)
 SELECT  Stu_Dept, AVG(Sage)   FROM  Dept_Age  GROUP BY Stu_Dept;
```

2)用 UPDATE 语句更新/修改数据

在 T-SQL 中，UPDATE 语句可以用来修改指定表中满足 WHERE 子句条件的记录。命令格式如下：

```
update{
table_name WITH( <Table_Hint_Limited> [ …n ] )
| rowset_function_limited }
SET{
column_name = { expression | DEFAULT | NULL }
    | @variable = expression
   | @variable = column = expression
          }[,…n]
{[ FROM{ <table_source> } [ ,…n ] ]
[ WHERE <search_condition> ]
}
 [ OPTION ( <query_hint> [ ,…n ] ) ]
```

其中，SET 子句用来指定修改方式、要修改的列，及修改后的值。

【例 6-15】 将 Student 表中 Stone 的地址由 AAAAA 改为 BBBBB。

```
UPDATE Student SET Address = 'BBBBB'
WHERE SName = 'Stone'
```

SET 后面可以紧随多个数据列的更新值(非数字要用引号)，运行过程及结果如图 6-52 和图 6-53 所示。

EVMO1\SQLEXPRESS···ool - dbo.Student ×　SQLQuery2.sql -···ministrator (52))

Id	SName	Phone	Address
1	Edi	123456	ABCDEF
2	Stone	654321	AAAAA
5	King	123123123	aabbccdd

图 6-52　修改 Stone 的地址前

结果　消息

	Id	SName	Phone	Address
1	1	Edi	123456	ABCDEF
2	2	Stone	654321	BBBBB
3	5	King	123123123	aabbccdd

图 6-53　修改 Stone 的地址后

【例 6-16】 将学生表 Student 中所有学生的年龄增加 1 岁。

```
UPDATE Student
SET Sage = Sage+1;
```

【例 6-17】 将计算机科学系全体学生成绩表 Score 中成绩 Grade 字段的值置零。

```
UPDATE Score
SET  Grade=0
WHERE  'CS'=
               (SELETE Sdept
                FROM  Student
                WHERE  Student.Sno = Score.Sno);
```

3)用 DELETE 删除数据

删除指定表中满足 WHERE 子句条件的记录：

```
Delete from<表名> [where<删除条件>]
droptable<表名>      /*删除表中所有行，同时表结构也被删除*/
[ WITH <common_table_expression> [ ,…n ] ]
DELETE
    [ TOP ( expression ) [ PERCENT ] ]
    [ FROM ]
    { { table_alias
      | <object>
      | rowset_function_limited
      [ WITH ( table_hint_limited [ …n ] ) ] }
      | @table_variable
    }
    [ <OUTPUT Clause> ]
    [ FROM table_source [ ,…n ] ]
    [ WHERE { <search_condition>
           | { [ CURRENT OF
                 { { [ GLOBAL ] cursor_name }
                     | cursor_variable_name
                 }
              ]
            }
          }
    ]
    [ OPTION ( <Query Hint> [ ,…n ] ) ]
[; ]
<object> ::=
{
    [ server_name.database_name.schema_name.
      | database_name. [ schema_name ].
      | schema_name.
    ]
    table_or_view_name
}
```

【例 6-18】 删除 Student 表中 Id 为 5 的记录。

```
DELETE FROM Student WHERE Id = 5
```

执行结果如图 6-54 所示。

结果 | 消息

	Id	SName	Phone	Address
1	1	Edi	123456	ABCDEF
2	2	Stone	654321	BBBBB
3	6	Dick	88889999	AAAAA

图 6-54　运行结果

【例 6-19】 删除所有的学生选课记录。

```
DELETE
FROM SC;
```

【例 6-20】 删除成绩表 Score 中计算机科学系所有学生的选课记录。

```
DELETE
FROM Score
WHERE  'CS'=
         (SELETE Sdept
          FROM Student
          WHERE Student.Sno=Score.Sno);
```

6.3.2 数据库的查询和视图

1. 数据库的查询

从数据库中检索行，并允许从 SQL Server 2012 中的一个或多个表中选择一个或多个行或列。

命令格式如下：

```
SELECT select_list [ INTO new_table ]
[ FROM table_source ] [ WHERE search_condition ]
[ GROUP BY group_by_expression]
[ HAVING search_condition]
[ ORDER BY order_expression [ ASC | DESC ] ]
```

【例 6-21】 显示前 1000 条记录。

```
SELECT TOP1000 [Id],[SName],[Phone],[Address] FROM[School].[dbo].[Student]
```

【例 6-22】 查询 Student 表的所有数据。

```
SELECT * FROM Student
```

查询结果如图 6-55 所示。

结果　消息

Id	Sname	Phone	Address
1	Edi	123456	ABCDEF
2	Stone	13916609234	BBBBB
3	King	123123123	aabbccdd
4	Tom	40800098876	FFFFFF
6	Wang	15509123145	XXXXXXX
7	Chen	9876543231	AAAAA
8	Data	18912345345	AAAAA

图 6-55　执行结果

【例 6-23】 将 Order 表中的记录按订单号 Order_Id 从大到小排序查询。

```
SELECT * FROM Order ORDER BY Order_Id DESC
```

【例 6-24】 条件查询：按条件查询(匹配 Address 为 AAAAA)的记录。

```
SELECT * FROM Student WHERE Address = 'AAAAA'
```

查询结果如图 6-56 所示。

结果　消息

	Id	Sname	Phone	Address
	7	Chen	9876543231	AAAAA
	8	Data	18912345345	AAAAA

图 6-56　执行结果

【例 6-25】 查询 Student 表中全体学生的姓名 Sname 及其出生年份。

```
SELECT Sname，2016-Sage FROM Student;    /*假定当前是 2016 年*/
```

【例 6-26】 查询 Student 表中全体学生的姓名 Sname、出生年份和所有系 Sdept，要求用小写字母表示系名。

```
SELECT Sname， 2016-Sage，ISLOWER(Sdept) FROM Student;
```

【例 6-27】 从学生表 Student 中查询既不是数学系 MA、信息系 IS，也不是计算机系 CS 的学生的姓名 Sname 和性别 Ssex。

```
SELECT Sname，Ssex
FROM Student
WHERE Sdept NOT IN ('MA'，'IS'，'CS' );
```

【例 6-28】 查询学生表 Student 中名字字段 Sname 中第 2 个字为“芸”的学生的姓名 Sname 和学号 Sno。

```
SELECT Sname，Sno
FROM Student
WHERE Sname LIKE '_芸%';
```

2. 视图的创建、查询和修改

视图不是数据表，而是一个或多个数据表的逻辑显示及对数据表进行查询的结果。其本质就是一条被命名的 SQL 语句。视图被定义后便存储在数据库中，通过视图看到的数据只是存放在基表中的数据。当对通过视图看到的数据进行修改时，相应的基表的数据也会发生变化，同时，若基表的数据发生变化，这种变化也会自动地反映到视图中。**视图**可以是一个数据表的一部分，也可以是多个基表的联合；视图也可以由一个或多个其他视图产生。一旦视图定义后，就可以用 SELECT 语句像对真实表一样查询。

1) 创建视图

CREATE VIEW 语句用来创建视图，其表示形式如下：

```
CREATE VIEW [ schema_name . ] view_name [ (column [ ,…n ] ) ]
[ WITH <view_attribute> [ ,…n ] ]
AS select_statement
[ WITH CHECK OPTION ] [ ; ]
```

其中：

```
<view_attribute> ::=
{
 [ ENCRYPTION ]
```

```
    [ SCHEMABINDING ]
   [ VIEW_METADATA ]}
```

说明：

view_name：新创建的视图名，视图名符合标识符命名规则。

column：视图中的列名，可以有多个列名，最多可引用 1024 个列。常见的需要引用列名的情况有：列是从算术表达式、函数或常量派生的；两个或更多的列可能会具有相同的名称；视图中的某个列的指定名称不同于其派生来源列的名称。还可以在 SELECT 语句中分配列名。

<view_attribute>：指出视图的属性，可以取 ENCRYPTION、SCHEMABINDING 和 VIEW_METADATA 三个值。ENCRYPTION 表示在存储创建的视图时应进行加密，还可防止在 SQL Server 复制过程中发布视图；SCHEMABINDING 将视图与其所依赖的表或视图结构相关联；VIEW_METADATA 指定为引用视图的查询请求浏览模式的元数据时，向 ODBC 等返回有关视图的元数据信息，而不是返回给基表或其他表。

AS：指定视图要执行的操作。

select_statement：用来创建视图的 SELECT 语句。可在该语句中查询多个表或视图，表示新创建的视图所参照的表或视图，不能在临时表上创建视图。

WITH CHECK OPTION：通过视图执行的所有数据修改都必须符合 select_ statement 定义的限制条件，确保数据修改后，还可以通过视图看到修改的数据。

【例 6-29】 创建计算机系 CS 学生的视图 CS_Student。

```
CREATE VIEW CS_Student
AS
SELECT Sno, Sname, Sage
FROM   Student
WHERE  Sdept= 'CS';
```

【例 6-30】 建立计算机系学生的视图 CS_Student，并要求在进行插入和修改操作时保证该视图只有信息计算机系的学生。

```
CREATE VIEW CS_Student
AS
SELECT Sno, Sname, Sage
FROM  Student
WHERE  Sdept= 'CS'
WITH CHECK OPTION;
```

【例 6-31】 建立数学系选修了 7 号课程的学生视图 MT_S7。

```
CREATE VIEW MT_S7(Sno, Sname, Grade)
AS
SELECT Student.Sno, Sname, Grade
FROM  Student, SC
WHERE  Sdept= 'MT' AND Student.Sno=SC.Sno AND SC.Cno= '7';
```

【例 6-32】 建立计算机系选修了 5 号课程且成绩在 70 分以上的学生的视图 CS_S5。

```
CREATE VIEW CS_S5
AS
SELECT Sno，Sname，Grade
FROM  CS_S5
WHERE  Grade>=70;
```

【例 6-33】 定义视图 BT_S，反映学生的出生年份。

```
CREATE  VIEW BT_S(Sno，Sname，Sbirth)
AS
SELECT Sno，Sname，2016-Sage
FROM  Student;
```

【例 6-34】将学生的学号 Sno 和平均成绩 Gavg 定义为一个视图 SN_G，假设成绩表 Score 中成绩字段 Grade 的数据类型为数字型。

```
CREAT VIEW SN_G(Sno，Gavg)
AS
    SELECT Sno，AVG(Grade)
    FROM  Score
    GROUP BY Sno;
```

2) 视图的查询

视图定义后，就可以如同查询基本表那样对视图进行查询。

【例 6-35】 使用视图 MT_S7 查询选修了 7 号课程的学生信息。

```
SELECT  Sno,Sname  FROM  MT_S7
```

3) 删除视图

从数据字典中删除指定的视图定义，其语法格式如下：

```
DROP  VIEW  view_name;
```

例如，删除视图 BT_S：

```
DROP VIEW BT_S;
```

删除视图 IS_S1：

```
DROP VIEW IS_S1;
```

6.3.3 数据库的备份和恢复

可以使用 SQL Server 2012 的 SSMS 对数据进行备份和恢复操作。

1. 数据库的备份

(1) 在 School 数据库右击，从弹出的快捷菜单中选择“任务”→“备份”命令，如图 6-57 所示。

(2) 单击图 6-58 中的“添加”按钮。

(3) 在图 6-59 的界面中选择一个备份的位置，这个位置必须有权限访问，不然备份要报错。然后，在图 6-60 的界面中输入备份文件名。

图 6-57　选择“备份”命令

图 6-58　单击“添加”按钮

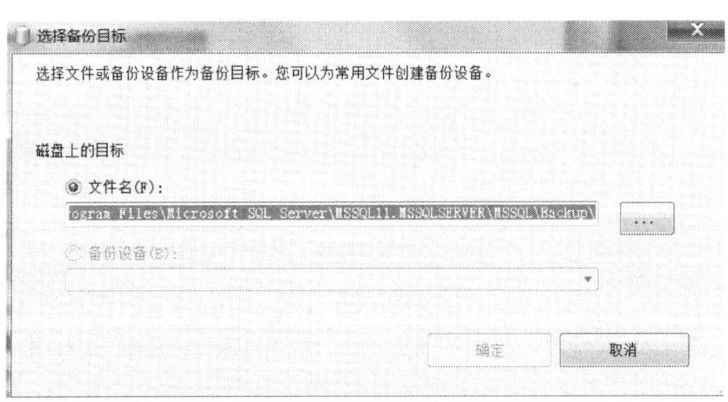

图 6-59　选择备份的位置

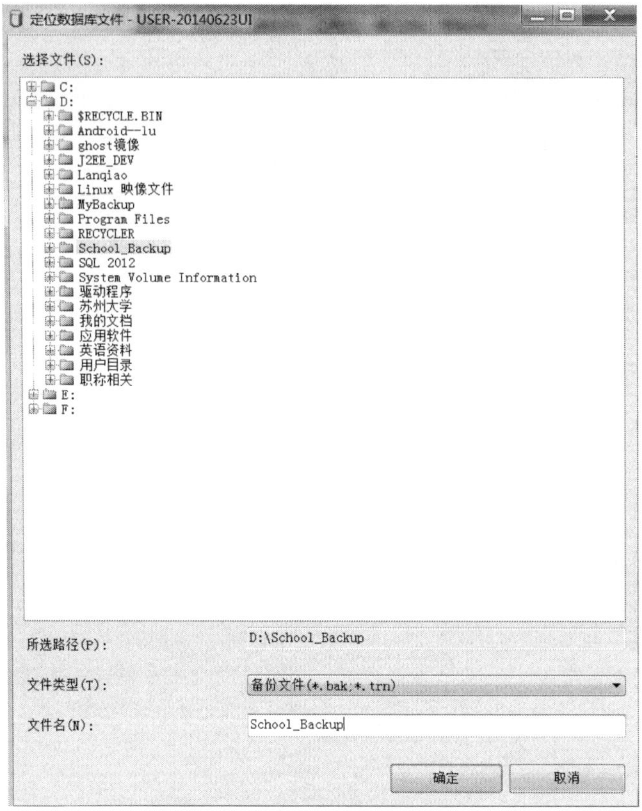

图 6-60　输入备份文件名

(4)添加完成后，单击图 6-61 中的“确定”按钮，开始备份。

图 6-61　开始备份

(5)备份成功完成，如图 6-62 所示。

图 6-62　成功备份

2. 数据库的恢复

在 SQL Server 2012 中，恢复数据库的操作界面也和以前版本不同。以 School 数据库的备份 School_Backup.bak 为例，介绍还原数据库的具体操作。

(1) 在“数据库”上单击右击，在弹出的快捷菜单中选择“还原数据库”，如图 6-63 所示。

(2) 在图 6-64 中选择设备，并将 School 的备份文件 School_Backup.bak 添加至列表。

(3) 检查并选择图 6-65 中出现的数据库名称，单击“确定”按钮，系统开始还原数据库。

图 6-63　还原数据库

图 6-64　添加备份文件 School_Backup.bak

图 6-65　开始还原数据库

(4)还原成功如图 6-66 所示。

图 6-66　成功还原数据库

6.3.4　SQL 常用函数

在程序设计过程中，常常需要调用系统提供的函数，如 Count 函数、Avg 函数、Sum 函数、Max/Min 函数等。

1. Count(expression)函数——按字段值统计个数

其语法格式如下：

```
Count(expr)
```

expr 是一个字符串表达式，或者是一个包含要计算数据的字段；也可以是一个表达式。expr 中的运算对象包括表的字段名、常数或函数(可以是系统函数，也可以是用户自定义函数，但不能是 SQL 合计函数)，表达式可以计算任何类型的数据，包括文本类型的数据。

【例 6-36】 求计算机系学生的总数。

```
Select count(SNO)from Student where dept='计算机'
```

注意：Count 函数对空值不计算，但对 0 进行计算。

【例 6-37】 从 SC 表统计有成绩 Score 学生的人数。

```
Select count(Score) from SC
```

【例 6-38】 对 Student 表，求计算机系学生的总数。

```
Select count(*) from Student where dept='计算机'
```

COUNT(*)函数用来统计元组个数，不消除重复行，不允许使用 DISTINCT 关键字。

2. Avg(expression)函数——按列计算平均值

语法格式如下：

```
Avg(expr)
```

说明：

(1)expr 是一个字符串表达式，或者是一个包含要计算平均值的数据的字段；也可以是一个用表中字段的数据来执行计算的表达式。

(2) Avg 函数用来计算数据的平均值，这个平均值通常是算术平均值，即将全部数值的总和除以数目。Avg 函数在计算过程中不计 null 字段。

【例 6-39】 求学号为 S1 的学生的平均分。

```
select avg(Score) as 平均分
  from SC where (SNo='S1')
```

3. 按列计算值的总和

语法格式如下：

```
SUM(expr)
```

说明：

(1) expr 表示一个字符串表达式，该表达式标识包含一个要计算的数据字段；或者是一个使用此字段中的数据来执行计算表达式。expr 中的运算对象可以是表中的字段名、常数或函数(可能是系统函数，也可能是用户自定义的函数，但不是 SQL 合计函数)。

(2) SUM 函数用来求字段中值的总和，总和不包含 null 字段。

【例 6-40】 在 SC 表中，求学号为 S1 的学生的总分。

```
select sum(Score) as 总分 from SCwhere (SNo='S1')
```

【例 6-41】 查询学号是 201615017 的学生选修课程的总学分。

```
SELECT SUM(Ccredit)
    FROM  Score, Course
    WHER Sno='201615017' AND Score.Cno=Course.Cno;
```

【例 6-42】 计算所有产品的总价格之和，一个产品的总价是该产品的单价 Price 与产品的数量 Number 字段的值乘积。

```
SELECT SUM(Price * Number) AS [Sum_Price] FROM [Order_Details];
```

4. 求一列中的最大/最小值

求一列中的最大值的语法格式如下：

```
MAX(expr)
```

求一列中的最小值的语法格式如下：

```
MIN(expr)
```

说明：

(1) expr 表示一个字符串表达式，该表达式标识包含一个要计算的数据字段；或者是一个使用此字段中的数据来执行计算表达式。expr 中的运算对象可以是表中的字段名、常数或函数(可能是系统函数，也可能是用户自定义的函数，但不是 SQL 合计函数)。

(2) Min 和 Max 函数用来计算指定字段中的最小值及最大值。

【例 6-43】 求选修 C1 号课程的最高分、最低分及两者之间相差的分数。

```
select max(Score) as 最高分, min(Score) as 最低分,
  max(Score)-min(Score) as 最大分差
  from SC where (CNO='C1')
```

6.3.5 存储过程

在 SQL Server 中，可以定义子程序存放在数据库中，这样的子程序称为存储过程，存储过程是数据库中的 SQL 语句集，是数据库的对象之一。SQL Server 的存储过程类似于编程语言中的过程。用户将创建好的存储过程进行编译，使用 EXEC 语句可以调用编译好的存储过程程序。同常储存过程分为系统存储过程和用户存储过程。

系统存储过程：是有系统提供的存储过程，可以作为命令执行各种操作，存放在 MASTER 数据库中，其前缀是 SP_。

用户存储过程：用户存储过程只能定义在当前数据库中，可以使用 SQL 命令语句创建用户存储过程。

存储过程由完成特定功能的 SQL 命令集组成，经编译后存储在当前数据库，用户通过调用存储过程名称来执行。

存储过程可以包含逻辑控制语句和数据操作语句，可以接收输入参数、输出参数、返回单个或多个值或结果集。存储过程是一种把重复的任务操作封装起来的一种方法，支持用户提供参数，可以返回、修改值，允许多个用户使用相同的代码，完成相同的数据操作。存储过程用于实现频繁使用的查询、业务规则、被其他过程使用的公共例行程序。

1. 存储过程的优点

(1) 存储过程实现了模块化编程。

存储过程一经创建，可以在程序中多次调用执行，不必重新编写该存储过程的 SQL 命令。程序员可以随时对存储过程进行修改，不会影响程序源代码，极大地提高了程序的可移植性。

(2) 使用存储过程可以加快程序的运行速度

如果要多次执行包含大量的 T-SQL 语句代码段，那么存储过程要比批处理的执行速度快得多。因为存储过程在创建后就进行了编译并存储在数据库中，在首次运行一个存储过程时，查询优化器对其进行分析、优化，并给出最终被存在系统表中的存储计划。而批处理的 T-SQL 语句每次运行都需要预编译和优化，速度就要慢一些。

(3) 使用存储过程可以减少网络流量

当用户把对数据库操作的 T-SQL 语句组织成存储过程，当调用存储过程时，传递的只是调用语句，而不是多条 SQL 语句，而且在调用存储过程时，只需提供存储过程名和必要的参数，这样在一定程度上减轻了网络负担，减少了网络流量。

(4) 使用存储过程可以提高数据库的安全性

系统管理员通过对执行的存储过程进行权限限制，从而实现对某些数据的访问限制，避免了非授权用户对数据的访问，保证了数据的安全。

2. 系统存储过程

系统存储过程是由系统创建的存储过程，能够方便地从系统表中查询信息，完成并更新与数据库表相关的管理任务或其他系统管理任务。系统存储过程主要存储在 MASTER 数据库中，以 SP_开头。虽然系统存储过程在 MASTER 数据库中，用户在其他数据库是可以调用系统存储过程的。当用户创建新的数据库时，一些系统存储过程会被自动创建在当前数据库中的。

利用企业资源管理器创建用户存储过程，具体操作步骤如下。

(1) 在 SQL Server 2012 的 SQL Server Management Studio 窗口中选择相应的服务器，单击“数据库”节点，找到要建存储过程的数据库(这里是 School)，展开“可编程性”节点，找到“存储过程”项，如图 6-67 所示。

(2) 选择“存储过程”并右击，出现如图 6-68 所示的快捷菜单，从中选择“新建存储过程”命令。

图 6-67　找到存储过程

图 6-68　选择“新建存储过程”命令

(3) 新建存储过程后，出现编辑存储过程的属性窗口，如图 6-69 所示，在该窗口中编写定义的存储过程。

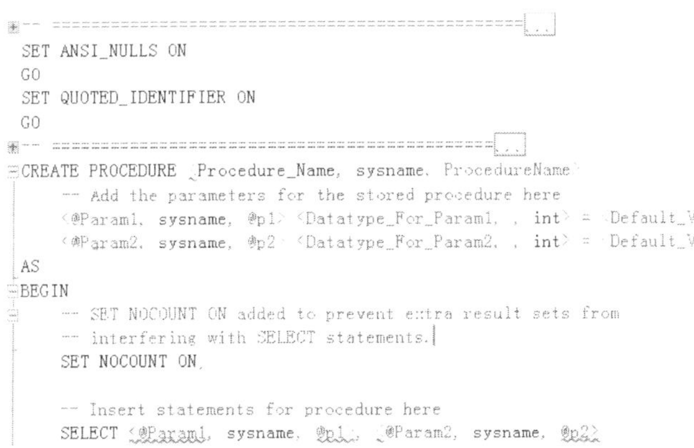

```
-- ================================================
SET ANSI_NULLS ON
GO
SET QUOTED_IDENTIFIER ON
GO
-- ============================================
CREATE PROCEDURE <Procedure_Name, sysname, ProcedureName>
    -- Add the parameters for the stored procedure here
    <@Param1, sysname, @p1> <Datatype_For_Param1, , int> = <Default_V
    <@Param2, sysname, @p2> <Datatype_For_Param2, , int> = <Default_V
AS
BEGIN
    -- SET NOCOUNT ON added to prevent extra result sets from
    -- interfering with SELECT statements.
    SET NOCOUNT ON;

    -- Insert statements for procedure here
    SELECT <@Param1, sysname, @p1>, <@Param2, sysname, @p2>
```

图 6-69　编辑窗口

(4) 将编写好的存储过程保存后，单击图 6-70 中的“执行”按钮来执行存储过程。

图 6-70　执行存储过程

3. 通过 SQL 语句创建和执行用户存储过程

1) 创建存储过程

使用 T-SQL 语句创建存储过程的语法如下：

```
CREATE PROC[EDURE] procedure_name[;number]     /*存储过程名*/
[{@parameter data_type}                         /*过程中参数的类型*/
```

```
[VARYING][=default][OUTPUT]][,…n]     /*参数的属性*/
[WITH {RECOMPILE|ENCRYPTION|EXECUTE AS Clause}] /*存储过程的处理方式*/
[FOR REPLICATION]
AS sql_statement[,…n]
```

整个语法中只有存储过程名称 procedure_name 和存储过程内容 sql_statement 两个参数是必需的。

说明以下几点。

procedure_name：存储过程名称，必须符合标识符命名规则。

;number：对存储过程分组，“；number”表示一组存储过程，便于批量操作。

@parameter：在过程中声明的参数。命名必须以@作为第一个字符来指定参数名称，参数名称必须符合有关标识符的规则；局部变量以@开头，全局变量以@@开头。

data_type：参数类型。

VARYING：指定作为输出参数的结果集。该参数由过程动态构造，其内容可能发生改变。

default：参数的默认值。如果为参数定义了默认值，则无须指定此参数的值即可执行过程。默认值必须是常量或 null。

OUTPUT：表示为输出参数。使用 OUTPUT 参数将值返回给存储过程的调用者。

[WITH {RECOMPILE|ENCRYPTION| EXECUTE AS Clause}]：RECOMPILE 指示数据库引擎不缓存此过程的查询计划，这强制在每次执行此过程时都对该过程进行编译。ENCRYPTION 指示 SQL Server 将 CREATE PROCEDURE 语句的原始文本转换为模糊格式。模糊代码的输出在 SQL Server 的任何目录视图中都不能直接显示。对系统表或数据库文件没有访问权限的用户不能检索模糊文本。EXECUTE AS Clause 指定在其中执行过程的安全上下文。

[FOR REPLICATION]：指定为复制创建该过程，不能在订阅服务器上执行。使用 FOR REPLICATION 选项创建的过程可用作过程筛选器，且仅在复制过程中执行。

AS：指定存储过程要执行的操作。

2) 存储过程的执行

使用 EXEC 命令可以执行一个已定义好的存储过程。

其语法如下：

```
[{EXEC|EXECUTE }]
{[@return_status=]
{procedure_name[;number]| @procedure_name_var }
    [[@parameter=]{value|@variable[OUTPUT]|[DEFAULT]}]
    [,…n]
    [WITH RECOMPILE]}
```

参数说明如下。

@return_status：可选的整型变量，存储模块的返回状态。这个变量在用于 EXECUTE 语句前，必须在批处理、存储过程或函数中声明。参数 procedure_name 和 number 用于调用已定义的一组存储过程中的一个，procedure_name 定义了存储过程的组名，number 是可选整数，用于对同名的过程分组。

@procedure_name_var：存储过程名。

@parameter：CREATE PROCEDURE 语句中定义的参数名，默认情况下，参数可为空值。

value：存储过程的实参。

@variable：用来存储 OUTPUT 参数返回的值。

DEFAULT：表示如果不提供实参，可以使用默认值。

WITH RECOMPILE：执行模块后，强制编译、使用和放弃新计划。

【例 6-44】 不带参数的存储过程。

```
create procedure pro_selStu
as
select * from students;
go
```

测试执行存储过程：

```
execute pro_selStu;
```

【例 6-45】 带输入参数的存储过程。

```
Create procedure pro_stu @stu_id int
as
select * from students where s_id=@stu_id
go
```

测试执行存储过程：

```
execute pro_stu 1;
```

【例 6-46】 带输出参数的存储过程。

```
Create procedure pro_stu_output@stu_sum int output,
@stu_down_count int ,@stu_up_count int
as
select @stu_sum=count(*) from students where s_id between @stu_down_count
                and @stu_up_count
go
```

测试执行存储过程：

```
declare @stu_sum int
execute pro_stu_output @stu_sum output ,1,4
                                        /*在调用含有输出参数的存储过程时要注意*/
print @stu_sum
```

6.3.6 触发器

触发器是一种特殊的存储过程，在对表或视图执行 UPDATE、DELETE、INSERT 语句时会自动触发执行，以防止对数据进行不正确、未经授权或不一致的修改。触发器与表的关系密切，用于保护表中的数据。

SQL Server 的触发器有三种类型：DML(数据操作语言)触发器、DDL(数据定义语言)触发器和登录触发器三种类型。如果用户要通过数据操作语言事件编辑数据，则执行 DML 触发器。DML 触发器的优势在于强制执行业务规则。当对表或视图做 INSERT、UPDATE 或 DELETE 操作时，会激发已经存在的 DML 触发器。DDL 触发器用于审核与规范对数据库表，触发器及视图的操作，如修改表、修改列、新增列、新增表。当数据库结构会发生变化时，DDL 触发器不仅可以记录数据库的修改过程，而且可以限制程序员对数据库做某些修改。

登录触发器在遇到 LOGON 事件时激发存储过程。LOGON 事件是在建立用户会话时引发的。用户登录的身份验证阶段完成之后，用户会话实际建立之前登录触发器被激发。若身份验证失败，将不激发登录触发器。

触发器可以使用 T-SQL 语句创建，也可以用程序集方法来创建，这些方法是在 Microsoft .NET Framework 公共语言运行(CLR)时创建，同时上载到 SQL Server 实例。SQL Server 允许为任何特定语句创建多个触发器，一个触发器只能作用在一张数据表上。

创建触发器的语法格式如下：

```
CREATE TRIGGER [ schema_name . ]trigger_name
ON { table | view }
  [ WITH <dml_trigger_option> [ ,…n ] ]
  { FOR | AFTER | INSTEAD OF } { [ INSERT ] [ , ] [ UPDATE ] [ , ] [ DELETE ] }
      [ WITH APPEND ]
[ NOT FOR REPLICATION ]
AS { sql_statement  [ ; ] [ ,…n ] | EXTERNAL NAME <method specifier [ ; ] > }
```

其中：

```
<dml_trigger_option> ::=
  [ ENCRYPTION ]
[ EXECUTE AS Clause ]
<method_specifier> ::=
assembly_name.class_name.method_name
```

说明：

schema_name：DML 触发器所属架构的名称。DML 触发器的作用域是为其创建该触发器的表或视图的架构，但不能为 DDL 触发器和登录触发器指定 schema_name。

trigger_name：要创建的触发器名称。触发器名称必须遵循标识符命名规则，并在数据库中必须唯一，不能以#或##开头。

table | view：在其上执行触发器的表或视图，又称触发器表或触发器视图。可以包含表或视图的所有者名。

ENCRYPTION：对创建触发器语句的文本进行模糊处理，并防止将触发器作为 SQL Server 复制的一部分进行发布。

EXECUTE AS：指定用于执行该触发器的安全上下文。

FOR | AFTER：AFTER 关键字用来说明触发器仅在所有操作都成功执行后才被触发。所有的引用级联操作和约束检查也须在激发此触发器之前完成。如果仅指定 FOR 关键字，则 AFTER 为默认值。

INSTEAD OF：指定用触发器中的操作代替触发 SQL 语句的操作，其优先级高于触发语句的操作。不能为 DDL 触发器或登录触发器指定 INSTEAD OF。在表或视图上，每个 INSERT、UPDATE 或 DELETE 语句最多可定义一个 INSTEAD OF 触发器。

{ [DELETE] [,] [INSERT] [,] [UPDATE] }：指定所创建的触发器在发生那些时间时被触

发，必须至少指定一个选项。在触发器定义中允许使用以任意顺序组合的这些关键字。如果指定的选项多于一个，以逗号分隔这些选项。INSERT 表示创建插入触发器；DELETE 表示创建删除触发器；UPDATE 表示创建更新触发器。

WITH APPEND：指定应该再添加一个现有类型的触发器。WITH APPEND 不能与 INSTEAD OF 触发器一起使用。如果显式声明了 AFTER 触发器，则不能使用该子句。适应早期版本。

NOT FOR REPLICATION：指示当复制代理修改涉及触发器的表时，不应执行触发器。

sql_statement：指定触发器执行的 SQL 语句。

【例 6-47】 对于 JWGLXT 数据库，如果试图在 Class 表中添加或更改数据，则将向客户端显示一条消息。

```
USE JWGLXT;
IF EXISTS(SELECT Class_name FROM sysobjects)
  DROP TRIGGER reminder1;
GO
CREATE TRIGGER reminder1ON Class
AFTER INSERT, UPDATE
AS RAISERROR (4008, 16, 10);
GO
```

注意：4008 是 sysmessages 中的用户定义消息。

6.4　ADO.NET 数据访问技术

ADO.NET 的名称源自 ADO(ActiveX Data Objects)，是微软下一代的数据访问标准，是.NET Framework 用于访问数据库的 COM 组件库。通过它，应用程序可以连接到数据源，操作存储在数据库中的数据。ADO.NET 是为了广泛的数据控制而设计的，因此使用起来比以往的 ADO 灵活。它提供了更多的功能，更有效的数据存取。ADO.NET 采用面向对象结构，采用 XML 作为数据交换格式，能够应用于多种操作系统。

6.4.1　ADO.NET 简介

ADO.NET 是功能强大的数据访问接口。ADO.NET 使用 SQL Server .NET 或 OLE DB 数据提供程序来访问数据源，其中，SQL Server .NET 数据提供程序用于访问 SQL Server 2012 数据库。

ADO.NET 中有公开数据访问服务的类，这些类提供了对关系数据、XML 和应用程序数据的访问，是.NET Framework 中不可缺少的一部分。ASP.NET 通过 ADO.NET 操作数据库。

ADO.NET 对象模型的 2 个主要成员是.NET 数据提供程序和 DataSet 对象。

.NET 数据提供程序是专门为数据处理以及快速地只进、只读访问数据而设计的组件，负责建立连接和数据操作。.NET 数据提供程序主要包含 Connection(创建到数据源的连接)对象、Command(对数据源执行 SQL 命令并返回结果)对象、DataReader(读取数据源的数据)对象和 DataAdapter(对数据源执行 SQL 命令并返回结果)对象。

(1) Connection 对象：表示到数据库的连接，管理应用程序和数据库之间的通信。建立通信连接时需指明数据库服务器名称、数据库名、登录用户名、密码和连接数据库所需要的其他参数。在 Command 对象中使用Connection 对象，用来告知应用程序是在哪个数据源上执行命令。没有利用 Connection 对象而打开数据库，是无法从数据库中读取数据的，Connection 对象位于 ADO.NET 的底层。

(2) Command 对象：当应用程序成功与数据建立连接后，通过连接到数据源的 Connection 对象，Command 对象可以向数据库发出操作指令，来执行查询、插入、修改、删除等命令；Command 对象常用的方法有 ExecuteReader()方法、ExecuteScalar()方法和 ExecuteNonQuery()方法；可用使用 ExecuteNonQuery()方法来执行插入命令。

(3) DataAdapter 对象：架构在 Command 对象上，并提供了许多配合 DataSet 使用的功能。DataAdapter 对象负责在数据源和 DataSet 之间传输数据，通过 Command 对象产生命令后，将命令结果产生的数据放入 DataSet 对象中。

(4) DataReader 对象：DataReader 对象是用来访问数据的简单方式，只能读取数据，不能写入数据，并且只能顺序读取数据。从 DataReader 对象返回的数据都只是“向前”的数据流，因此只能按照一定的顺序，一次一笔读取数据流中的数据，这些数据是只读的，并不允许做其他的操作，节省资源而且读取效率较高，同时可以降低网络的负载。如果程序员需要操作数据，最好使用 DataSet 对象。

DataSet 对象是 ADO.NET 的核心，类视为一个数据表的容器。DataSet 对象可以视为一个内存数据库，DataSet中可以包括一个或多个数据表(DataTable)，可在程序中动态地产生数据表。每个 DataTable 包含数据列(DataColum)和数据行(DataRow)，相当于一个普通的数据库中的表。DataSet 与数据库之间的关系如图 6-71 所示。DataSet 对象架构在 DataAdapter 对象上，作为一个暂存区(Cache)，可以存储多个表，在把从数据库中所查询到的数据保留的同时记录数据表之间的关联。DataSet 对象可以通过 DataAdapter 对象取得数据表结构，但是 DataSet 对象不具备和数据源通信的能力。

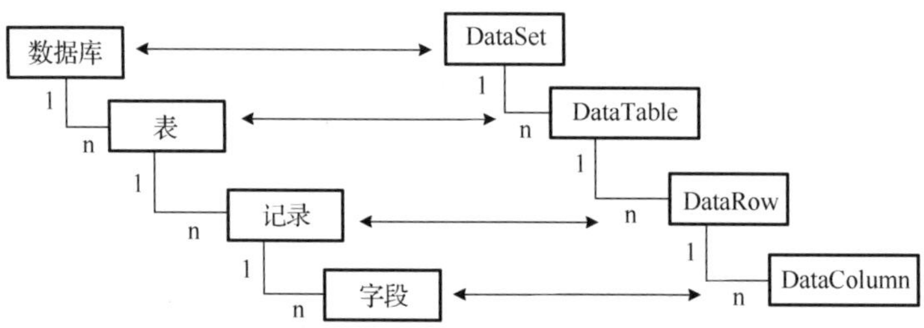

图 6-71　DataSet 与数据库结构

DataSet 对象管理内存中的数据并支持对数据的断开操作，是被所有 Data Providers 使用的对象，但不像 Data Providers 一样需要特别的前缀。DataSet 对象提供方法对数据集中的表数据进行浏览、编辑、排序、过滤或建立视图。

总之，ADO.NET 是与数据源交互的.NET 技术。Connection 对象管理与数据源的连接。Command 对象允许与数据源交流并发送命令给它。DataReader 对象只能“向前”读取数据，用于从数据源中检索只读数据集，并且数据源必须保持连接。DataSet 通常是断连的，因此不关心数据来源，断开连接的数据访问模型首先连接数据库，获取需要的数据，然后断开与数据库的连接，在 DataSet 中脱机处理数据。为了 DataSet 连接到数据源，需要将 DataAdapeter 组件作为 DataSet 和.NET 数据提供者的中介，从数据库中将数据检索出来。

ADO.NET 对象模型如图 6-72 所示。

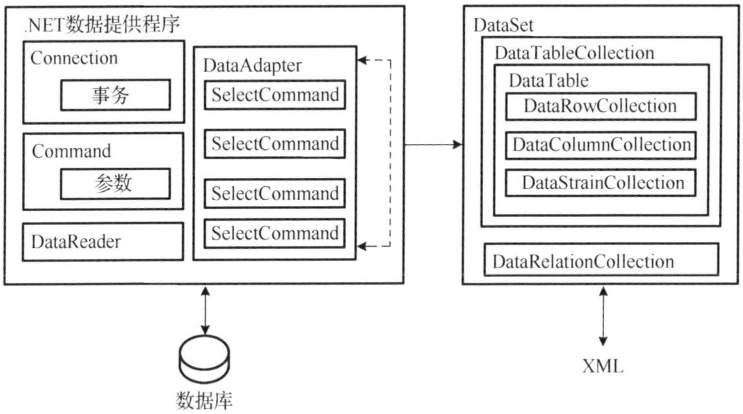

图 6-72　ADO.NET 对象模型

.NET Framework 针对不同的数据库设计了不同的数据提供程序，包括 SQL 数据提供者、OLE DB 数据提供者和 ODBC 数据提供者。其中，SQL 数据提供者仅支持 SQL Server 6.0 及更高版本，OLE DB 数据提供者支持 Access、Oracle 和 SQL Server 等，ODBC 数据提供者支持的类型较多，包括 Access、Oracle、SQL Server、MySQL 和 VFP(Visual FoxPro)等。

6.4.2　使用 Connection 对象连接数据库

操作数据库的第一步就是要建立与特定数据源的连接。根据使用的数据库不同，分别使用 SqlConnection 对象和 OleDbConnection 对象建立与数据库的连接。SqlConnection 对象和 OleDbConnection 对象仅在使用的数据源方面不同，使用 SqlConnection 对象连接 SQL Server 数据库，使用 OleDbConnection 对象连接 OLE DB 数据源。属性和方法基本都相同，因此把它们统称为 Connection 对象。通过 Connection 对象建立与特定数据源的连接时，常用到的属性和方法见图 6-73。

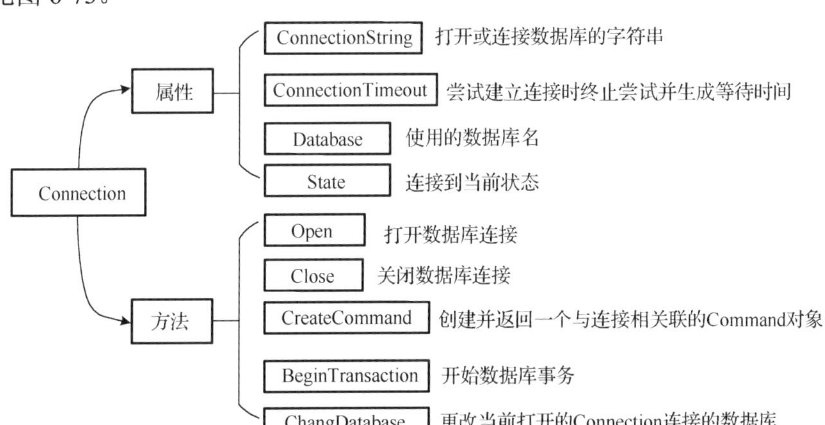

图 6-73　Connection 对象常用的属性和方法

Connection 类创建的 Connection 对象提供了四种不同的数据库连接方式的命名空间。SQL Server.NET 数据提供程序对应的类 System.Data.SqlClient.SqlConnection、OLE DB.NET 数据

提供程序对应的类 System.Data.OleDb.OleDbConnection、Oracle 数据提供程序对应的类 System.Data.OracleClient.OracleConnection、ODBC.NET 数据提供程序 System.Data.Odbc.Connection。SqlConnection 类的对象连接 SQL Server 数据库；OracleConnection 类的对象连接 Oracle 数据库；OleDbConnection 类的对象连接支持 OLE DB 的数据库，如 Access；而 OdbcConnection 类的对象连接任何支持 ODBC 的数据库。与数据库的所有通信最终都是通过 Connection 对象来完成的。

下面分别介绍使用 SqlConnection 对象、OleDbConnection 对象和 OdbcConnection 对象建立与 SQL Server 2012 数据库连接的方法。

1. 使用 SqlConnection 对象连接 SQL Server 2012 数据库

使用 SqlConnection 对象连接 SQL Server 2012 数据库有两种模式：混合模式连接和 Windows 模式连接。需要加入命名空间 System.Data.SqlClient。

1) 混合模式连接

使用这种连接模式必须输入登录名和登录口令，格式如下：

```
string ConnStr = "server=(localhost);database=数据库名;uid=用户名;pwd=密码";
SqlConnection Conn = new SqlConnection(ConnStr);
```

2) Windows 模式连接

以 Windows 连接模式必须使 trusted_connection=true，格式如下：

```
string ConnStr= "server=(localhost);database=数据库名;trusted_connection=true";
SqlConnection Conn = new SqlConnection(ConnStr);
```

2. 使用 OleDbConnection 对象连接 OLE DB 数据源

SQL Server 2012 Native Client 是单个的动态链接库（DLL），包含查询数据库提供商和驱动程序。在安装 SQL Server 2012 或 SQL Server 工具时，可同时安装 SQL Server Native Client 11.0，SQL Server Native Client OLE DB 访问接口和 SQL Server Native Client ODBC 驱动程序的所有相应注册表设置都将在安装过程中完成。

用 OleDbConnection 可以连接 SQL Server、Access、Oracle 数据源，由于数据源不同，相应的连接字符串也不同。用 OleDbConnection 连接 SQL Server 数据源的方法如下。

加入命名空间：

```
using System.Data.OleDb;
```

连接 SQL Server 代码如下。

1) SQL Server Native Client 11.0 OLE DB Provider

SQL Server Native Client 11.0 连接 SQL Server 的基本语句如下：

```
String ConStr= "Provider=SQLNCLI11;Server=myServerAddress;
Database=database_name;Uid=user_name; Pwd=password; "
OleDbConnection myConnection = new OleDbConnection(ConStr);
myConnection.open();
```

【例 6-48】 SQL Server Native Client 11.0 连接 SQL Server 数据源。

```
myConnectionString ="Provider=SQLOLEDB;Data Source=localhost;
```

```
            Initial Catalog=Northwind;"+"Integrated Security=SSPI;";
    OleDbConnection myConnection =new OleDbConnection(myConnectionString);
          string  myInsertQuery = "INSERT INTO Customers
           (CustomerID, CompanyName)  Values('NWIND', 'Northwind Traders')";
        OleDbCommand myCommand =
           new OleDbCommand(myInsertQuery);
         myCommand.Connection = myConnection;
         myConnection.Open();
         myCommand.ExecuteNonQuery();
         myCommand.Connection.Close();
```

2) SQLXML 4.0 OLEDB Provider

如果客户机使用 SQL Server Native Client Provider(SQLNCLI11)，同时支持 SQLXML 4.0，就可以使用 SQLXML 4.0 OLEDB Provider 连接数据库。基本语句格式如下：

```
String ConStr= "Provider=SQLXMLOLEDB.4.0;Data Provider=SQLNCLI11;
Data Source=server_address;Initial Catalog=database_name;
User Id=user_name;Password=pass_word; "
OleDbConnection myConnection = new OleDbConnection(ConStr);
myConnection.open();
```

3. 使用 OdbcConnection 对象连接 ODBC(Open Database Connectivity)

SQL Server 2012 引入了 Microsoft ODBC Driver 11 for SQL Server，以支持 SQL Server 2012 的新特性，如图 6-74 所示。它是一个 DLL，支持应用程序使用本地代码(API)连接到 Microsoft SQL Server 2005、2008、2008 R2 和 SQL Server 2012。

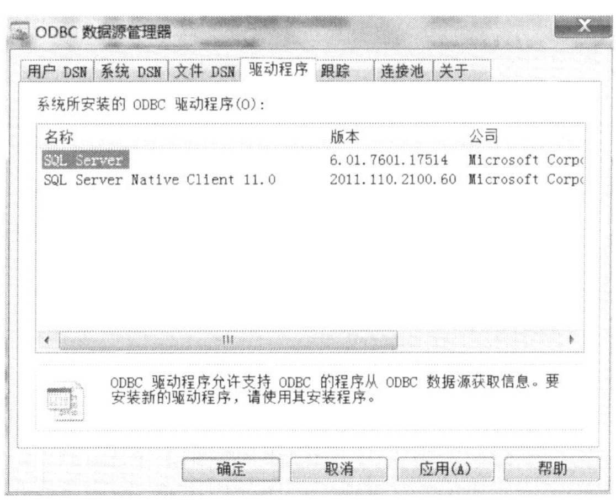

图 6-74　ODBC Driver 11 for SQL Server

1) 配置 ODBC 连接 SQL Server 2012

开放数据库互连 ODBC，是微软公司开放服务结构 WOSA (Windows Open Services Architecture)中有关数据库的一个组成部分。它建立了一组规范，并提供了一组访问数据库的标准 API。这些 API 利用 SQL 语句来完成其大部分功能任务。ODBC 本身也提供了对 SQL 语句的支持，用户可以直接将 SQL 语句传递给 ODBC，如图 6-75 所示。

若使用 ODBC 数据源，则要先在系统中进行数据源名称(Data Source Name，DSN)的设置，然后以 DSN 来启动数据库。下面介绍在 Windows 7 环境下配置 ODBC 连接 SQL Server 2012 的方法。

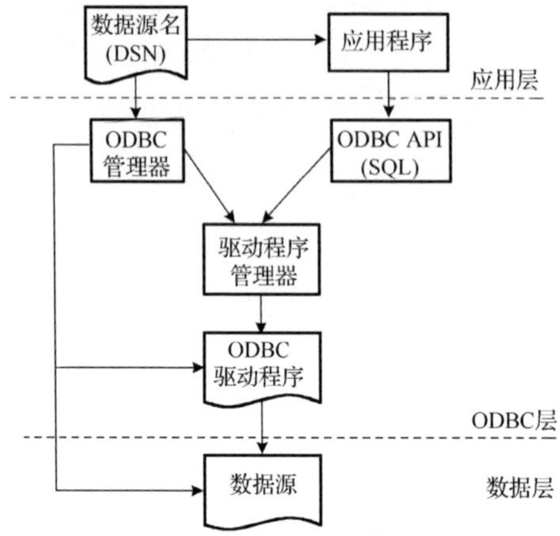

图 6-75　ODBC 数据源

(1)在“控制面板”中选择“系统和安全”→“管理工具”项，打开“ODBC 数据源管理器”界面，如图 6-76 所示。

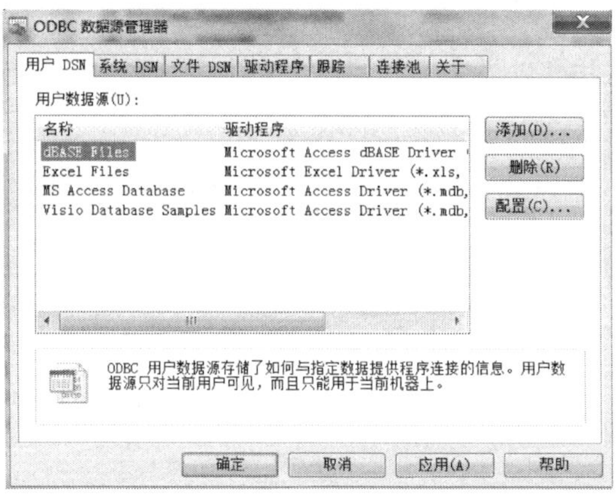

图 6-76　ODBC 数据源管理器

(2)切换至“用户 DSN”选项卡，单击“添加”按钮；选择 SQL Server Native Client 11.0 选项，单击“完成”按钮，如图 6-77 所示。

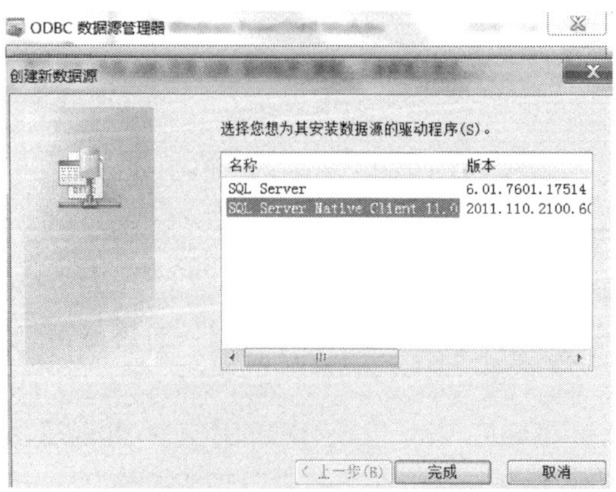

图 6-77　添加 SQL Server Native Client 11.0

(3)在图 6-78 界面中输入数据源名称，并选择要连接的服务器。

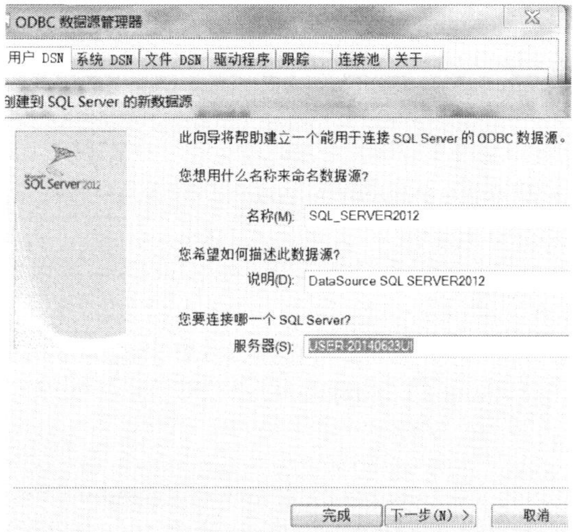

图 6-78　创建新数据源

(4)在图 6-79 的界面中选择登录 SQL Server 的方式，在此选择“使用用户输入登录 ID 和密码的 SQL Server 验证”方式，并输入连接数据库的登录 ID(用户名)和密码。

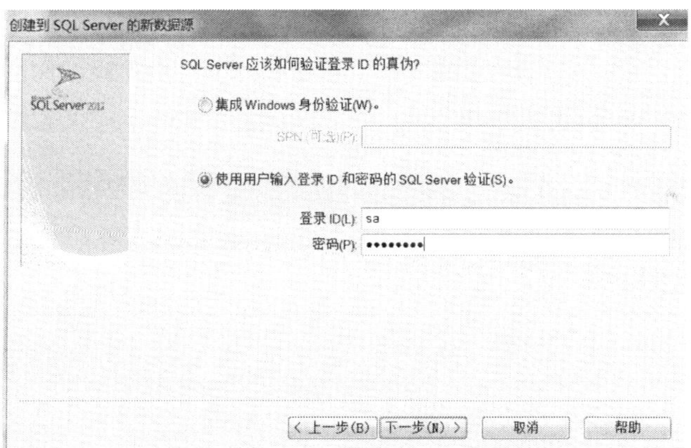

图 6-79　选择登录方式

(5)按照向导，单击“下一步”按钮，直至配置完成，如图 6-80 所示。

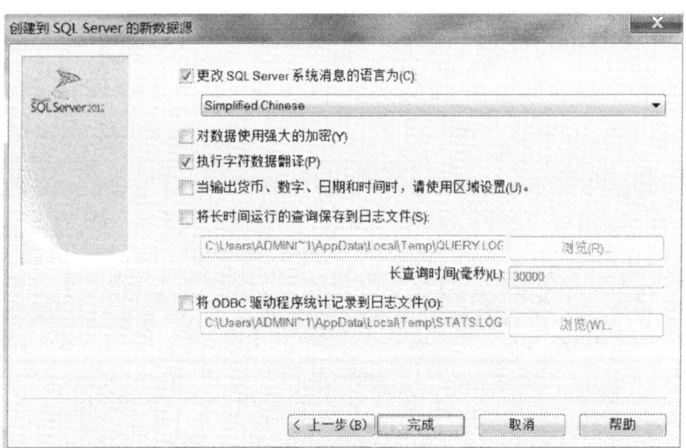

图 6-80　配置完成

(6) 测试连接数据库。单击图 6-81 中的“测试数据源”按钮开始测试，图 6-82 表示连接成功。

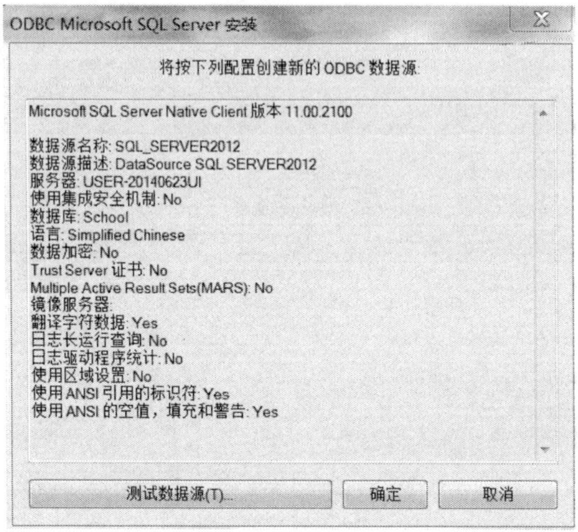

图 6-81　数据源测试过程

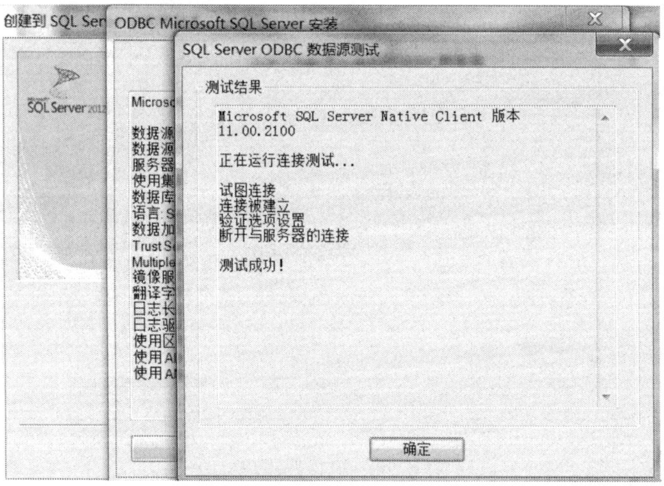

图 6-82　数据源测试成功

2) 使用 OdbcConnection 对象连接 ODBC 数据源

在 Windows 7 环境下，通过配置的 ODBC 连接 SQL Server 2012 数据源测试成功后，就可在应用程序中使用 OdbcConnection 对象连接 ODBC 数据源。连接方法如下：

```
String ConStr="Driver={SQL Server Native Client 11.0};Server=myServerAddress;
Database=database_name; Integrated Security=SSPI Uid=user_name;Pwd=
        password; "
OdbcConnection myOdbcConn=new OdbcConnection(ConStr);
myOdbcConn.open();
```

其中，Integrated Security 的值可以设置为 true、false、yes、no，也可以设置为 SSPI，相当于 true。"Integrated Security=SSPI" 即 "Trusted_Connection=yes"。

【例 6-49】 将 OdbcConnection 打开并将其设置为 OdbcCommand.Connection 属性。然后，调用 ExecuteNonQuery，关闭该连接。为完成此任务，需为 ExecuteNonQuery 传递一个连接字符串和一个查询字符串(是一个 INSERT 语句)。

```
public void InsertRow(string Conn)
{
    //If the connection string is null, use a default.
    if(Conn == "")
    {
        Conn ="DRIVER={SQL Server};SERVER=MyServer;
        Trusted_connection=yes;DATABASE=northwind;";
    }
    OdbcConnection myConn = new OdbcConnection(Conn);
    string myInsertQuery = "INSERT INTO Customer (CuID, CompanyName)"
                          + "Values('NWIND', 'Northwind Traders')";
    OdbcCommand myOdbcCommand = new OdbcCommand(myInsertQuery);
    myOdbcCommand.Connection = myConn;
    myConn.Open();
    myOdbcCommand.ExecuteNonQuery();
    myOdbcCommand.Connection.Close();
}
```

6.4.3 使用 Command 对象操作数据库

数据库连接建立好后，可以通过向数据库发送命令信息来操作数据库。所谓命令信息就是指 SQL 语句或者存储过程名。除了增、删、查、改数据外，命令信息还可以对数据源执行一些不返回结果集的查询，以及改变数据源结构的数据定义命令信息，如 DDL。

在 ADO.NET 中，命令信息是通过 Command 对象管理的。与数据库建立连接之后，可以使用 Command 对象执行命令并从数据源返回结果。

通过 Command 类创建的 Command 对象，提供了四种不同的访问数据库方式：OleDbCommand、SqlCommand、OdbcCommand 和 OracleCommand。同时，Command 类支持 IdbCommand 接口，可以从数据库获取一个标量结果或者一个存储过程的输出参数。各个命名空间中的 Command 对象如表 6-1 所示。

表 6-1　各个命名空间中的 Command 对象

提供程序	Command 类	提供程序	Command 类
SQL 数据提供程序	SqlCommand	Oracle 数据提供程序	OracleCommand
OLE DB 数据提供程序	OleDbCommand	ODBC 数据提供程序	OdbcCommand

1. Command 对象的属性和方法

Command 对象可对数据源执行各种 SQL 命令或存储过程。使用 Command 对象允许指定参数(包括输出参数，命令执行后的返回值)的数据类型、长度等。使用 Command 对象除了能执行命令和得到一系列返回记录，也能得到一些由命令提供的附加信息。

Command 对象最常用的属性有 CommandText、CommandType 和 Connection。其中 CommandText 属性用来获取或设置欲执行的内容，可以是 SQL 语句，存储过程或表名。

CommandType 属性用来获取或设置命令类型，指示当前命令是 SQL 语句还是存储过程。当将 CommandType 属性设置为 StoredProcedure 时，CommandText 属性值需为存储过程；当 CommandType 属性设置为 Text 时，应将 CommandText 属性值需为 SQL 语句。Connection 属性用来获取或设置 Command 对象使用的 Connection 对象。Command 对象的属性如表 6-2 所示。

表 6-2　Command 对象的属性

属性	说明
CommandType	CommandType 属性可以用来指定 CommandText 属性中的内容是 SQL 语句、数据表名称还是存储过程 CommandType.TableDirect：数据表名称 CommandType.Text：SQL 语句 CommandType.StoredProcedure：存储过程名称 默认为 CommandType.Text
CommandText	由 CommandText 属性设置，表示内容是 SQL 语句、数据表名称或存储过程
CommandTimeout	指令超时时间，默认为 30s

表 6-3 列出了 Command 对象常用的方法。其中，ExecuteNonQuery()、ExecuteReader() 和 ExecuteScalar() 常用于执行 SQL 命令。

表 6-3　Command 对象常用的方法

方法	描述
Cancel()	取消 Command 对象的执行
ExecuteReader()	执行 CommandText 属性所规定的操作，并创建 DataReader 对象
ExecuteNonQuery()	执行 CommandText 属性所规定的操作，一般为 UPDATE、INSERT、DELETE 及其他没有返回值的 SQL 命令，返回受影响的行数
ExecuteScalar()	执行 CommandText 属性所规定的操作，返回执行结果中的首行首列的值

(1) ExecuteNonQuery() 方法的执行结果不会返回结果集，只会返回语句影响的记录行数。它适合执行插入、删除、更新之类不返回结果集的 SQL 命令。如果是 SELECT 语句，返回的结果是–1，如果发生回滚结果也是–1。

(2) 使用 ExecuteReader() 方法执行命令，返回 DataReader 对象或者 DataReader 接口的结果集。通过 DataReader 对象就能够获得数据的行集合，DataReader 的使用将在后面详细说明。

(3) ExecuteScalar() 方法返回结果表第 1 行第 1 列的值，通常使用它求聚合查询结果。需要注意的是，如果要把返回结果转化成精确的类型，则数据库在查询中必须进行强制类型转换，否则引发异常。如果我们想获得数据的记录行数，可以使用 ExecuteReader 方法，通过 select count(*) 语句取得一个聚合的行集合。但是，对于这样求单个值的语句，ExecuteScalar 方法更为有效。

SQL Server 数据库常用的执行 SQL 命令的类是 SqlCommand 类，它提供了只用于 SQL 提供者的 ExecuteResultSet() 和 ExecuteXmlReader() 两个方法。ExecuteResultSet() 方法为将来使用而保留，如果在应用程序中调用了它，系统就会抛出一个 System.NotSupportedException 异常；ExecuteXmlReader() 方法执行后，返回一个 XmlReader 对象。

2. 使用 Command 对象操作数据

1) 使用 Command 对象查询数据

不带参数的查询语句格式如下：

```
string RString="select * from student";
 SqlCommand cmd = new SqlCommand(RString, conn);
cmd.ExecuteReader();   //执行命令对象
```

带参数的查询通常的语句格式如下：

```
string RString="select * from student where StuID=@StuID";
SqlCommand cmd = new SqlCommand(RString, conn);
cmd.Parameters.Add("@Stu_no ",SqlDbType.VarChar).Value = this.TextBox1.Text;
cmd.ExecuteReader();   //执行命令对象;
```

2) 使用 Command 对象插入数据

向 school 数据库的 student 表之中插入一条数据 Stu_no 为 5590229，Stu_name 为 JACK。通常的语句格式如下：

```
string InString = "insert into student(Stu_no,Stu_name) values(1690523,
                    'Ben')";
SqlCommand cmd = new SqlCommand(InString, conn);
cmd.ExecuteNonQuery();
```

3) 使用 Command 对象修改/更新数据

更新学生表 student，将学号 StuID 为 1400216 的学生的生日 Stu_BrithDate 更新为 2015-9-1。通常的语句格式如下：

```
string UpString=" update [student] set [Stu_BrithDate]='2016-04-12'
where [StuID]=1400216";
SqlCommand cmd = new SqlCommand(UpString, conn);
cmd.ExecuteNonQuery();
```

4) 使用 Command 对象删除数据

通常的语句格式如下：

```
string deleteString = "delete from Categories where CateName='other'";
SqlCommand cmd = new SqlCommand();
cmd.CommandText = deleteString;
cmd.Connection = conn;
cmd.ExecuteNonQuery (); //发送更新的 SQL 语句到数据库
```

5) 使用 Command 对象调用存储过程

存储过程是经过编译的永久保存在数据库中的一组 SQL 语句，通过创建和使用存储过程可以提高程序的重用性和扩展性，为程序提供模块化的功能，还有利于对程序的维护和管理。调用 SQL Server 中的存储过程的步骤如下。

(1) 建立连接通道，本例数据库名为 JWGL；Windows 身份验证：

```
//连接字符串
String strconn = "server=.;database = JWGL;Integrated Security = Ture";
//新建通道
SqlConnection  conn = new SqlConnection(strconn);
```

(2) 建立一个 SqlCommand 对象，并将其内容设置为存储过程的名称 Stu_Info，并设置命令类型为存储过程：

```
SqlCommand cmd = new SqlCommand("Stu_Info",conn);
Cmd.CommandType = CommandType.StoredProcedure;
```

(3) 创建一个参数对象，指定参数名、参数值和参数类型：

```
SqlParameter sp = new SqlParameter("@e_age",33);
Sp.SqlDbType = SqlDbType.Int;
Cmd.Parameters.Add(sp); //将参数对象加入到命令对象的集合中
```

(4) 打开连接，执行存储过程：

```
conn.Open();
Console.WriteLine(cmd.ExecuteScalar().ToString());
conn.Close();
```

6) 使用 Command 对象实现数据库的事务处理

【例 6-50】 单击 button 按钮后，向 school 数据库的 student 表之中插入一条数据。

```
private void button2_Click_Insert(object sender, EventArgs e)
{
SqlConnection conn = new SqlConnection();
conn.ConnectionString = "Data Source=(local);Initial Catalog=School;User ID=sa";
conn.Open();
SqlTransaction sqltran = conn.BeginTransaction();
                                        //通过连接对象产生事务对象 sqltran
string sqlstring = "insert into student(sno,sname) values(2490109,'Linda')";
SqlCommand comm = new SqlCommand(sqlstring, conn);
comm.Transaction = sqltran;
                        //将事务对象 sqltran 绑定到命令对象的 Transaction 属性
int p = comm.ExecuteNonQuery(); //执行命令对象
sqltran.Commit();       /*通过事务对象 sqltran 的 Commit()方法提交事务，或者通
                         过事务对象 sqltran 的 Rollback()方法回滚事务*/
comm.Dispose();
comm.Clone();
conn.Dispose();
conn.Close();
}
```

6.4.4　使用 DataSet 和 DataAdapter 对象操作数据库

1. DataSet 对象的属性和方法

DataSet 对象把从数据库中检索出的数据放在内存的缓存中，并对保存在内存中的记录进行管理。所有来自数据库、XML 文件、代码或用户输入的数据都可添加到 DataSet 对象中。DataSet 对象有以下四个特点。

(1) 使用 DataSet 对象无须与数据库直接交互。

(2) DataSet 对象是存储从数据库检索到的数据的对象。

(3) DataSet 对象是零个或多个表对象的集合，这些表对象由数据行和列、约束和有关表中数据关系的信息组成。

(4) DataSet 对象既可容纳数据库的数据，也可以容纳非数据库的数据源。

DataSet 对象工作时，客户端与数据库服务器端建立连接后，客户端应用程序向数据库服务器发送数据请求，数据库服务器接到数据请求后，经检索，选择出符合条件的数据发送给客户端的数据集，这时数据连接可以断开。接下来，数据集以数据绑定控件或直接引用等形式将数据传递给客户端应用程序。如果客户端应用程序在运行过程中有数据发生变化，它会修改数据集里的数据。当应用程序运行到某一阶段时，如应用程序需要保存数据，就可以再次建立客户端到数据库服务器端的连接，将数据集里的被修改数据提交给服务器，完成后再次断开连接，如图 6-83 所示。

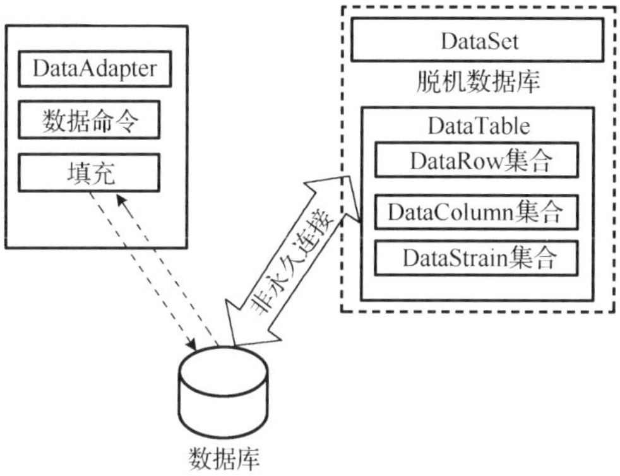

图 6-83　DataSet 对象的工作原理

DataSet 对象的常用属性有 Tables、DataSetName 等。

Tables 属性：可以获得或设置数据表行、列的值。

DataSetName 属性：用于获取或设置当前数据集的名称。

DataSet 中主要包含的三个重要对象是 DataTableCollection 对象、DataRelationCollection 对象和 ExtendedProperties 对象，如图 6-84 所示。

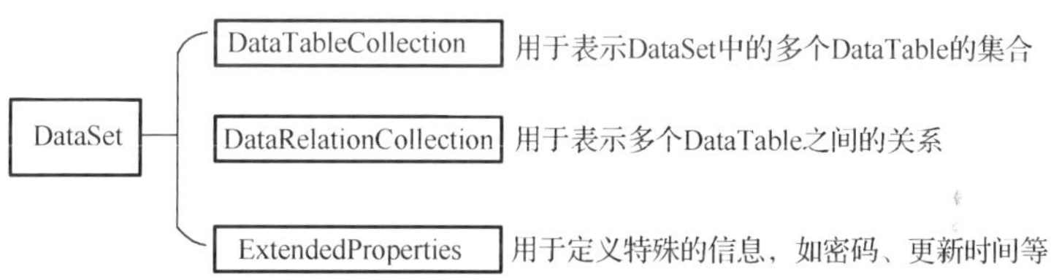

图 6-84　DataSet 对象

1) DataTableCollection 对象

DataTableCollection 包含特定数据集的所有 DataTable 对象，DataTable 对象表示零个或多个表的集合。DataTableCollection 对象的层次结构如图 6-85 所示。DataTable 在 System.Data 命名空间中定义，表示内存驻留数据的单个表。其中包含由 DataColumnCollection 表示的数据列集合和由 ConstraintCollection 表示的数据约束集合，列集合和约束集合共同定义表的架构。DataTable 还包含数据行集合 DataRowCollection，而数据行集合中包含表中的数据。除了其当前状态，DataRow 还会保留其当前版本和初始版本，以标识对行中存储的值的更改。

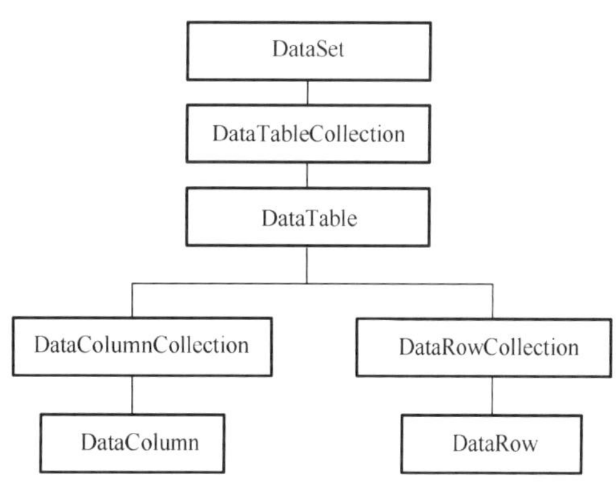

图 6-85　DataTableCollection 对象的层次结构图

2) DataRelationCollection 对象

DataSet 的 DataRelationCollection 对象中的包含关系由 DataRelation 对象来表示，它使一个 DataTable 中的行与另一个 DataTable 中的行相关联。这种关系类似于关系数据库中的主键列和外键列之间的关系。DataRelation 标识 DataSet 中两个表的匹配列。

通过关系，可以从 DataSet 中的一个表转到另一个表。DataRelation 对象的基本元素有关系名、相关表名以及每个表中的相关列。关系可以通过一个表的多个列来生成。将关系添加到 DataRelationCollection 中之后，可以选择添加 UniqueKeyConstraint 和 ForeignKeyConstraint 属性。在对相关列值更改时，强制执行完整性约束检查。

3) ExtendedProperties

DataSet、DataTable 和 DataColumn 全部具有 ExtendedProperties 属性。ExtendedProperties 属性是一个 PropertyCollection，可以加入自定义信息，如 SELECT 语句生成的结果集、生成数据的时间等。ExtendedProperties 集合与 DataSet 的架构信息一起持久化。

2. DataAdapter 对象的属性和方法

使用 DataAdapter 可对来自数据源的记录进行操作。通过使用 SelectCommand、InsertCommand、UpdateCommand 和 DeleteCommand 属性(指定执行某条 SQL 语句或调用某个存储过程)可以指定所要执行的操作。这些属性实际上是 SqlCommand 或 OleDbCommand 类的实例对象。其中，SelectCommand 引用从数据源中检索行的 Command 对象；InsertCommand 引用将插入的行从 DataSet 写入数据源的 Command 对象；UpdateCommand 引用将修改的行从 DataSet 写入数据源的 Command 对象；DeleteCommand 引用从数据源中删除行的 Command 对象。

使用 DataAdapter 提供的方法，可以填充 DataSet 或将 DataSet 表中的更改传送到相应的数据存储区。常用的有 Fill()、Update()、FillSchema()、GetFillParameters()和 Dispose()等方法。其中，Fill()方法使用 SqlDataAdapter(或 OleDbDataAdapter)的这个方法，从数据源增加或刷新行，并将这些行放到 DataSet 表中。Fill()方法调用 SelectCommand 属性所指定的 SELECT 语句。Update()方法使用 DataAdapter 对象的这个方法，将 DataSet 表的更改传送到相应的数据源中。FillSchema()方法用于在数据集中添加 DataTable，以便与数据源的结构匹配。该方法为 DataSet 的 DataTable 中每一指定的行调用相应的 INSERT、UPDATE 或 DELETE 命令。DataAdaper 的属性和方法如图 6-86 所示。

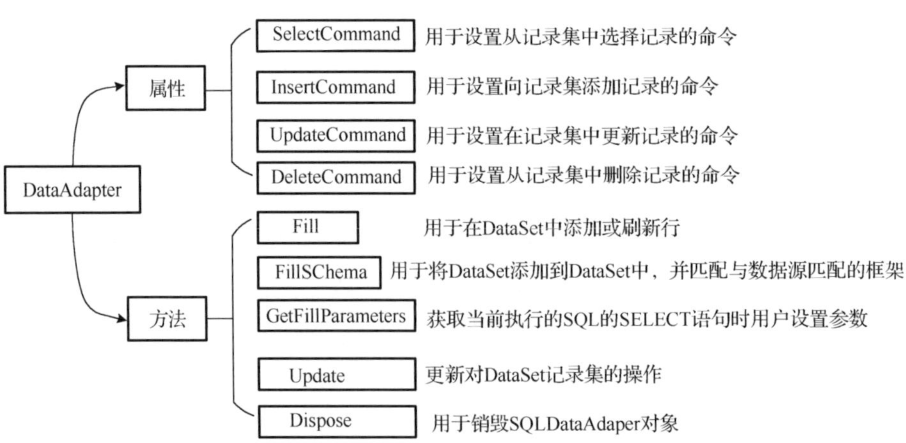

图 6-86　DataAdapter 的属性和方法

3. 使用 DataSet 和 DataAdapte 对象访问数据

DataAdapter 对象用来传递各种 SQL 命令，并将命令执行结果填入 DataSet 对象，充当

DataSet 和数据源之间桥梁。DataAdapter 对象还可以将数据集对象更改过的数据回写到数据源。DataAdapter 对象是 ADO.NET 数据提供程序的组成部分，该数据提供程序还包括连接对象、数据读取器对象和命令对象。

使用 DataAdapter 填充 DataSet 的步骤如下。

(1) 创建 SqlConnection 对象，连接到 SQL Server 数据库。

(2) 创建 SqlDataAdapter 对象。该对象 4 个 SqlCommand 对象的属性，这些对象指定 SQL 语句在数据库中可进行 SELECT、INSERT、UPDATE 和 DELETE 等数据操作。

(3) 创建包含一个或多个表的 DataSet 对象。

(4) 使用 SqlDataAdapter 对象的 Fill() 方法来填充 DataSet 表。SqlDataAdapter 隐式执行包含 SELECT 语句的 SqlCommand 对象。

(5) 修改 DataSet 中的数据。可以通过编程方式来执行修改，或者将 DataSet 绑定到用户界面控件(如 DataGrid)，然后在控件中更改数据。

(6) 在准备将数据更改返回数据库时，可以使用 SqlDataAdapter 的 Update() 方法。SqlDataAdapter 对象隐式使用其 SqlCommand 对象对数据库执行 INSERT、DELETE 和 UPDATE 操作。

DataAdapter 对象用来操作数据库填充并操作 DataSet，它是数据库和 DataSet 之间的桥梁。创建了 DataSet 对象后，可以使用 DataAdapter 对象来更新原始的数据源。下面通过一个例子来说明使用 DataSet 和 DataAdapter 访问数据库的步骤。

(1) 创建数据库连接 sqlconn：

```
Sqlstring= "SELECT CustomerID, CompanyName FROM Customer ";
SqlConnection sqlconn = new SqlConnection ("Data Source = localhost;
Integrated Security = True; Initial Catalog = northwind");
```

(2) 创建和初始化数据适配器 SqlDataAdaptcr。将 SqlDataAdapter 的 SelectCommand 属性设置为 SqlCommand 对象。语句格式如下：

```
SqlDataAdapter adapter = new SqlDataAdapter();
SqlCommand mycomm = new SqlCommand(sqlstring,sqlconn);
adapter.SelectCommand = mycomm;
```

(3) 创建 DataSet 对象，语句格式如下：

```
DataSet SQLds = new DataSet();
```

此时得到的只是空 DataSet。

(4) 通过 SqlDataAdapter 对象填充 DataSet 对象，语句格式如下：

```
adapter.Fill(SQLds);
```

(5) 使用数据适配器的 Fill 方法执行查询操作，检索数据，填充 DataSet。应用程序调用 DataAdapter 的 Fill 方法时，如果 Connection 没有打开，DataAdapter 会自动调用 Connection 对象的 open 方法，执行完毕后会自动将 Connection 对象关闭。

如果在执行 Fill 方法时，Connection 对象已经打开，那么执行完毕后 DataAdapter 会维持 Connection 对象的打开状态。

在本例中，使用适配器类的对象 adapter 来填充数据集 SQLds。

```
adapter.Fill(SQLds, "Customers");
```

读取 DataSet 中的数据信息，开始循环读取 DataSet 对象中 SQLds 的数据表信息：

```
for(int i = 0; i <SQLds.Tables[0].Rows.Count; i++)
{
    label1.Text += SQLds.Tables[0].Rows[i][2].ToString() + "\n";
}
```

释放数据库连接资源：

```
sqlconn.Dispose();
sqlconn.Close();
sqlconn = null;
```

6.4.5 使用 DataReader 对象读取数据

DataReader 对象提供对数据库快速的、未缓冲的、只前向移动的只读游标的访问，当需要按顺序读取数据而不需要其他操作时，可以使用 DataReader 对象。如果在网络上每个用户都缓存大量的 DataSet，这很可能导致服务器内存不足。另外，DataReader 尤其适合从数据源中读取大量的数据，不在内存中缓存数据。

1. DataReader 对象的工作原理

图 6-87 给出了 DataReader 对象的工作原理图。客户端应用程序需要数据源提供数据时，发送查询命令到数据源。由数据源进行查询处理，返回给客户端一个只读、只进的记录集。对这个记录集的操作就是利用 DataReader 对象只读和只进访问方式进行的。每读一个数据就向下一条记录转移，直至记录集末尾，并且得到的数据是只读的，不能修改。整个获取数据的过程需要客户端应用程序与数据源之间保持永久连接。

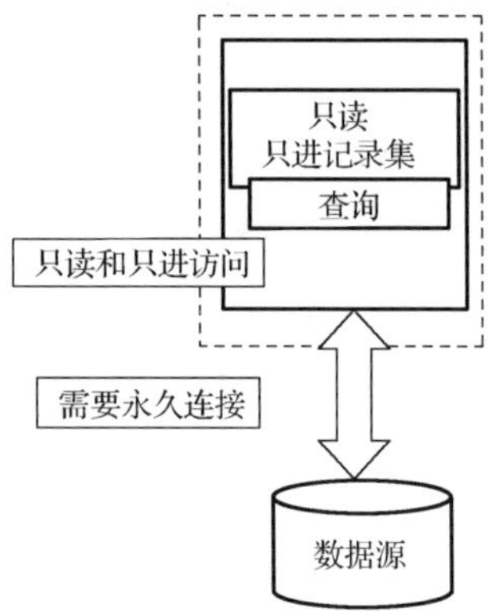

图 6-87　DataReader 对象的工作原理图

2. DataReader 对象的属性和方法

DataReader 对象常用的属性和方法请参见表 6-4 和表 6-5。

表 6-4　DataReader 对象常用属性

属性	说明
HasRows	是否返回了结果
Depth	设置阅读器浓度。对于 SqlDataReader 类，它总是返回 0
FieldCount	获取当前行的列数
Item	索引器属性，以原始格式获得一列的值
IsClose	获得一个表明数据阅读器有没有关闭的一个值
RecordsAffected	获取执行 SQL 语句所更改、添加或删除的行数

表 6-5　DataReader 对象常用方法

方法	说明
Read	检索行，前进到下一行记录
Close	关闭 DataReader 对象
Get	用来读取数据集的当前行的某一列的数据
NextResult	当读取批处理 SQL 语句的结果时，使数据读取器前进到下一个结果

3. 使用 DataReader 对象读取数据

DataReader 对象一次只能顺序读取一条记录，读取处的数据是只读的，不允许做其他操作，所以使用 DataReader 读取数据，节省资源，效率很高。DataReader 类是抽象类，因此不能直接实例化，需要通过执行 Command 对象的 ExecuteReader()方法返回 DataReader 实例。

使用 DataReader 对象读取数据的步骤如下。

(1)使用 Connection 对象创建数据连接：

```
string connection = "server=.;database=students;uid=sa;pwd=123456";
SqlConnection conn = new SqlConnection(connection);
```

(2)创建 DataReader 对象

使用 SqlCommand 对象的 ExecuteReader()方法执行 SQL 查询操作或存储过程，同时创建 DataReader 对象：

```
string command = "select username,password from users";
SqlCommand cmd = new SqlCommand(command, conn);
conn.Open();
SqlDataReader sdr = cmd.ExecuteReader();
```

DataReader 类多用于检索 SQL 查询或者存储过程返回的记录。它连接的是只向前、只读的结果集，使用它时，数据库连接必须一直保持打开状态，且只能从前往后读取信息，不能中途停下修改数据。

在创建 DataReader 对象 sdr 的时候，可以同时指定 DataReader 的特征，例如：

```
SqlDataRader sdr = cmd.ExecuteReader(CommandBehavior.CloseConnection);
```

说明：CommandBehavior.CloseConnection 的作用是关闭 DataReader 的时候自动关闭对应的 ConnectionObject。这样可以避免忘记关闭 DataReader 对象以后关闭 Connection 对象。

(3)访问 DataReader 中的记录。

成功创建 DataReader 对象后，可使用其属性和方法访问数据。下面是使用 DataReader 常用的格式：

```
while(sdr.Read())
    {
      //对记录进行逐条处理(读/统计/其他)
    }
```

DataReader 对象的 Read()方法表示让 DataReader 对象读取下一条记录，如果读到数据则返回 true，若没有读到数据就返回 false。

如果对每一条记录的操作都要花费较长的时间，那么意味着 DataReader 将长时间打开，数据库连接也将保持长时间的打开状态，此时使用非连接的 DataSet 会更好一些。应用程序可以访问记录中字段的值。DataReader 有两种访问字段值的方法：一种是使用 Item 属性，Item 属性返回字段索引或者字段名对应的字段的值；另一种是使用 Get()方法，此方法返回由字段索引指定的字段的值。

如果要在 DataReader 对象 sdr 中使用多个结果集，可以使用 NextResult()方法。NextResult()方法把数据读取器移动到下一个结果集，这个方法可以与 Read()方法协同工作。

6.5　综合应用实例——成绩分析系统

成绩分析系统是用于对学生平时及考试成绩进行管理，并以学生成绩为原始数据，根据教育学和统计学原理，对相应的试卷命题、学生成绩，教学过程等进行科学分析的系统。成绩分析系统包含用户信息管理、学员信息管理、考勤成绩管理、期中成绩管理、实验成绩管理、作业成绩管理、平时成绩分析、期末成绩分析、总评成绩分析、学生查询等几大模块。

用户信息管理：负责动态地对不同用户组分配不同的权限等操作，并分配学生相应的权限。可对用户信息添加、删除、修改等。

学员信息管理：根据专业、班级、课程、教师、学期进行信息录入。本模块包括功能模块的添加、删除、修改等。

考勤成绩管理：针对一个班的一门课程的出勤情况进行分数记录。教师能够分批录入、查询、修改等。

实验成绩管理：针对一个班的一门课程的实验成绩进行分数记录。教师能够分批录入、查询、修改等。

作业成绩管理：针对一个班的一门课程的作业成绩进行分数记录。教师能够分批录入、查询、修改等。

学生查询：学生用户可以查询到自己最后的平时成绩、期末成绩及总评成绩。

6.5.1　数据表

学生成绩分析系统的数据库表有用户信息表、学员信息表、考勤成绩表、期中成绩表、实验成绩表、作业成绩表、平时成绩表、平时成绩分析表、期末成绩表、期末成绩分析表、期末试卷难度表、总评成绩表、总评成绩分析表等。部分表的字段定义见表 6-6～表 6-9。

表 6-6　用户信息表

名称	类型	可为空	默认	存储	注释
USER_NAME	VARCHAR2 (20)				[illegible]
USER_PASSWORD	VARCHAR2 (20)				用户密码
USER_ID	VARCHAR2 (20)				用户身份
USER_NO	VARCHAR2 (20)				用户编码

表 6-7　期中成绩表

名称	类型	可为空	默认	存储	注释
INF_CLASS	VARCHAR2 (20)				[illegible]
INF_SUBJECT	VARCHAR2 (20)				课程
STUDENT_ID	VARCHAR2 (20)				学号
USER_NAME	VARCHAR2 (20)	✓			姓名
MT_1	VARCHAR2 (20)	✓			第一题
MT_2	VARCHAR2 (20)	✓			第二题
MT_3	VARCHAR2 (20)	✓			第三题
MT_4	VARCHAR2 (20)	✓			第四题
MT_5	VARCHAR2 (20)	✓			第五题
MT_6	VARCHAR2 (20)	✓			第六题
MT_7	VARCHAR2 (20)	✓			第七题
MT_8	VARCHAR2 (20)	✓			第八题
MT_ALL	VARCHAR2 (20)	✓			总分
SEMESTER	VARCHAR2 (20)	✓			学期
SEMESTER_YEAR	VARCHAR2 (20)	✓			学年

表 6-8　平时成绩分析表

名称	类型	可为空	默认	存储	注释
INF_CLASS	VARCHAR2 (20)				[illegible]
INF_SUBJECT	VARCHAR2 (20)				课程
UR_PJF	VARCHAR2 (20)	✓			平均分
UR_BZC	VARCHAR2 (20)	✓			标准差
AN	VARCHAR2 (20)	✓			优的人数
AP	VARCHAR2 (20)	✓			优的比例
BN	VARCHAR2 (20)	✓			良的人数
BP	VARCHAR2 (20)	✓			良的比例
CN	VARCHAR2 (20)	✓			中的人数
CP	VARCHAR2 (20)	✓			中的比例
DN	VARCHAR2 (20)	✓			及格的人数
DP	VARCHAR2 (20)	✓			及格的比例
EN	VARCHAR2 (20)	✓			不及格的人数
EP	VARCHAR2 (20)	✓			不及格的比例
SEMESTER	VARCHAR2 (20)	✓			学期
SEMESTER_YEAR	VARCHAR2 (20)	✓			学年

表 6-9　总评成绩表

名称	类型	可为空	默认	存储	注释
INF_CLASS	VARCHAR2 (20)				[illegible]
INF_SUBJECT	VARCHAR2 (20)				课程
STUDENT_ID	VARCHAR2 (20)				学号
USER_NAME	VARCHAR2 (20)	✓			姓名
USUALRE_ALL	VARCHAR2 (20)	✓			平时成绩
LT_ALL	VARCHAR2 (20)	✓			期末成绩
FS_ALL	VARCHAR2 (20)	✓			总评成绩
SEMESTER	VARCHAR2 (20)	✓			学期
SEMESTER_YEAR	VARCHAR2 (20)	✓			学年

6.5.2　C#连接数据库

创建了数据库和表后，可以使用 C#访问后台数据库 CJGL。使用 SqlConnection 对象建立数据库连接后，创建了 DataSet 对象和 DataAdapter 对象后，使用 DataAdapter 填充 DataSet 对象并读取 DataSet 中的数据信息。在程序 CONNDB.cs 中封装了用户登录检查，保存数据、查询、删除，最后关闭数据库连接功能。

程序 CONNDB.cs 代码如下：

```
using System;
using System.Collections.Generic;
using System.Text;
using System.Data;
using System.Data.OleDb;
using System.Data.SqlClient;
using System.Windows.Forms;

namespace CJFXDB
{
    public class CONNDB
    {
        SqlConnection conn = null;
        public CONNDB()
        {
            if(conn == null)
            {
     string constring="server=localhost;database=CJGL;uid=sa;pwd=future;";
                conn = new SqlConnection(constring);
            }
            if(conn.State == ConnectionState.Closed)
            {
                conn.Open();
            }

        }
        //<summary>
        //登录
        //</summary>
        //<param name="sql"></param>
        //<returns></returns>
        public DataSet Login(string sql)
        {
            DataSet ds = new DataSet();
            SqlDataAdapter da = new SqlDataAdapter(sql, conn);
            da.Fill(ds);
            connClose();
            return ds;
        }
```

```
//<summary>
//保存
//</summary>
//<param name="sql"></param>
//<returns></returns>
public DataSet Save(string sql, ref bool result)
{
    DataSet ds = new DataSet();
    try
    {
        SqlDataAdapter da = new SqlDataAdapter(sql, conn);
        da.Fill(ds);
        connClose();
        result = true;
    }
    catch(Exception ex)
    {
        ex.ToString();
        result = false;
    }
    return ds;
}
//<summary>
//查询
//</summary>
//<param name="sql"></param>
//<param name="result"></param>
//<returns></returns>
public DataSet Search(string sql, ref bool result)
{
    DataSet ds = new DataSet();
    DataTable dt = new DataTable();
    try
    {
        SqlDataAdapter da = new SqlDataAdapter(sql, conn);
        da.Fill(ds);
        connClose();
        result = true;
    }
    catch(Exception ex)
    {
        ex.ToString();
        result = false;
    }
    return ds;
}
//<summary>
//删除
```

```
        //</summary>
        //<param name="sql"></param>
        //<param name="result"></param>
        //<returns></returns>
        public DataSet Delete(string sql, ref bool result)
        {
            DataSet dd = new DataSet();      //创建数据集 dd
            try
            {
              SqlDataAdapter da = new SqlDataAdapter(sql, conn);
                da.Fill(dd);
                connClose();
                result = true;
            }
            catch(Exception ex)
            {
                ex.ToString();
                result = false;
            }
            return dd;
        }
        //<summary>
        //关闭数据库连接
        //</summary>
        public void connClose()
        {
            if(conn.State == ConnectionState.Open)
            {
                conn.Close();
            }
        }
    }
}
```

6.5.3　系统的主界面

图 6-88 是用户登录界面。

图 6-88　登录界面

代码所属文件：

```
Login.cs
```

关键代码如下：

```
//判断登录系统用户的权限以及用户名和密码是否相符
privatevoid btnOK_Click(object sender, EventArgs e)
{
string sql = string.Format("select * from BYSJ_USER where USER_NO='{0}'
            and USER_PASSWORD='{1}' and USER_ID='{2}'", no, pass, ID);
DataSet ds = new BYSJDB.CONNDB().Login(sql);
if (ds.Tables[0].Rows.Count > 0)              //判断登录是否成功
  {
USER_NAME = ds.Tables[0].Rows[0]["USER_NAME"].ToString();  //获取用户名
USER_NO = this.txtUSER_NO.Text.Trim();        //获取用户编码
USER_ID = this.cmbUSER_ID.Text.Trim();        //获取用户身份
MiddleConnect x = newMiddleConnect(this.USER_ID, this.USER_NAME,this.
                 USER_NO);
}
```

用户登录成功后，进入如图 6-89 所示的系统主界面。通过 MiddleConnect.cs 程序给不同用户授予指定权限。

图 6-89　系统主界面

代码所属文件：

```
MiddleConnect.cs
```

关键代码如下：

```
//根据登录时的权限赋予对应的功能
if(USER_ID=="管理员")
{
    this.btnUSER.Enabled = true;
    this.btnInf.Enabled = true;
}
if(USER_ID == "教师")
{
    this.btnAttendance.Enabled = true;
    this.btnMT.Enabled = true;
    this.btnExperiment.Enabled = true;
```

```
        this.btnWork.Enabled = true;
        this.btnUsualResult.Enabled = true;
        this.btnTextAnalyze.Enabled = true;
        this.btnComplexAnalyeze.Enabled = true;
    }
    if(USER_ID == "学生")
    {
        this.btnSearch.Enabled = true;
    }
```

6.5.4　学生信息查询

用户以学生身份登录成功后的界面如图 6-90 所示，学生可以通过成绩查询功能查询自己某门课程的平时、期末、总评成绩，如图 6-91 所示。数据库连接成功后，将查询结果放入 DataSet 对象 ds 中，然后通过循环依次显示出来。具体代码见 StudentSearch.cs 文件。

图 6-90　学生登录成功后的界面

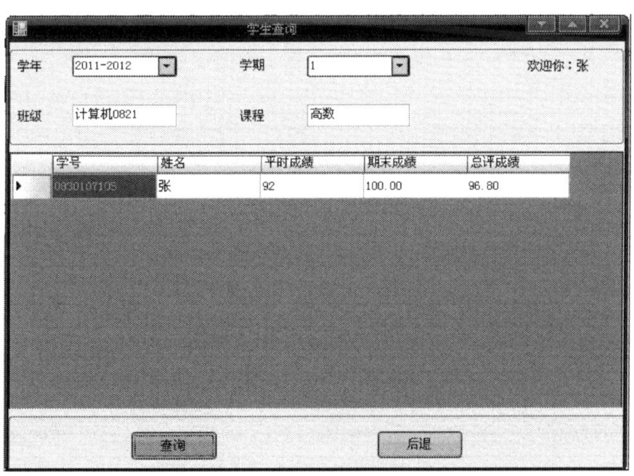

图 6-91　学生成绩查询

代码所属文件：

```
StudentSearch.cs
```

关键代码如下：

```
//根据学号查询本人的成绩
privatevoid btnSeach_Click(object sender, EventArgs e)
{
    sql = "select * from BYSJ_FINALSCORE where STUDENT_ID ='" + ID + "'";
    if(SUBJECT != "")
    {
        sql += " AND  INF_SUBJECT ='" + SUBJECT + "' ";
    }
    DataSet ds = new BYSJDB.CONNDB().Search(sql, ref result);
    if(result == true)
    {
        if(ds.Tables[0].Rows.Count > 0)
        {
            dgvFS.DataSource = ds.Tables[0];
        }
    }
```

6.5.5 教师管理成绩

当用户以教师身份登录成功后，界面如图 6-92 所示，可以管理(查询、添加、删除等)考勤、期中、实验、作业成绩，教师通过考勤、期中、实验、作业成绩计算出平时成绩；再由平时成绩和期末成绩计算出总评成绩；并通过平时成绩分析、期末卷面分析、总评成绩分析来了解本门课程学生的掌握情况。

当教师运行了图 6-92 中的期中成绩管理功能后，出现图 6-93 所示的期中成绩管理界面。教师通过新增、查询、删除来管理期中成绩。代码存放在 MiddleTestManagement.cs 文件中。实验成绩管理和作业成绩管理模块的代码实现过程与此模块类似。

图 6-92　教师登录成功后的界面

图 6-93　期中成绩管理

代码所属文件：

```
MiddleTestManagement.cs
```

关键代码如下：

```
//自动算出各自的总成绩
privatevoid dgvEX_CellEndEdit(object sender, DataGridViewCellEventArgs e)
{
if(this.dgvEX.CurrentRow.Cells["dgcEX_1"].Value != null&&this.dgvEX.
   CurrentRow.Cells["dgcEX_1"].Value.ToString() != "")
{
A = Convert.ToInt32(this.dgvEX.CurrentRow.Cells["dgcEX_1"].Value.ToString());
}
double result = A + B + C + D + E + F + G + H;
this.dgvEX.CurrentRow.Cells["dgcEX_ALL"].Value = result;
}
privatevoid dgvUR_CellValidating(object sender,
     DataGridViewCellValidatingEventArgs e)//根据学号自动关联出姓名
 {
if (this.dgvUR.CurrentRow.Cells["dgcSTUDENT_ID"].Value != null)
{
for (int intRow = 0; intRow <this.dgvUR.RowCount - 1; intRow++)
      {
string STUDENT_ID = this.dgvUR.Rows[intRow].Cells["dgcSTUDENT_ID"].
                   Value.ToString();
  sql = "select * from BYSJ_USER where USER_NO ='" + STUDENT_ID + "'";
DataSet ds = new BYSJDB.CONNDB().Search(sql, ref result);
if (result == true&& ds.Tables[0].Rows.Count > 0)
{
this.dgvUR.Rows[intRow].Cells["dgcUSER_NAME"].Value = ds.Tables[0].Rows
```

```
        [0]["USER_NAME"].ToString();
    }
    } } }
```

6.5.6　教师分析成绩

当教师登录成功，运行了图 6-92 中的平时成绩分析功能后，出现图 6-94 所示的平时成绩分析界面。教师根据之前录入的各成绩按照各自所占的比例自动计算出平时成绩。

图 6-94　平时成绩分析界面

代码所属文件：

```
UsualResultAnalyze.cs
```

关键代码如下：

```
//根据之前录入的各成绩按照各自所占的比例自动计算出平时成绩
if(this.txtCheck_bili.Text != ""&&this.txtMT_bili.Text != ""&&this.
    txtEX_bili.Text != ""&&this.txtWORK_bili.Text != "")
 {
Double a06=a01+a02+a03+a04;
if(a06 <= a05)
{
int A = Convert.ToInt32 (this.dgvUR.CurrentRow.Cells["dgcCHECK_
        ALL"].Value.ToString());
double result = a01 * A + a02 * B + a03 * C + a04 * D;
this.dgvUR.CurrentRow.Cells["dgcUSUALRE_ALL"].Value = result;
}
privatevoid btnCountPJF_Click(object sender, EventArgs e) //计算平均分
```

```
{
for (int intRow = 0; intRow <this.dgvUR.RowCount - 1; intRow++)
{
if(this.dgvUR.Rows[intRow].Cells["dgcUSUALRE_ALL"].Value != null)
{
Double C = Convert.ToDouble(this.dgvUR.Rows[intRow].Cells["dgcUSUALRE_
        ALL"].Value.ToString());
    A = A + C;
}
}
 B = A / this.dgvUR.RowCount - 1;
this.txtPJF.Text = B.ToString("F03");
}
privatevoid btnCountBZC_Click(object sender, EventArgs e) //计算标准差
{
for(int intRow = 0; intRow <this.dgvUR.RowCount - 1; intRow++)
{
if(this.dgvUR.Rows[intRow].Cells["dgcUSUALRE_ALL"].Value != null)
{
Double D = (Convert.ToDouble(this.dgvUR.Rows[intRow].
Cells["dgcUSUALRE_ALL"].Value.ToString()) - C) * (Convert.ToDouble(this.
   dgvUR.Rows[intRow].Cells["dgcUSUALRE_ALL"].Value.ToString()) - C);
    A = A + D;
}
}
B = System.Math.Sqrt(A / this.dgvUR.RowCount - 1);
this.txtBZC.Text = B.ToString("F03");
 }
privatevoid btnCP_Click(object sender, EventArgs e) //计算百分比
 {
for(int intRow = 0; intRow < N; intRow++)

if(Convert.ToDouble(this.dgvUR.Rows[intRow].Cells["dgcUSUALRE_ALL"].
   Value.ToString())>90||Convert.ToDouble(this.dgvUR.Rows[intRow].Cells
   ["dgcUSUALRE_ALL"].Value.ToString())==90)
   {
     A = A + 1;
     }
AP = (A / N) * 100;
this.txtAN.Text = A.ToString();
this.txtAP.Text = AP.ToString("F03") + '%';
}
```

试卷卷面分析、总评成绩分析功能的实现方法与此类似。

6.6　小　　结

本章介绍了 ADO.NET、ODBC 等.NET 数据库操作的基础知识，数据库和 SQL 基础以及 ASP.NET 中数据库编程的基本知识，最后给出成绩分析系统的实例，使学生能够掌握 ASP.NET 开发数据库应用的基本能力，能通过 C#访问数据库，可以应用数据库实现业务逻辑。

本章主要介绍了数据库的基本概念，及安装 SQL Server 2012 数据库的步骤，简单介绍了常用的 SQL 和数据库表的操作；在介绍 ADO.NET 对象模型的基础上，介绍了.NET 数据提供程序的 Connection 对象、Command 对象、DataReader 对象、DataAdapter 对象，还介绍了 DataSet 对象。最后通过实例说明编程访问数据库的基本方法。

第 7 章　基于.NET 框架的使用

本章知识要点

了解 ASP.NET Web Forms 的工作原理；
掌握 ASP.NET MVC 的工作原理；
掌握 ASP.NET MVC 项目中各个文件和文件夹的作用；
掌握 ASP.NET MVC 项目中路由的配置；
掌握 ASP.NET MVC 强类型视图的使用；
掌握 HtmlHelper 的使用。

兴趣实践

通过 ASP.NET MVC 实现用户的登录和注册。

探索思考

ASP.NET Web Forms 和 ASP.NET MVC 使用哪种框架更好？

预习准备

预习 ADO.NET。

7.1　ASP.NET 框架概述

在 ASP.NET 中常用两种框架构建 Web 应用程序，一种是传统的 ASP.NET Web Forms，另一种是 ASP.NET MVC。ASP.NET MVC 编程模型与传统的 ASP.NET(Web Forms)相比，它是高可测试性，更轻量级的替代方案，同时整合了所有原来已经存在的 ASP.NET 特性，如安全性、模板页和认证等。

7.1.1　ASP.NET Web Forms

自 ASP.NET 2002 年问世以来，ASP.NET Web Forms 已经被证明是一种成熟的，能够适用于各种规模网站的技术，它的编程模式类似于 Windows Form，使得开发人员只要把需要的控件拖动到页面上，就可以实现所见即所得的界面，然后添加事件，实现所需的功能。

ASP.NET Web Forms 的工作原理如图 7-1 所示。

当请求一个.aspx 文件时，程序会先找到该文件，然后由该页面的 CodeBehind 文件(.cs)进行逻辑处理(如需要访问数据库等)，最后由该页面把处理后的结果呈现给用户。

在 Web 中，为了方便系统的管理和维护，一般会采用多层的体系结构，这样层与层之间相互独立，任何一层的修改都不会影响到其他层的功能。在多层的体系结构中，最基本的有 3 层，如图 7-2 所示。

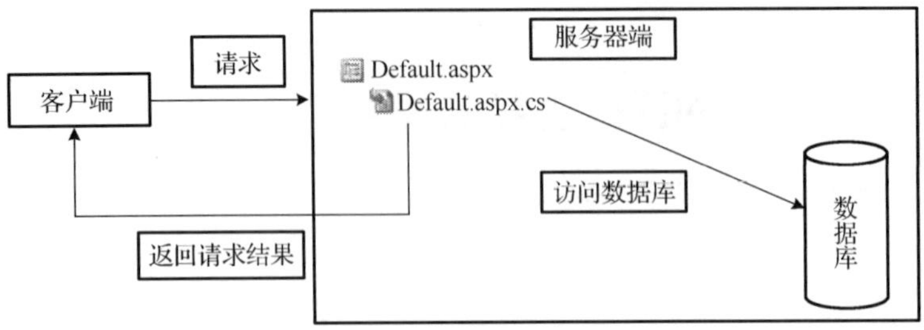

图 7-1　ASP.NET Web Forms 工作原理

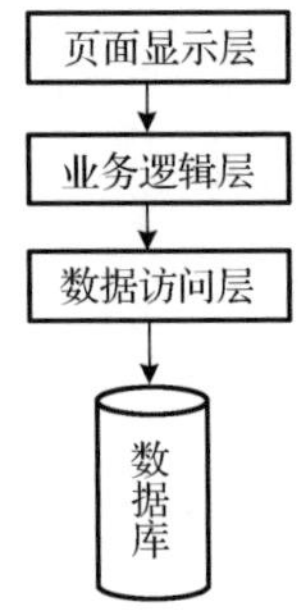

图 7-2　三层架构示意图

数据访问层：实现对数据的访问功能。

业务逻辑层：实现业务的具体逻辑功能。

页面显示层：对数据进行显示。

7.1.2　ASP.NET MVC

1. ASP.NET MVC 概述

MVC 模式是 Model-View-Controller 的缩写，中文翻译为“模式-视图-控制器”。MVC 模式于 20 世纪 70 年代在 Smalltalk-80 的 GUI 设计中被提出。它包括 3 个部分：模型(Model)、视图(View)和控制器(Controller)。MVC 模式至今已被广泛使用到网页应用程序中，微软于 2009 年在 ASP.NET 3.5 基础之上推出了 ASP.NET MVC 框架，又于 2010 上半年推出了 ASP.NET MVC 2 的正式版本。ASP.NET MVC 框架是继 ASP.NET Web Forms 后的又一种开发方式，它提供了许多优秀特性，使 ASP.NET 开发人员开发网页应用程序又有了另一个选择。

2. MVC 的含义

Model：表示应用程序核心，是应用程序中用于处理应用程序数据逻辑的部分，通常在数据库中存取数据。

View：对数据进行显示，通常从模型数据中创建视图。

Controller：控制器是应用程序中处理用户交互的部分，一般控制器从视图获取数据，获取用户输入，并向模型发送数据。

3. ASP.NET MVC 的工作原理

在 ASP.NET MVC 中，由 Controller 来处理客户端请求的页面，然后由 Controller 到 Model 中处理相关的业务逻辑(如调用数据库等)或者从 Model 中获取数据，最后由 Controller 选择合适的 View 返回给客户端。ASP.NET MVC 工作原理如图 7-3 所示。

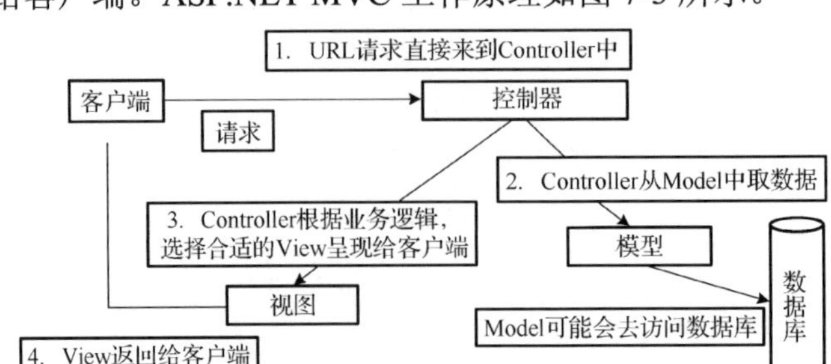

图 7-3　MVC 工作原理

7.1.3　两种框架的区别

Web Forms 技术成熟，界面所见即所得，开发过程和 Windows Form 类似，采用事件驱动机制，看似页面和逻辑代码是分开的，其实在代码的隐藏文件中，显示逻辑与代码存在耦合。为了提高应用程序的可伸缩性而优化代码时，Web Froms 经常会暴露出一些不足，最严重的就是 ViewState 和 PostBack 模型。

MVC 提供了对 HTML 页面显示的全面控制，提供了应用程序的单元测试，能够支持多种视图引擎，MVC 的这种拆分同时为分组开发提供了方便。不同的开发人员可同时开发视图、控制器和模型。但是不再使用 ViewState 和 PostBack 模型，比较难以保存状态；不再使用事件驱动机制，因此可能会加大 ASP.NET Web Forms 开发人员的理解难度。

这两种架构，相同的地方在于它们都有一个显示层，但是它们不同的地方在于其他两个层。在三层架构中没有定义 Controller 的概念，这是最大的区别。而 MVC 也没有把业务的逻辑访问当做两个层，这是采用三层架构模型与 MVC 编写程序最主要的区别。我们在三层架构中也提到了 Model，但是三层架构中 Model 的概念与 MVC 中 Model 的概念是有区别的，三层架构中的 Model 层是由实体类构成的，而 MVC 里，则是由业务逻辑与访问数据组成的。

7.2　ASP.NET MVC 基本操作

7.2.1　创建默认的 ASP.NET MVC 的应用程序

创建默认的 ASP.NET MVC 的应用程序的具体操作步骤如下。

(1)打开 VS 软件，选择“文件”菜单下的“新建项目”命令，选择“ASP.NET MVC 2 Web 应用程序”选项，输入项目名称 MvcSample，单击“确定”按钮生成项目，如图 7-4 所示。

图 7-4　新建 ASP.NET MVC 项目

可以看到项目的解决方案资源管理器如图 7-5 所示。我们创建了一个默认的项目，同时还创建了一个测试项目。

下面对解决方案资源管理器中的常用文件类型和文件夹进行说明，如表 7-1 所示。

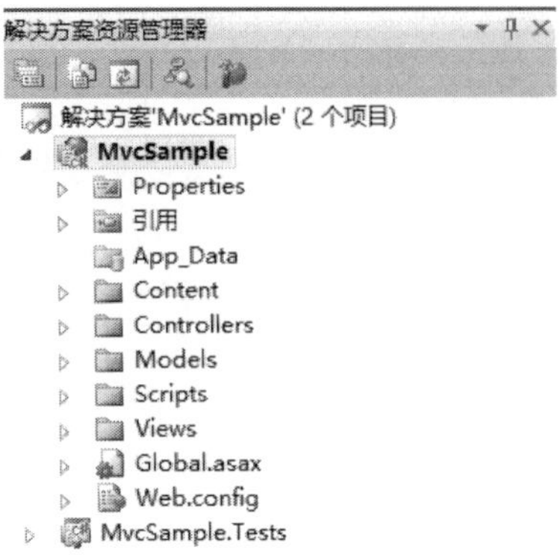

图 7-5　解决方案资源管理器

表 7-1　文件说明

类型	名称
Content	用于存储资源文件的文件夹
Controllers	用于存储控制器类的文件夹
Models	用于存储模型组件的文件夹
Scripts	用于存储应用程序的 JavaScript 脚本文件
Views	用于存储视图的文件夹
Global.asax	路由配置文件

(2)不作任何改动，直接运行项目，界面如图 7-6 所示。

图 7-6　运行页面

还可以单击上面的“主页”和“关于”按钮，从地址栏中看不出到底运行了哪个页面，我们先来找到应用程序的入口方法。打开解决方案资源管理器中的默认路由文件 Global.asax.cs，如代码 7-1 所示。

代码 7-1　Global.asax.cs

```
public class MvcApplication : System.Web.HttpApplication
    {
      public static void RegisterRoutes(RouteCollection routes)
      {
         routes.IgnoreRoute("{resource}.axd/{*pathInfo}");
         routes.MapRoute(
         "Default", //路由名称
         "{controller}/{action}/{id}", //带有参数的 URL
         //参数默认值
          new{controller="Home",action="Index",id=UrlParameter.Optional}
            );
        }
        protected void Application_Start()
        {
            AreaRegistration.RegisterAllAreas();
```

```
            RegisterRoutes(RouteTable.Routes);
        }
    }
}
```

从路由的模板“{controller}/{action}/{id}”可以看出是客户端的请求先到达某个Controller，然后请求这个里面的Action，如果需要参数，就带上id。根据路由重写规则，我们可以看出首页网站的地址应该是http://localhost:12832/home/index，当我们在浏览器中输入这个地址时，显示的结果和前面的http://localhost:12832结果是一样的。于是我们知道首页是请求了home控制器下的index方法，而不是请求index.aspx页面。

Controller放到Controllers文件夹中，并且命名方式以Controller结尾，控制器下的每个方法都称为一个Action。下面找到Controllers文件夹下的HomeController.cs文件。看看Home控制器下的内容，如代码7-2所示。

代码 7-2　HomeController.cs

```
namespace MvcSample.Controllers
{
    [HandleError]
    public class HomeController : Controller    //继承自 Controller
    {
        public ActionResult Index()             //返回 ActionResult 对象
        {
            ViewData["Message"] = "欢迎使用 ASP.NET MVC!";

            return View();                      //返回视图
        }
        public ActionResult About()
        {
            return View();
        }
    }
}
```

我们需要把一些对象存放在ViewData字典中，然后通过它传递到页面中显示出来，View()后面没有参数，则返回的视图名称和方法名称一致，否则返回的视图和后面的参数一致。

所有的视图必须放到Views目录下，每个控制器会在View视图下产生一个对应的文件夹，一般视图名字跟控制器的Action相对应(非必须)，多个控制器**公共的视图放到Shared**中，如公用的错误页、列表模板页、表单模板页等。

下面打开视图中的Home文件夹下面的Index.aspx文件(文件名称和Home控制器下的Index方法同名)，如代码7-3所示。

代码 7-3　Index.aspx

```
<asp:Content ID="Content2" ContentPlaceHolderID="MainContent" runat="server">
    <h2><%: ViewData["Message"] %></h2>
    <p>
```

```
        若要了解有关 ASP.NET MVC 的更多信息，请访问
        <a href="http://asp.net/mvc" title="ASP.NET MVC 网站">
            http://asp.net/mvc</a>。
        </p>
    </asp:Content>
```

ASP.MVC 模式改变了传统的 ASP.NET WebForm 方式，我们在使用 MVC 开发 Web 程序时，要摒弃传统的 WebForm 方式的思想，传统的 WebForm 方式用户拖动一个按钮，然后双击按钮，就可以在后台写相应的时间的处理代码。ASP.NET MVC 只有 aspx 页面，没有后台的 aspx.cs 页面。

7.2.2　创建自己的 ASP.NET MVC 应用程序

(1) 打开 VS 软件，选择“文件”菜单下的“新建项目”命令，选择“ASP.NET MVC 2 空 Web 应用程序”选项，输入项目名称 MvcHelloWorld，单击“确定”按钮生成空的 ASP.NET MVC 项目，如图 7-7 所示。

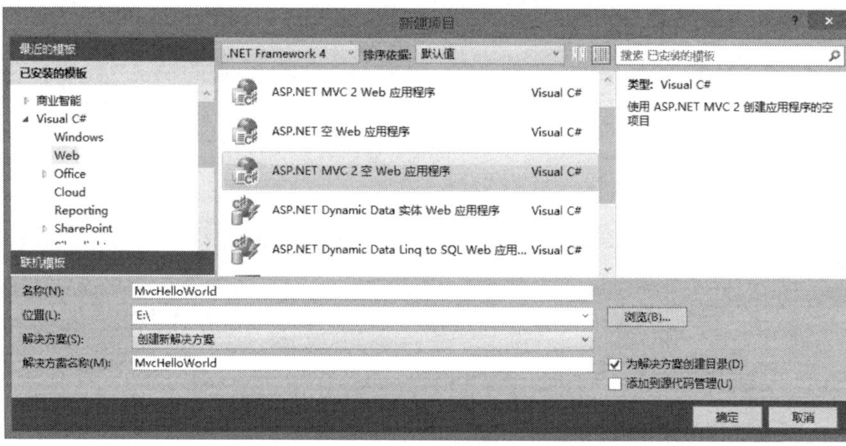

图 7-7　新建 ASP.NET MVC 项目

(2) 在解决方案资源管理器中右击，从弹出的快捷菜单中选择“添加”→“控制器”命令，如图 7-8 所示，输入 HelloWorldController。

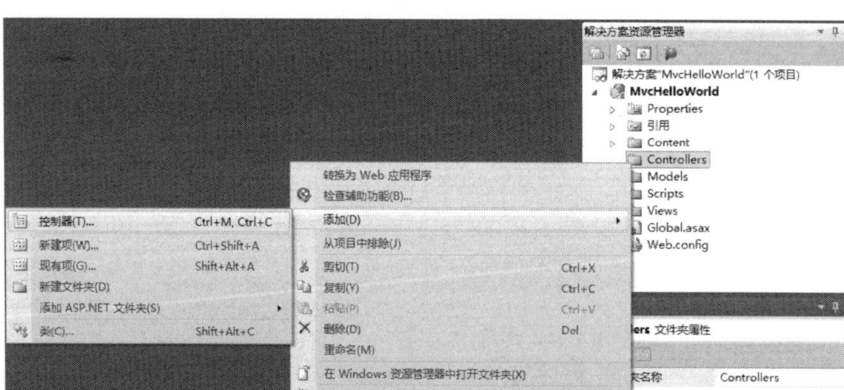

图 7-8　添加控制器

(3) 对 Controller 基类的第一次使用仅需要一个动作方法，我们用默认的动作 Index，添加代码 7-4 的内容。

代码 7-4　HelloWorldControll.cs

```
namespace MvcHelloWorld.Controllers
{
    public class HelloWorldController : Controller
    {
     public string Index()
       {
           return "Hello World!";
       }
    }
}
```

(4) 修改路由配置文件 Global.asax.cs 文件中的默认值，如图 7-9 所示。

```
routes.MapRoute(
    "Default", // 路由名称
    "{controller}/{action}/{id}", // 带有参数的 URL
    new { controller = "HelloWorld", action = "Index", id = UrlParameter.Optional }
);
```

图 7-9　Global.asax.cs

(5) 运行程序，可以看到如图 7-10 所示的结果，当然也可以在网址中输入http://localhost:16490/helloworld查看运行结果。

图 7-10　运行结果

7.2.3　通过视图来呈现数据

通过视图来呈现数据的具体操作步骤如下。

(1) 打开 VS 软件，选择“文件”菜单下的“新建项目”命令，选择“ASP.NET MVC 2 空 Web 应用程序”选项，输入项目名称 MvcTest，单击“确定”按钮生成空的 ASP.NET MVC 项目。

(2) 添加控制器 HomeController。

(3) 在 Index () 方法内部右击，从弹出的快捷菜单中选择“添加视图”命令，如图 7-11 所示。

(4) 系统会自动在 Views 文件夹下添加一个与控制器同名的文件夹 Home (去掉后面的 Controller) 和在 Home 文件夹下添加和方法同名的 Index 的视图，如图 7-12 所示。

(5) 修改 Home 控制器中的 Index 方法，传递数据到视图中，如代码 7-5 所示。

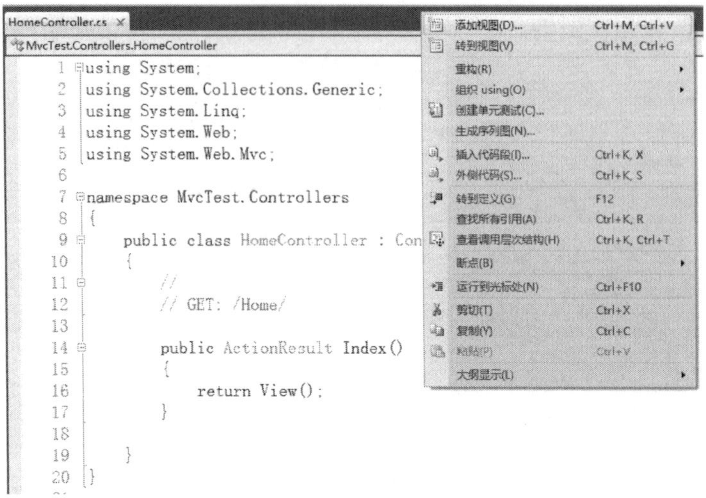

图 7-11　添加视图

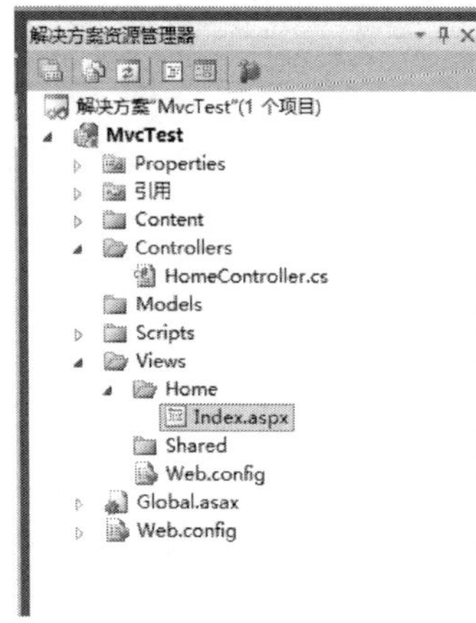

图 7-12　Views 下的文件

代码 7-5　HomeControll.cs

```
namespace MvcTest.Controllers
{
    public class HomeController : Controller
    {
         //GET: /Home
        public ActionResult Index()
        {
            //把要显示的数据存到 ViewData 中
            ViewData["key"] = "金陵科技学院";
            return View();
        }
    }
}
```

(6) 修改 Index.aspx 如代码 7-6 所示。

代码 7-6　Index.aspx

```
<html >
<body style="text-align: center">
    <div>
         <h1>ASP.NET MVC 示例</h1>
         下面是从控制器传来的数据<br/>
         <h3 style="color: #FF66CC"> <%:ViewData["key"] %></h3>
    </div>
</body>
</html>
```

(7) 运行结果如图 7-13 所示。

图 7-13　运行结果

7.2.4　使用 Model 来处理数据

(1) 打开 VS 软件，选择“文件”菜单下的“新建项目”命令，选择“ASP.NET MVC 2 空 Web 应用程序”选项，输入项目名称 MvcModel，单击“确定”按钮生成空的 ASP.NET MVC 项目。

(2) 添加 Model 的新型类成员，如图 7-14 所示。

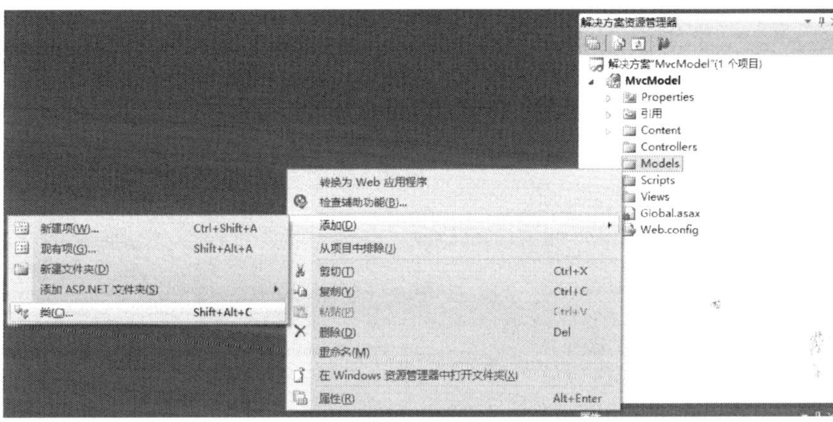

图 7-14　添加 Model

(3) 在接下来打开的对话框中添加 Model 类 UserInfo，如图 7-15 所示。

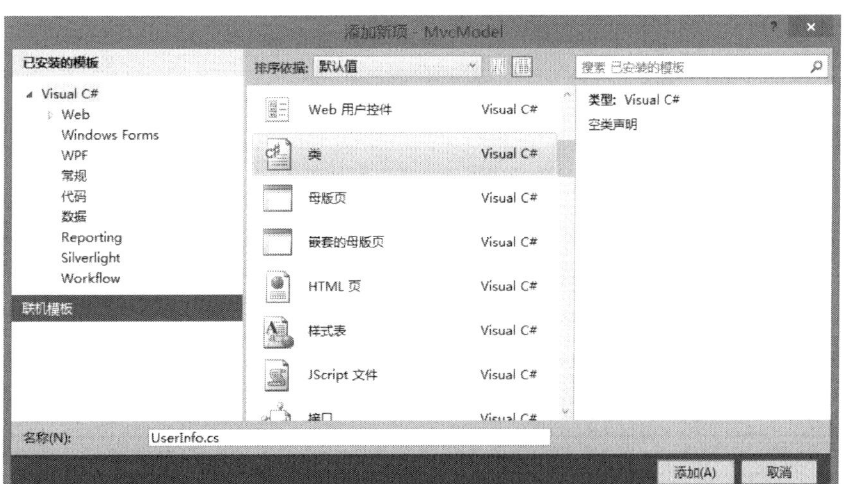

图 7-15　添加 UserInfo.cs

(4)添加代码 7-7 的内容。

代码 7-7　UserInfo.cs

```
namespace MvcModel.Models
{
    public class UserInfo
    {
        public string Name{ get; set; }
        public string Sex{ get; set; }
    }
}
```

(5)添加控制器 HomeController，修改默认的 Index 方法如代码 7-8 所示。

代码 7-8　HomeController.cs

```
public class HomeController: Controller
    {
        public ActionResult Index()
        {
            UserInfo user = new UserInfo();
            user.Name = "mqx";
            user.Sex = "女";
            ViewData["user"] = user;
            return View();
        }
    }
```

(6)在 Index()方法内部右击，从弹出的快捷菜单中选择“添加视图”命令，添加代码 7-9 的内容。

代码 7-9　Index.aspx

```
<%@ Page Language="C#" Inherits="System.Web.Mvc.ViewPage<dynamic>" %>
<%@ Import  Namespace="MvcModel.Models" %>
<html >
    <body>
         <% UserInfo user = ViewData["user"] as UserInfo; %>
         <% if(user != null)
            {%>
               <h1>用户信息</h1>
               <hr />
               姓名: <%:user.Name %><br />
               性别: <%:user.Sex %>
               <%
                }
               %>
    </body>
</html>
```

(7) 运行结果如图 7-16 所示。

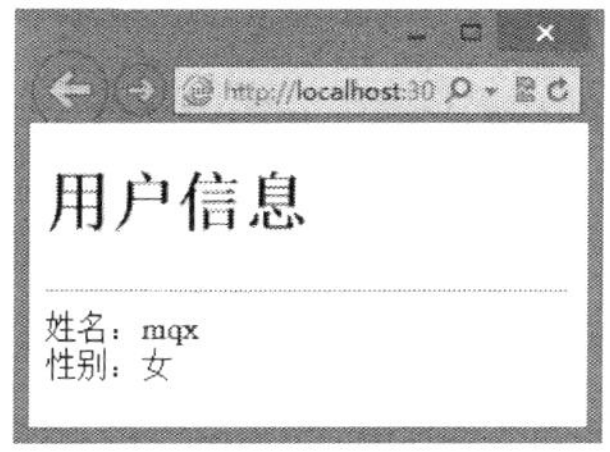

图 7-16　运行结果

7.3　强类型视图

从 7.2 节的例子中可以看出，当把数据通过 ViewData 传递给视图时，它的速度快且易于实现，但是因为输入的 key 错误可能会导致编译期间无法捕获到错误，当在视图模板中使用强类型化的语言时，非键入的 ViewData 也需要使用 as 运算符或类型强制转换，所以我们常用 ViewModel 模式来创建强类型的类。

(1) 在 7.2.4 节中的 HomeController 中添加一个 Action，可以手动输入，也可以按照以下步骤来完成(在 HomerController 中可以添加方法的空白处右击，选择“插入代码段”命令，如图 7-17 所示，然后选择 ASP.NET MVC 2 命令，之后选择 Action，会添加一个名称为 Action 的方法，如图 7-18 所示。

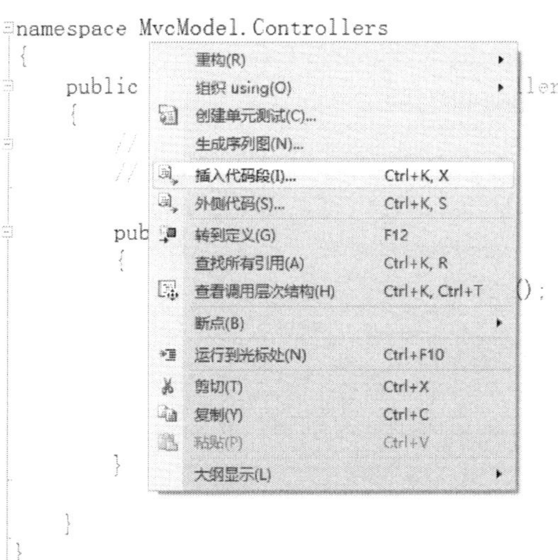

图 7-17　插入代码段

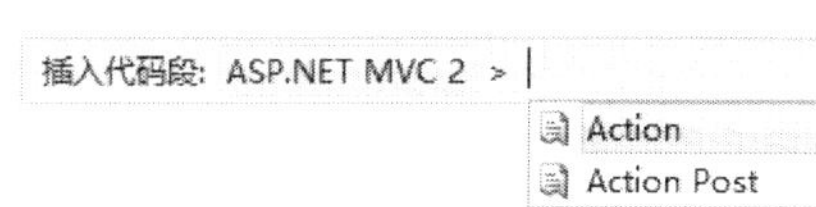

图 7-18　选择 Action

(2) 修改方法的名称，添加代码 7-10 的内容。

代码 7-10　HomeController.cs

```
public ActionResult ViewModel()
{
    UserInfo user = new UserInfo();
    user.Name = "mqx";
```

```
        user.Sex = "女";
        //设置关联的模型
        ViewData.Model = user;
        return View();
    }
```

(3) 在方法中右击，为该方法添加强类型视图，如图 7-19 所示。

图 7-19　添加强类型视图

(4) 添加代码 7-11 的内容，当添加了强类型视图后，原来的 ViewPage 类中的泛型是<dynamic>，现在制定为模型，这样就可以方便地用 Model 属性来获取模型中的数据。

代码 7-11　ViewModel.aspx

```
<%@ Page Language="C#" Inherits="System.Web.Mvc.ViewPage<MvcViewModel.
                    Models.UserInfo>" %>
<html >
  <body>
        <h1>强类型视图页面</h1>
        <hr />
        姓名：<%:Model.Name %><br />
        性别：<%:Model.Sex %>
  </body>
</html>
```

(5) 运行结果如图 7-20 所示。

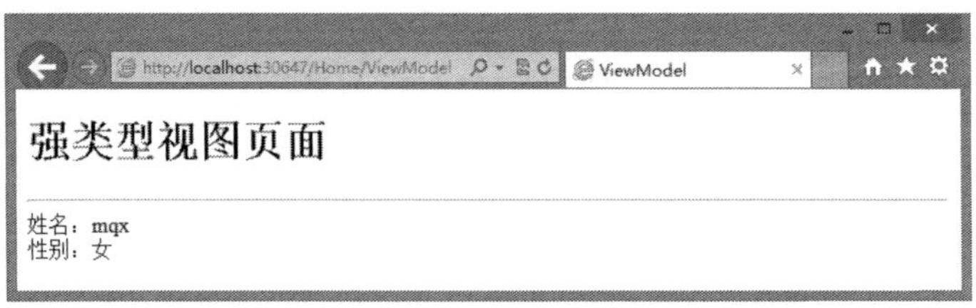

图 7-20　运行结果

7.4　HtmlHelper 类

在 ASP.NET MVC 中微软并没有提供类似服务器端控件的开发方式，因为微软的 MVC 就是传统的请求处理响应的回归。所以抛弃之前的事件响应的模型，抛弃服务器端控件也理所当然。但是手写 HTML 标签效率比较低，可重用度比较低，所以微软为开发人员快速开发视图页面提供了丰富的 HtmlHelper 的辅助类，辅助用户快速开发视图页面，也提供了可扩展的接口，视图页面的标签可以做到高度可重用。用户可以在页面中通过 Html.XXX 来实现快速的 HTML 标签编辑，并且可以方便地进行数据绑定。

1. ActionLink

该方法呈现一个超链接。例如：

```
<%=Html.ActionLink("这是一个链接", "Index", "Home")%>
```

第一个参数：超链接显示的文本。
第二个参数：action 的名称。
第三个参数，控制器的名称。如果跳转的是同一个控制器，则可以省略不写。
生成的源代码：

```
<a href="/Home/Index">这是一个链接</a>
```

2. Label

在标签中显示参数的内容。例如：

```
<%:Html.Label("我是标签")%>
```

生成的源代码：

```
<label for="我是标签">我是标签</label>
```

3. TextBox

主要用来接收用户的输入。例如：

```
<%=Html.TextBox("myTxtBox","我是文本框")%>
```

第一个参数：文本框名称。
第二个参数：文本框的值，可以省略。
生成的源代码：

```
<input id="myTxtBox" name="myTxtBox" type="text" value="我是文本框"/>
```

4. Password

和文本框相似，主要用来呈现密码。例如：

```
<%=Html.Password("password","123456")%>
```

同样第二个参数可以省略。
生成的源代码：

```
<input id="password" name="password" type="password" value="123456"/>
```

5. RadioButton

单选按钮，从一组里面只能选择一个，例如：

```
<%:Html.RadioButton("radio","男",true)%>男
<%:Html.RadioButton("radio","女",false)%>女
```

第一个参数：分组的名称，只有名称一致的才能分到一个组中。
第二个参数：单选按钮的值。
第三个参数：默认是否选中，true 表示选中。
生成的源代码：

```
<input checked="checked" id="radio" name="radio" type="radio" value="男"/>男
<input id="radio" name="radio" type="radio" value="女"/>女
```

6. DropDownList

可以把一些用来选择的数据放到下拉列表框中，让用户选择。例如：

```
<%var dropList = new List<SelectListItem>();
            for(int i = 0; i < 5; i++)
            {
                var dropItem = new SelectListItem();
                dropItem.Value = i.ToString();
                dropItem.Text = i.ToString();
                dropList.Add(dropItem);
            }
        %>
    <%=Html.DropDownList("myList", dropList, new{style = "width:100px;"})%>
```

第一个参数：下拉列表框名称。
第二个参数：下拉列表框选项。
第三个参数：html 属性。
生成的源代码：

```
<select id="myList" name="myList" style="width:100px;">
    <option value="0">0</option>
    <option value="1">1</option>
    <option value="2">2</option>
    <option value="3">3</option>
    <option value="4">4</option>
</select>
```

7. Form

可以用 BeginForm 表示表单的开始，用 EndForm 表示表单的结束，例如：

```
<%Html.BeginForm("Index", "Home", FormMethod.Post);%>
<%Html.EndForm();%>
```

第一个参数：Action 名称。
第二个参数：控制器名称。

第三个参数：提交方式，可以默认不写。

生成的源代码：

```
<form action="/Home/Index" method="post">
</form>
```

以上这些是常用的 HtmlHelper 类中的方法，其他的请查阅相关资料。

7.5　案例——ASP.NET MVC 实现登录

本案例主要实现用户注册、登录和验证功能，登录的用户名和密码与数据库中的信息相比较，注册的用户信息保存到数据库中。

7.5.1　系统预览

系统预览具体操作步骤如下。

(1)系统运行后，首先显示的是登录页面，如图 7-21 所示。

图 7-21　系统首页

(2)由于还没有账号，我们先注册一个用户账号，单击“注册”按钮，跳转到注册页面，输入注册的信息，如图 7-22 所示。

图 7-22　用户注册

(3)单击“注册”按钮，如果注册成功，会跳转到登录界面，输入刚才注册的用户名和密码，如图 7-23 所示。

图 7-23　用户登录

(4) 单击“登录”按钮会看到网站首页，如图 7-24 所示。

(5) 工程文件一览如图 7-25 所示。

图 7-24　登录成功

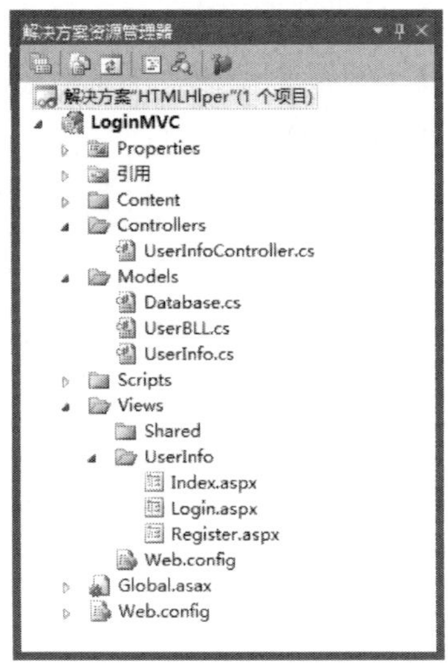

图 7-25　系统工程文件

7.5.2　数据库设计

为了演示数据库的存取操作，设计了一个简单的数据库，使用 SQL Server 2010，本数据库的名称是 MvcTest，其中的表名为 UserInfo，具体各个字段的定义如表 7-2 所示。

表 7-2　UserInfo 表

字段名	数据类型	备注
UserName	Varchar(20) not null	用户名
PassWord	Varchar(20) not null	密码
Sex	Varchar(2)	性别

7.5.3　系统实现

(1) 新建一个空的 ASP.NET MVC 项目，名称为 LoginMVC，在 Web.config 文件加上如代码 7-12 所示的连接数据库的连接字符串。

代码 7-12　Web.config

```
<connectionStrings>
    <add name="DBConnectionString"
    connectionString="server=.;database=MvcTest;Integrated Security=SSPI"/>
</connectionStrings>
```

(2)在模型中添加一个名为 Database.cs 的文件，主要是用来存取数据库中的方法，具体如代码 7-13 所示。

代码 7-13　Database.cs

```
namespace LoginMVC.Models
{
   public  class Database
    {
        private static string connStr = ConfigurationManager.
        ConnectionStrings["DBConnectionString"].ConnectionString;
        public static int ExecuteNonQuery(string sql, params SqlParameter[]
           parameters)
        {
            using(SqlConnection conn = new SqlConnection(connStr))
            {
                conn.Open();
                using(SqlCommand cmd = conn.CreateCommand())
                {
                    cmd.CommandText = sql;
                    cmd.Parameters.AddRange(parameters);
                    return cmd.ExecuteNonQuery();
                }
            }
        }
        public static DataTable ExecuteDataTable(string sql, params
            SqlParameter[] parameters)
        {
            using(SqlConnection conn = new SqlConnection(connStr))
            {
                conn.Open();
                using(SqlCommand cmd = conn.CreateCommand())
                {
                    cmd.CommandText = sql;
                    cmd.Parameters.AddRange(parameters);
                    SqlDataAdapter adapter = new SqlDataAdapter(cmd);
                    DataSet dataset = new DataSet();
                    dataset.CaseSensitive = false;
                    adapter.Fill(dataset);
                    return dataset.Tables[0];
                }
            }
        }
    }
}
```

(3)在模型中添加一个名为 UserBLL.cs 的文件，主要处理业务逻辑，具体如代码 7-14 所示。

代码 7-14　UserBLL.cs

```
namespace LoginMVC.Models
{
public class UserBLL
{
     public static void Insert(UserInfo user)
        {
            string sql = "insert into [UserInfo] (UserName,PassWord,Sex)
                           values (@UserName,@PassWord,@Sex)";
            Database.ExecuteNonQuery(sql,
                new SqlParameter("@UserName", user.UserName),
                new SqlParameter("@PassWord", user.PassWord),
                new SqlParameter("@Sex", user.Sex));
        }
        public static UserInfo GetByUserName(string username)
        {
            string sql = "select * from [UserInfo] where [UserName]= @UserName ";
            DataTable table = Database.ExecuteDataTable(sql, new SqlParameter
                             ("@UserName", username));
            UserInfo user = new UserInfo();
            if(table.Rows.Count <= 0)
            {
                return null ;
            }
            else
            {
                DataRow row = table.Rows[0];
                user.UserName = row["UserName"].ToString().Trim();
                user.PassWord = row["PassWord"].ToString();
                }
          return user;
        }
    }
}
```

(4)在模型中再添加一个名为 UserInfo.cs 的文件，主要存放数据模型，具体如代码 7-15 所示。

代码 7-15　UserInfo.cs

```
using System.ComponentModel.DataAnnotations;
namespace LoginMVC.Models
{
    public class UserInfo
    {
        [Required(ErrorMessage="必填")]//验证用户名
```

```
        public string UserName { get; set; }
        [Required(ErrorMessage = "必填")]//验证密码
        public string PassWord { get; set; }
        public string Sex { get; set; }
    }
}
```

(5)添加控制器 UserInfo，内容如代码 7-16 所示。

代码 7-16　UserInfoController.cs

```
namespace HTMLHlper.Controllers
{
    public class UserInfoController : Controller
    {
        //登录
        public ActionResult Login()
        {
            return View();
        }
        //处理登录
       public ActionResult ProcessLogin(FormCollection collection)
        {
            //如果验证没通过(用户名和密码不能为空，在 UserInfo 中设置)则重新登录
            if(!ModelState.IsValid)
            {
                return RedirectToAction("Login");
            }
            string UserName = collection["UserName"];
            string PassWord = collection["PassWord"];
            UserInfo users = UserBLL.GetByUserName(UserName);
            if(users != null)
            {
                if(PassWord.Trim().Equals(users.PassWord.Trim()))
                    return View("Index", users);
                else
                    return Content("密码输入错误！");
            }
            else
                return Content("用户名不存在！");
         }
        //主页
        public ActionResult Index()
        {
            return View();
        }
        //注册
        public ActionResult Register()
```

```
        {
            return View();
        }
        //保存用户注册信息
        public ActionResult Save(UserInfo userinfo)
        {
            if(!ModelState.IsValid)
            {
                return RedirectToAction("Register");
            }
            UserInfo users = UserBLL.GetByUserName(userinfo.UserName);
            if((users!=null)||Request["ComfirmPassWord"]!=userinfo.PassWord)
            {
                return RedirectToAction("Register");
            }
            else
            {
                UserBLL.Insert(userinfo);
                return View("Login");
            }
        }
    }
}
```

(6)添加强类型页面 Login.aspx，视图数据类选择模型下的 UserInfo，在 head 标签中加入验证的 js 文件。其中 Html. ValidationSummary()要放在表单开始的前面，如代码 7-17 所示。

代码 7-17 Login.aspx

```
<html>
<head runat="server">
    <title>Login</title>
    <script src="../../Scripts/MicrosoftAjax.js"
            type="text/javascript"></script>
    <script src="../../Scripts/MicrosoftMvcValidation.js"
            type="text/javascript"></script>
    <script src="../../Scripts/MicrosoftMvcAjax.js"
            type="text/javascript"></script>
</head>
<body style="text-align: center">
<h1>用户登录</h1><hr />
    <%:Html.ValidationSummary()%>
    <%Html.BeginForm("ProcessLogin", "Userinfo", FormMethod.Post);%>
        <table border="1" align="center">
            <tr>
                <td><%:Html.Label("用户名: ")%></td>
                <td><%:Html.TextBox("UserName")%>
                    <%:Html.ValidationMessageFor(x=>x.UserName)%>
```

```
                    </td>
                </tr>
                <tr>
                    <td><%:Html.Label("密码: ") %></td>
                    <td><%:Html.Password("PassWord")%>
                        <%:Html.ValidationMessageFor(x=>x.PassWord)%>
                     </td>
                </tr>
                <tr>
                    <td  colspan="2">
                        <input type="submit"  value="登录"/>
                            <input type="reset" value="重填" />
                    </td>
                 </tr>
            </table>
        <%Html.EndForm(); %>
        <br/>
    还没有账号，请<%:Html.ActionLink("注册","Register","Userinfo") %>
    </body>
</html>
```

(7)添加强类型页面 Index.aspx，视图数据类选择模型下的 UserInfo，如代码 7-18 所示。

代码 7-18　Index.aspx

```
<html>
<body style="text-align: center">
       <h1>   网站首页   </h1>
       <hr/>
       <h3> <%:Model.UserName%>欢迎您！</h3>
</body>
</html>
```

(8)添加强类型页面 Register.aspx，视图数据类选择模型下的 UserInfo，那么我们也可以用类似于 Html.TextBoxFor()这样的强类型来绑定模型，其中 Html.TextBoxFor()格式一定是强类型的页面才可以，里面的格式是 lambda 表达式。该页面中没有添加验证，请读者参考登录界面的验证自己添加，如代码 7-19 所示。

代码 7-19　Register.aspx

```
<html>
<body>
        <h1 style="text-align: center">用户注册</h1>
        <hr/>
        <% using (Html.BeginForm("Save", "UserInfo",FormMethod.Post)){%>
           <table  border="1" align="center">
            <tr>
                <td><%:Html.Label("用户名:")%></td>
                <td><%:Html.TextBoxFor(x=>x.UserName)%></td>
```

```
            </tr>
            <tr>
                <td><%:Html.Label("密码:")%></td>
                <td><%:Html.PasswordFor(x=>x.PassWord)%></td>
            </tr>
            <tr>
                <td><%:Html.Label("确认密码:")%></td>
                <td><%:Html.Password("ComfirmPassWord")%></td>
            </tr>
            <tr>
                <td><%:Html.Label("性别:")%></td>
                <td><%:Html.TextBoxFor(x=>x.Sex)%></td>
            </tr>
            <tr>
                <td colspan="2" class="style1" style="text-align:center">
                    <input type="submit"  value="注册"/>
                    <input type="reset" value="重填"/>
                </td>
            </tr>
        </table>
        <%}%>
</body>
</html>
```

7.6 小　　结

MVC 编程模型是与传统的 ASP.NET(Web Forms)相比更轻量级的替代方案。它是轻量级的高可测试性的框架，同时整合了所有已有的 ASP.NET 特性，如模板页、安全性和认证等。

参 考 文 献

安德森．2002．ASP P.NET 高级编程．北京：清华大学出版社．

陈作聪等．2012．Web 程序设计——ASP.NET 网站开发．北京：清华大学出版社．

管媛辉．2013．HTML5+CSS3 入门经典．北京：机械工业出版社．

陆凌牛．2011．HTML5 与 CSS3 权威指南．北京：机械工业出版社．

李松峰 译著．2013．JQuery 基础教程．北京：人民邮电出版社．

秦鑫，朱绍文．2002．.NET 框架数据访问结构．计算机系统应用，11(12)：25-27．

萨师煊，王珊．2000．数据库系统概论．3 版．北京：高等教育出版社．

申朝阳，宋颜浩．2005．ASP.NET 与相关数据库技术．水利水电出版社．

陶国荣．2014．HTML5 实战．北京：机械工业出版社．

岳连德，孔令举．2006．基于通用模式的高校学生成绩管理系统设计．计算机工程与设计，27(08)：1476-1478.

张俊，崔海波．2008．ADO．NET 数据库应用开发．北京：机械工业出版社．

张容铭．2015．JavaScript 设计模式．北京：人民邮电出版社．

Addy Osmani 著，徐涛译．2013．JavaScript 设计模式．北京：人民邮电出版社．

David Flanagan 著，淘宝前端团队译．2012．JavaScript 权威指南．6 版．北京：机械工业出版社．

Douglas Crockford 著，鄢学鹍译．2012．JavaScript 语言精粹(修订版)．北京：电子工业出版社．

Jeffrey Richter．2004．Applied Microsoft NET Framework Programming．北京：清华大学出版社．

Jon Galloway等著，孙远帅 译．2012．ASP.NET MVC 3 高级编程．北京：清华大学出版社．

Nicholas C．Zakas．2012．JavaScript 高级程序设计．3 版．北京：人民邮电出版社．

Programs[C]//ACM Sigplan Notices．ACM, 45(6)：1-12．

Richards G, Lebresne S, Burg B, et al．2010．An analysis of the dynamic behavior of JavaScript.

Robert W．Sebesta 著，陶永久，曹仰杰等译．2015．Web 程序设计．8 版．北京：清华大学出版社．

Stephen Ritchie 著，黄灯桥等译．2014．.NET 最佳实践．北京：机械工业出版社．

Tilkov S, Vinoski S．2010．Node．js: Using javascript to build high-performance network programs[J]．IEEE Internet Computing 14(6)：80．

Tony Northrup 著，黄艳，柴小伟，刘彦博译．2012．.NET Framework 应用程序开发(MCTS 教程)．北京：清华大学出版社．

http://www.jeasyui.com/，王波．2015．JQuery EasyUI 开发指南．北京：人民邮电出版社．